本书得到国家自然科学基金青年项目（71804028）；
教育部人文社会科学研究青年基金项目（18YJC630251）；
湛江市哲学社会科学规划项目（ZJ18YB13）资助

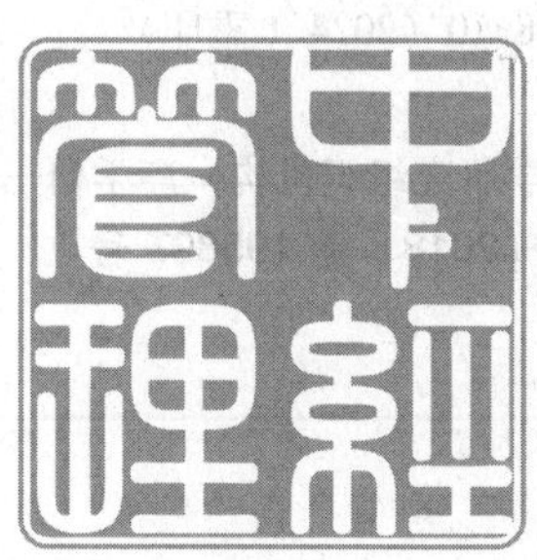

学研机构科研团队的产学研合作网络对学术绩效影响研究

The Impact of Industry–University–Research Institute Collaboration Network on the Academic Performance of Research Teams in Academic Institutions

张　艺／著

中国经济出版社
CHINA ECONOMIC PUBLISHING HOUSE
北京

图书在版编目（CIP）数据

学研机构科研团队的产学研合作网络对学术绩效影响研究/张艺著.
—北京：中国经济出版社，2018.10（2024.1 重印）
ISBN 978－7－5136－5319－0

Ⅰ.①学… Ⅱ.①张… Ⅲ.①科学研究组织机构—产学研—体化—研究 Ⅳ.①G311

中国版本图书馆 CIP 数据核字（2018）第 195897 号

责任编辑　叶亲忠
责任印制　马小宾
封面设计　华子图文

出版发行　中国经济出版社
印 刷 者　大连图腾彩色印刷有限公司
经 销 者　各地新华书店
开　　本　710mm×1000mm　1/16
印　　张　16.75
字　　数　260 千字
版　　次　2018 年 10 月第 1 版
印　　次　2024 年 1 月第 2 次
定　　价　78.00 元
广告经营许可证　京西工商广字第 8179 号

中国经济出版社 **网址** www.economyph.com **社址** 北京市东城区安定门外大街 58 号 **邮编** 100011
本版图书如存在印装质量问题，请与本社销售中心联系调换（联系电话：010－57512564）

摘　要

学研机构在我国创新系统中担负着培养人才、科学研究、服务社会和传承文化四大职能，学研机构的科研团队是上述“四大职能”的承载者和实施主体，尤其在科学研究和服务社会（包括产学研合作）方面扮演着不可或缺的角色。实际上，产学研合作过程是学研机构的科研团队与企业合作互动，推动知识跨组织转移的过程。在当今开放式创新成为主要范式的知识经济时代，学研机构的科研团队与企业之间的合作已由过去点对点的线性模式向网络化模式转变，产学研合作网络已成为科研团队最为重要的外部环境，但是产学研合作网络通过什么样的机制与路径作用于科研团队的学术绩效？关注该议题的相关研究仍然较为缺乏。此外，科研团队作为国家创新系统中重要知识创造主体，它参与产学研合作在提升企业的创新绩效、推动经济发展的同时，对它自身学术绩效带来什么影响？然而，现有研究对该议题仍然存在着较多的争论。所以，本书从社会合作网络视角出发，探讨科研团队参与产学研合作对其学术绩效的作用机制和影响路径，具有一定的理论与现实意义。

本书通过理论研究和实证分析相结合、文献查阅和实地调研相结合、定性研究和定量分析相结合的方法，围绕着“学研机构科研团队的产学研合作网络如何通过组织学习来影响学术绩效”这个问题展开研究。

首先，本书对产学研合作（网络）、组织学习与学术绩效等国内外相关研究进行系统梳理与研究，把握研究现状及存在的不足，同时为本书后续的实证研究奠定理论基础。

其次，选取了嵌入在产学研合作网络中的学研机构科研团队进行探索性案例分析，探究科研团队的产学研合作网络、组织学习和学术绩效之间影响路径及作用机制，并推导出初始研究命题，为后文理论假设的推演和研究模型的构建提供源于实践的证据。

再次，基于产学研合作理论、社会合作网络理论及资源观理论等相关理论和探索性案例分析的基础上，并结合国内外相关研究，对产学研合作网络、组织学习和学术绩效之间的逻辑关系进行梳理，从学研机构科研团队的角度构建以产学研合作网络为先导变量，嵌入在产学研合作网络的科研团队所采取的组织学习类型为中间变量，以科研团队在参与产学研合作过程中通过组织学习取得的学术绩效为结果变量的研究模型，并提出相关研究假设。

又次，设计调查问卷量表，对产学研合作网络、组织学习及学术绩效等变量进行度量，其中产学研合作网络特征分别从有形维度（科研团队的位置中心度、科研团队与企业之间的联结强度、网络规模）和无形维度（科研团队与企业之间的知识距离）两个方面进行刻画；组织学习分别从探索性学习和开发性学习两个维度来度量；而学术绩效是指科研团队参与产学研合作过程中通过组织学习后取得的科研成就。

最后，进行小样本预测试来修正不合适题项，然后对学研机构科研团队正式展开调研和收集相关数据，通过多元层次回归分析来验证假设和理论模型，探讨产学研合作网络对科研团队学术绩效的影响路径和作用机理，发现产学研合作网络对科研团队学术绩效存在两条影响路径，即“产学研合作网络—探索性学习—学术绩效”和“产学研合作网络—开发性学习—学术绩效”。其中第一条路径是：首先产学研合作网络通过非线性（“倒U型”）方式作用于探索性学习，然后探索性学习再以线性（正向）方式作用于学术绩效，从而实现产学研合作网络以“倒U型”方式影响学术绩效；第二条路径是：首先产学研合作网络通过线性（正向）方式作用于开发性学习，然后开发性学习再以非线性（“倒U型”）方式作用于学术绩效，从而实现产学研合作网络以“倒U型”方式影响学术绩效。

与现有研究相比，本书的理论价值和实践价值体现如下：

（1）本书试图打开产学研合作网络与科研团队学术绩效之间影响路径的“黑箱”，揭示了产学研合作网络如何对科研团队学术绩效产生影响的本质过程，弥补现有研究较为缺乏从学研机构角度来剖析产学研合作网络对学术型组织（或团队）学术绩效的作用机制及影响路径所存在的不足；同时，本书研究结论对学研机构科研团队在参与产学研合作实践中如何管理和配置与产业界之间的合作网络关系具有一定的实践指导意义。

（2）本书探讨了科研团队与产业界之间联结强度及知识距离对科研团队学术绩效所带来的影响，试图解答现有研究关于产学研合作对学术绩效的影响所存在的争论；同时，本书研究结论对科研团队如何维护与企业之间合作关系以及双方保持合适的“知识势差”来提升自身学术绩效也具有实践参考价值。

（3）本书从科研团队的角度来探究组织学习行为对学术绩效的影响，弥补现有文献主要从企业的角度来研究该议题所带来的不足；同时，本书的研究发现对科研团队参与产学研合作过程中如何有效地推动组织学习实践具有启示作用。

CONTENTS

>> >目录

图表清单

图：

表：

第 1 章

>>> 绪 论

1.1 研究背景

1.1.1 实践背景

在当今“开放式创新”的网络化时代，创新主体之间的互动与合作对推动科技发展发挥着日益重要的作用[1~8]。美国硅谷、中国台湾新竹等板块经济模式的成功，让人们开始意识到创新主体之间互动所构成的合作网络在推动技术创新中扮演着不可或缺的角色[9]。尤其随着科技全球化的日益深入，国际竞争的白热化，知识更新速度不断加快，由于单个主体拥有的资源有限性，仅仅依靠自身创新资源来实现不断创新以保持竞争优势变得愈加困难，创新组织迫切需要与外部网络建立起有效的联系渠道为其供应各种创新资源[10]。组织间合作网络是跨组织合作的产物，而跨组织合作不仅可以整合组织外部的创新资源与功能[11]，而且可以分摊研究的成本与风险[12]，于是越来越多的科研机构与大学（统称：学研机构，全书均是这个概念）和企业通过合作网络（即产学研合作网络）来获取知识与技术溢出，以不断提升创新能力来应对由知识更新速度不断加快带来的科技更新周期日益缩短、研发成本不断攀升及创新风险日益增大等挑战[13]。

在此背景下，许多国家纷纷出台相关政策来推动学研机构与企业之间跨组织合作[14~20]，甚至将产学研合作提升为国家创新战略的重要决策[8,21]。例如，美国的“拜杜法案”、德国的“佛朗霍夫联合体、斯坦贝艾斯经济促进基金会”、日本的“产学官三位一体”、英国的“联系计划”[8]以及我国出台的各项产学研合作政策（详见附录1）。在各国政府的推动下，产学研合作日趋网络化，信息流、知识流和资金流等资源流以产学研合作网络为载体实现跨组织联通与流动[22]，产学研合作网络越来越成为创新组织最为重要的外部环境及获取研究信息和创新资源的主要来源[9]。

本质上，产学研合作网络是一种由学术型组织和经济型组织合作所组成的促使知识跨组织流动的网络，不同于普通的技术联盟企业间合作网络[23]。纵观历史，产学研跨组织创新合作行为最早可以追溯到美国政府在“二战”期间所推动的“曼哈顿计划”[8]。20 世纪 60 年代日本和德国为能在“二战”废墟上重振本国经济，纷纷仿效美国的产学研合作模式。例如，日本的“产学官联盟”和德国的“佛朗霍夫联合体、斯坦贝艾斯经济促进基金会”为本国的经济快速崛起发挥着无法估量的作用。我国学研机构与企业之间跨组织创新合作最早可以追溯到 20 世纪 50 ~ 60 年代“两弹一星”中国科学院、高校与军工企业的联合研发[8,24]。1992 年由原国家教育委员会、原国家经贸委和中国科学院三大部门联合推动的“产学研联合开发工程”，标志着产学研合作在我国正式启动[8]。2006 年，国家将加强产学研合作创新纳入到《国家中长期科学和技术发展规划纲要（2006—2020 年）》[25]。2012 年 11 月中国共产党第 18 次代表大会报告强调加快建设国家创新体系，着力构建产学研相结合的技术创新体系，为推动我国产学研合作发展指明方向[8,24]。

在我国创新系统中，一直以来学研机构与企业的互动与合作对推动科技不断发展，增强国家自主创新能力扮演着非常重要的角色。这主要归咎于我国独特的科技体制模式。从新中国成立初期到改革开放之前很长的一段时间里，我国主要受到苏联模式的影响，成立庞大的科教体系从事科技研究，全国最优质的研发资源大部分都布置在学研机构，相比之下，企业获得的研发资源非常有限，创新要素整体较为匮乏[26]。长期以来，我国学术型组织（学研机构）和经济型组织（企业）长期处于“封闭”状态，缺乏创新资源跨组织互动[21,26]。许多领域出现研发资源重复投入、分散投入、闲置浪费严重，研发资源利用和投入产出效率普遍低下，难以在国家整体目标上形成协同创新合力。在当前全面建设创新型国家，实施创新驱动发展战略的新时期，如何有效地促进学研机构与企业有效地互动与合作，解决当前创新资源分散、封闭、缺乏整合的问题，成为我国当今实践“创新驱动”最为迫切的需求[26,27]。

政府出台相关政策积极推动产学研合作的初衷是促使学研机构所创造的知识由科学场域顺利地向经济场域转化[28]，从而实现知识资本化和提升企业创新能力来推动社会经济发展的目的。所以，社会各界（包括学术界）在探讨产学研合作这个议题时，往往将焦点放在企业身上，重点关注企业参与产学研合作得到什么？产学研合作（网络）给企业绩效带来了哪些影响？然而，较少关注产学研合作的另外一个重要参与主体——学研机构。

学研机构在我国创新系统中肩负着培养人才、科学研究、服务社会（包括产学研合作）和传承文化四大职能。学研机构内部的科研团队是上述“四大职能”的承载者和实施主体，尤其在学术研究和服务社会方面扮演着不可或缺的角色。实际上，产学研合作过程是学研机构的科研团队与企业合作互动，推动知识跨组织转移的过程。值得关注的是，产学研合作并不单纯是学研机构科研团队单向辅助企业，促使知识流从学研机构单向流动到企业，实现技术创新取得良好绩效的关系[29]，也是学研机构科研团队实现知识资本化的重要渠道[22]，还是一种知识逆向流动的关系，即学研机构科研团队与产业界互动过程中获得更多组织学习的机会，有助于科研团队参与产学研合作过程中加深对工程技术问题和行业发展的理解，将有意义的现实问题带入科研团队进一步凝练成科学与理论问题，实现知识重组并激发新的思想火花和研究方向[30]。那么，科研团队作为国家创新系统中重要的知识创造主体，它与企业进行互动与合作在提升企业的创新绩效、推动经济发展的同时，对自身的学术绩效带来什么样的影响？尤其随着产学研合作由过去的点对点模式向网络化模式转变[31]，产学研合作网络成为科研团队最重要的外部环境，它需要从网络中寻求互补性、异质性资源来弥补自身创新资源的不足。那么，产学研合作网络如何影响到科研团队的学术绩效？影响机理和路径是什么？然而，这些议题目前仍然没有得到社会各界的充分关注。

1.1.2 理论背景

虽然产学研合作创新模式最早可以追溯到“二战”期间美国政府实施的“曼哈顿计划”，但是在“二战”结束后很长的一段时间里，由于凯恩斯经济理论的盛行，涉及产学研合作议题的相关研究在学术界倍受冷落[8,24]。直到20世纪60年代，美国学者Lincoln（1966）[32]首次对产学研合作给予关注，对学研机构与企业跨组织合作进行系统分析，开创了产学研合作创新领域的研究先河[8,24]。到了20世纪80年代，随着新兴产业如生物科技、信息通信等的兴起，产学研合作在推动新兴产业发展过程中起到不可或缺的作用，该领域产学研合作成为当时学术界的关注焦点[8]。进入20世纪90年代，学研机构与企业等创新主体之间合作日趋网络化。在此背景下，创新研究领域著名学者Etzkowitz和Leydesdorff在1995年合著发表一篇开创三螺旋创新理论的奠基性文献[33]，该文首次提出“政府—产业—学研机构”三螺旋非线性互动模型，重塑官产学研的相互关系和角色，颠覆社会各界在早期所推崇的线性创新模式[8]。在2003年，美国著名学者Chesbrough首次提出开放式创新[34]，开启了学术界对开放式创新理论的研究热潮。总体上，国外学术界已经对产学研合作网络结构特征[35,36]、合作行为[14,15,37]以及影响效应[14,19,38~40]等议题展开了一系列研究，这些研究议题构成产学研合作创新理论的基本理论框架。

与国外学术界相比，我国学者关注产学研合作这个议题相对较晚。最早以产学研合作为研究议题的文献出现在1992年，当年我国开启了“产学研联合开发工程”，促使我国学术界开始对学研机构与企业之间合作的组织模式和治理机制、组织间关系与演变、动因与影响因素、交易成本及制度安排、合作效果评价等方面的研究[8,21]。在随后20多年广大学者的持续关注和努力下，我国学术界在产学研合作研究领域取得长足的发展[8,21]。

现有研究普遍认为产学研合作有利于促使学研机构所创造的知识实现资本化，有助于企业赢得竞争优势。所以，绝大多数研究仅从企业单方面视角来探究产学研合作[30]，涉及的研究议题如：企业参与产学研合作的动机——为了从学研机构获取知识与其他创新资源[41]，从而促使企业提升创新能力，并将学研机构的科技成果转化成商业产品[14,39,40]，最终使得企业拥有良好的经济绩效——成为具有创新活力的企业[42,43]。相比之下，从学研机构（科研团队）的视角来探究其参与产学研合作如何反过来影响学术绩效的相关研究仍然不够丰富。

此外，随着全球化进程日益加速及创新合作网络形成，合作网络作为一种重要组织资本，蕴藏着信息、技术、知识、资金等资源，创新组织需要通过合作网络获取关键性创新资源来维持竞争优势。由于组织所嵌入的合作网络特征会制约和影响组织获取和利用资源的能力大小，进而可能会对组织后续绩效和竞争优势带来影响[44,45]，合作网络与组织绩效之间的关系引起学术界的广泛关注。然而，现有绝大多数研究主要从企业视角来探究企业间合作网络对企业绩效的影响路径及机制[46-50]，而从学研机构（或科研团队）的视角来探究产学研合作网络对学术绩效的影响路径及作用机制的相关研究仍然较为缺乏。

如上文所提及，科研团队作为学研机构“四大职能”的承载者和实施主体，它与企业的合作日益复杂化和网络化，那么基于科研团队的角度来探究产学研合作网络对其学术绩效的影响不仅可以拓展产学研合作理论研究，弥补现有产学研合作理论研究所存在的不足，而且对指导科研团队参与产学研合作实践具有一定的现实指导意义。

1.2 研究问题与关键概念

1.2.1 研究问题

（一）产学研合作网络对科研团队学术绩效的影响机理及路径

现有文献对“合作网络怎样影响活动主体绩效”展开较为丰富的研究，发现合作网络对组织绩效具有重要的影响[26,35,36,51~55]。然而，现有大多数文献直接分析“合作网络—绩效”之间的影响关系，并没有进一步揭开它们之间的影响机理和作用路径，而且现有研究关于合作网络对组织绩效的影响方向及程度高低仍然存在诸多分歧[29]。至今，关于产学研合作网络通过什么样的影响机制与路径作用于学术型组织或团队学术绩效的研究议题仍然缺乏系统深入的分析和实证检验。鉴于此，本书在国内外研究的基础上，以嵌入在产学研合作网络中的科研团队为研究对象，力图从科研团队的角度打开“产学研合作网络—学术绩效”之间影响路径“黑箱”，以试图解答现有研究关于合作网络对活动主体绩效的影响方向及程度高低的争论，同时丰富产学研合作网络实证研究，为科研团队更好地利用产学研合作网络来提升自身学术绩效提供理论依据和决策支持。

（二）产学研合作网络对科研团队的组织学习带来哪些影响

随着合作网络成为创新组织外部最重要的环境，合作网络所蕴藏的创新资源对组织学习具有深刻的影响[23]。值得关注的是，现有研究关于合作网络如何影响组织学习的相关认识及观点主要基于企业间合作网络的实证研究，普遍认为企业嵌入合作网络中有利于获取新的知识和捕捉新的机会，从而促进组织学习的发生[56]。实际上，与企业间合作网络相比，产学研合作网络是由学术型组织和经济型组织相互合作所构成的网络，可为学研机构和企业双方创造更好、更多的组织学习机会[57]。然而，鲜有研究以产学研合作网络为研究对象来挖掘合作网络对创新组织，尤其对科研团队组织学习的影响。众所周知，学研机构的科研团队是以学术研究为导向，而企业是以追求利润为目标，双方在目标、价值观和文化等方面存在着较大的差异。所以，由学研机构科研团队和企业互动过程中所组成的合作网络与单纯由企业所构成的企业间合作网络存在着较大的差异。那么基于企业间合作网络的研究结论和观点是否适用于产学研合作网络情景中，有待进一步研究与检验。在产学研合作网络中，科研团队与企业所建立的网络关系对科研团队组织学习具有哪些影响？产学研合作网络对科研团队两种类型组织学习（探索性学习和开发性学习）的影响是否存在差异？这些问题将在本书做进一步挖掘与解答。

（三）科研团队参与产学研合作过程开展组织学习对其学术绩效产生哪些影响

组织学习对绩效影响的相关议题在学术界已经获得了广泛的关注[58~61]。现有研究主要聚焦于企业的组织学习如何对其绩效产生影响，并发现企业采取探索性学习和开发性学习对其短期、长期绩效带来不同影响[47]。然而，尚未发现有相关文献从学研机构角度来探究它们参与产学研合作过程所采取的不同类型组织学习如何对其学术绩效产生影响。如上文提及，科研团队是学研机构实施“四大职能”的承载者和实施主体，产学研合作是学研机构科研团队与企业合作互动，推动知识跨组织转移的过程。同时，产学研合作也是学研机构科研团队与企业进行相互组织学习的过程，科研团队通过组织学习，从企业获得新的市场信息、技术需求及其他必要的创新资源[60]，有助于科研团队开展相关的科研活动，进而对其学术绩效带来影响[37,62,63]，所以本书推断出科研团队与企业合作过程中所开展组织学习可能会对其学术绩效具有重要影响，但是探索性学习与开发性学习对科研团队学术绩效带来哪些影响？存在哪些差异？这些议题将在本书做进一步解答。

1.2.2 关键概念

（一）科研团队

如上文所提到，科研团队是学研机构职能的承载者和实施主体，肩负着培养人才、科学研究、服务社会和传承文化等职能。在本研究中，科研团队界定为来自学研机构并且围绕着某一共同学术研究目标而承担起相应学术研究职责的一群学者专家所组成的学术团队。科研团队的特征包括：具有明确的研究方向，将学术研究视为自身重要职能的一部分，团队成员之间有明确的学术研究分工（学术带头人、学术骨干和一般成员），而且它比较稳定，一般不会随着科研项目的结束而解散。

（二）产学研合作网络

社会网络理论认为个体（团队、组织或国家）之间的互动与联系构成了交互网络，包括自我中心网和整体网两种类型[64]。其中自我中心网是指网络的构建以特定的个体（团队、组织或国家）为中心，研究该活动主体与其他主体之间的网络关系对其产生的影响。由于自我中心网的结构特征可根据活动主体对自身所处网络认知水平来判断，现有很多文献通过调查问卷量表的形式来收集活动主体对自身与其他主体之间网络关系的主观判断来实现对自我中心网络的刻画[56,65~69]。

关于产学研合作网络的定义，国内外学者均对其做出各种各样的定义，其中最为典型的是 Etzkowitz 和 Leytesdorff（2000）对产学研合作网络做出的定义。他们认为产学研合作网络本质是以知识为基础，三个组织主体之间互动实现知识的循环，激发创新思想的产生[70]。国内学者[30,71~73]也对产学研合作网络做出相应的界定。

鉴于科研团队是学研机构实施产学研合作职能的承载者和实施主体，本研究在参考现有研究的基础上，将产学研合作网络界定为学研机构科研团队与企业之间合作关系所构建的组织间互动网络。本书研究目标是探讨产学研合作网络对科研团队学术绩效的影响，因此本书所构建与研究的产学研合作网络是以科研团队为中心的自我中心网络。

Gnyawali 和 Madhavan（2001）认为合作网络具有多维度、多层次的结构特征[74]。Gilsing 等（2008）使用结构维度和认知维度两方面来阐述组织间合作网络结构，其中认知维度用于衡量网络节点之间在知识、技术等认知水平方面的“无形”结构特征，而结构维度用于衡量网络节点之间“有形”网络关系结构[75]。由于 Gilsing 等（2008）对网络结构划分的维度指标与社会资本三个维度指标（结构维度、关系维度和认知维度）容易产生混淆，所以，本书在借鉴 Gilsing 等（2008）的思想基础之上，分别从有形维度与无形维度对产学研合作网络进行刻画。其中有形维度使用位置中心度、联结强度及网络规模等指标来刻画科研团队与企业之间“有形”合作网络关系结构；而无形维度使用知识距离指标来刻画产学研合作网络中科研团队与企业之间“无形”知识结构差异。

（三）组织学习

学术界对“组织学习”的研究最早可以追溯到 20 世纪 50 年代末期[76]。在 20 世纪 70 年代，Argyris 和 Schoen（1978）正式提出“组织学习”概念[77]。March（1991）基于学习策略的视角，将组织学习划分成探索性学习和开发性学习两种类型[78]。探索性学习是指组织通过探索性研究和试验活动创造新知识，实现原始创新；而开发性学习是指组织通过开发利用现有的知识与技术来实现引进吸收和模仿创新。此外，现有研究认为组织学习包括三个层面：个体学习、团队学习及组织学习，知识在这三个层面不断地转移与整合，推动着知识的产生与应用[79,80]。

实际上，产学研合作过程是学研机构科研团队与企业之间双向的组织学习历程，即：企业通过组织学习从学研机构科研团队获得科学理论及技术知识来提高创新绩效，而学研机构科研团队通过组织学习从产业界了解最新市场信息及技术需求，为科研选题提供思路[60]。鉴于科研团队是学研机构实施产学研合作职能的承载者和实施主体，本研究在参考现有研究的基础上，将组织学习界定为科研团队参与产学研合作过程中，通过整合、学习及利用产业界信息、知识及相关创新资源来实现知识创造和开发利用的过程；并参照 March（1991）对组织学习划分标准，将科研团队与企业合作过程中采取的组织学习类型同样可以划分为探索性学习和开发性学习两类，其中探索性学习位于知识链的上游，偏重于高水平科学研究，而开发性学习则处于知识链下游，更侧重于技术开发利用。

（四）学术绩效

至于学术绩效的界定，现有研究普遍认为学术绩效主要体现在科研成果上[81,82]。从数据的可获得性，现有研究常常使用论文和专利以及它们的被引用量来测量学术绩效。例如，Fan 等（2015）使用 SCI 论文数量多寡来测量中国“985”院校的学术绩效[83]。同样的，张艺等（2016）使用 SCI 论文数量来测量中国科学院的学术绩效[26]。

本研究参考现有研究的基础上，将学术绩效界定为学研机构的科研团队在参与产学研合作过程中通过组织学习后取得的科研成就。现有文献认为完全使用客观的成果性绩效并不能完全刻画学术绩效，还应考虑将无形能力的提升（即成长性绩效）纳入评估范围[84~86]。鉴于此，本书对学术绩效进行刻画时综合考虑科研团队的成果性绩效和成长性绩效。

1.3 研究思路与框架

1.3.1 研究方法

本书充分借鉴社会网络理论、产学研合作创新理论及资源观等理论，对科研团队的产学研合作网络、组织学习和学术绩效的关系进行研究，以丰富和拓展基于中国情景下的产学研合作理论研究。为此，本书将主要采用以下三种研究方法：

（一）文献研究法

为了全面把握本领域的研究现状及存在的不足，笔者大量阅读和梳理与本研究相关的文献资料，包括来自创新管理领域的知名期刊如 *Research Policy*，组织创新合作研究领域的顶级期刊 *Organization Science* 等。同时梳理来自国内的顶级或知名期刊如《管理世界》《经济研究》《科学学研究》等刊登与本研究领域相关的高质量期刊的文献。通过对现有权威文献的梳理与研究，为后续研究框架的构建及研究假设的提出奠定坚实的理论基础。

（二）案例研究法

本书研究的核心问题是学研机构科研团队的产学研合作网络、组织学习和学术绩效之间的影响机理，但是该议题的研究仍然不够成熟。鉴于此，本书在对现有文献梳理研究的基础上，采用案例分析方法，选择嵌入在产学研合作网络中的学研机构科研团队进行探索性案例研究，得到产学研合作网络、组织学习和学术绩效之间潜在影响路径的初始研究命题，为后续的实证研究提供现实依据。

（三）实证研究法

本书在文献梳理、案例研究和相关理论的基础之上，构建本书的研究模型和提出研究假设，然后围绕着产学研合作网络、组织学习和学术绩效等核心概念设计出相应的测度量表，并通过调研访谈来收集相关数据，紧接着对数据展开信度与效度分析，随后采用多元层次回归分析方法来验证本书所提出的研究假设和模型。

1.3.2 研究路线

本书以嵌入产学研合作网络的学研机构科研团队为研究对象，使用案例分析、回归实证分析、社会网络分析方法等定性和定量方法来研究以下几个问题：产学研合作网络对科研团队学术绩效的影响机理和作用路径是什么？产学研合作网络对科研团队组织学习的开展存在哪些影响？科研团队采取不同类型的组织学习行为对其学术绩效带来什么样的影响？这些问题的回答不仅具有较大的理论价值，对我国产学研合作实践也有一定的指导价值。

本书的技术路线如图 1－1 所示：

首先，笔者基于实践背景和理论背景借此引出本书的研究问题：学研机构科研团队的产学研合作网络、组织学习和学术绩效之间的影响关系。

其次，依照所提出的研究问题，本书选取了我国嵌入在产学研合作网络的科研团队进行探索性案例分析，详细探究产学研合作网络、组织学习和学术绩效之间的影响路径，并推导出本书的初始研究命题。

再次，以产学研合作创新理论、社会网络理论及资源观等相关理论为依据，构建理论研究模型，并通过理论推导提出研究假设。

又次，设计调查问卷，通过小样本预测试修正不合适题项，然后展开大样本调研搜集数据，对所收集的数据进行信度和效度分析以验证数据的科学合理性，并通过多元层次回归分析来验证研究假设和理论模型。

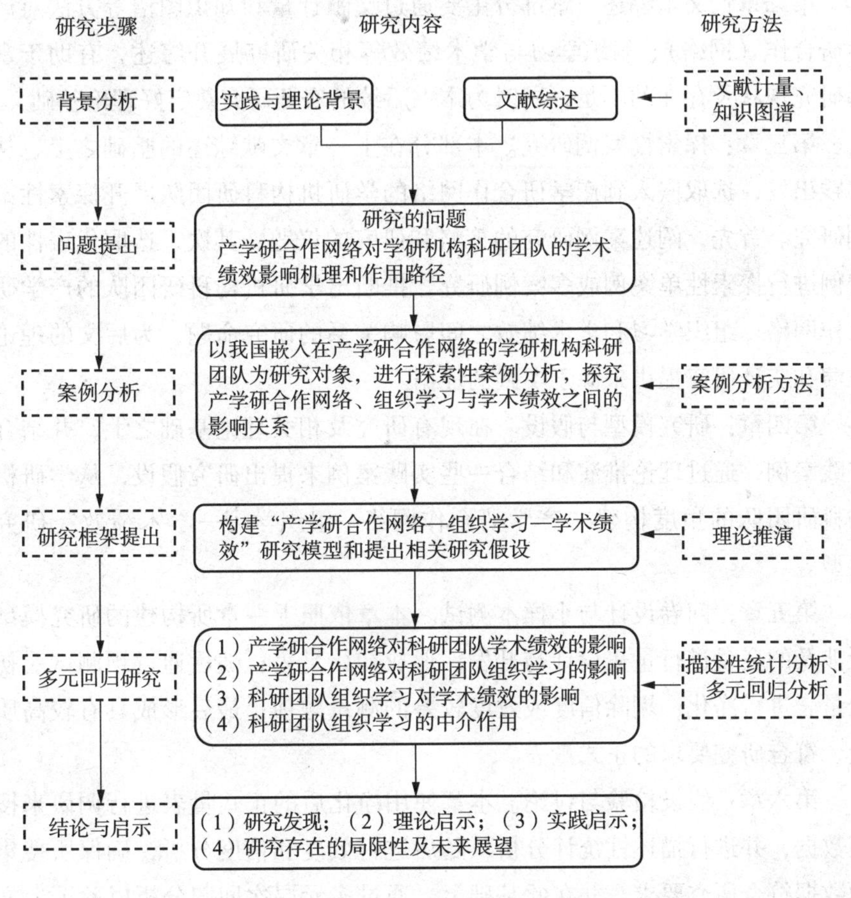

图1－1 技术路线

最后，根据实证分析结果，展开讨论，并从中归纳出本书的研究结论。

1.3.3 研究内容

根据上述技术路线图的逻辑思路，本书的研究内容安排如下：

第一章：绪论。本部分在阐述产学研合作实践背景和理论背景的基础上，提出了本书的研究议题，即学研机构科研团队的产学研合作网络、组织学习和学术绩效之间的影响机理和作用路径，随后围绕着研究议题对关键概念进行了界定，并提出研究的总体思路和框架，最后对本研究的潜在价值及贡献进行了阐述。

第二章：文献综述。本部分主要通过文献计量和知识图谱等方法对产学研合作（网络）、组织学习与学术绩效等相关研究展开综述，有助于掌握研究现状及存在的不足，同时为本书后续的实证研究奠定好理论基础。

第三章：探索性案例研究。本部分在上一章文献综述的基础之上，从实践出发，选取嵌入到产学研合作网络的学研机构科研团队展开探索性案例研究。首先，阐述案例研究的策略和研究的议题；其次，选取代表性的案例进行探索性单案例或多案例研究，推断出学研机构科研团队的产学研合作网络、组织学习和学术绩效之间影响关系的研究命题，为后文的理论推演和实证研究提供来源于实践的证据。

第四章：研究模型与假设。在现有研究及相关理论基础之上，并结合实践案例，通过理论推演和结合一些实践案例来提出研究假设，从学研机构科研团队的角度构建“产学研合作网络—组织学习—学术绩效”研究模型。

第五章：问卷设计与小样本测试。本章依照上一章所构建的研究模型所涉及的变量进行量表设计与开发，形成初始量表；随后通过预测试对初始量表进行净化，剔除信度或效度较差的测量题项；最后形成具有较高质量、符合研究要求的正式量表。

第六章：假设检验与讨论。本章使用净化后的正式量表进行调研来搜集数据，并进行描述性统计分析，随后进行效度和信度分析，确保所搜集的数据符合研究要求，并在此基础上，通过多元层次回归分析以验证上文所提出的研究假设和理论模型，最后对回归结果展开讨论。

第七章：结论与展望。本部分对研究发现进行归纳总结，并对本书给理论研究与实践管理所带来的启示进行了阐述，最后提出本书的局限性及研究展望。

1.4 研究贡献

本书以嵌入在产学研合作网络的学研机构科研团队为研究样本，探究它们的产学研合作网络、组织学习和学术绩效之间的影响机理和作用路径。与现有研究相比，本书的创新点包括如下几个方面：

（1）本书试图打开产学研合作网络与科研团队学术绩效之间影响路径

的“黑箱”，揭示了产学研合作网络、组织学习和学术绩效之间的影响关系，弥补现有研究较为缺乏从学研机构（科研团队）的角度来剖析产学研合作网络对学术型组织绩效的影响机理和作用路径所存在的不足，拓展了产学研合作理论研究。

经过对现有国内外文献进行系统梳理，发现学术界对产学研合作这个议题展开了较为丰富的研究[14,19,30,38~40,42,43,87~90]。值得关注的是，较多研究侧重于从企业的角度来探讨产学研合作如何对创新组织的绩效产生影响，而从学研机构的角度来探讨该议题的相关研究相对较少。此外，随着产学研合作的复杂化和网络化，已有相关研究开始关注产学研合作网络与创新组织绩效之间的影响关系[26,30,36]，但是现有研究直接检验产学研合作网络与组织绩效之间的影响关系，并没有进一步探究产学研合作网络与组织绩效之间的作用机理和影响路径。鉴于现有研究的不足，本书在国内外学者的研究基础上，从学研机构科研团队的视角出发，构建和验证“产学研合作网络—组织学习—学术绩效”的理论模型，并对所提出的研究假设进行验证，为从社会网络视角来洞察和把握产学研合作对学术型组织或团队学术绩效的影响机理和作用路径提供一定的参考。

（2）本书从学研机构科研团队与产业界之间的联结强度以及双方之间知识距离的角度出发，探究它们对科研团队学术绩效所带来的影响，为解答现有研究关于产学研合作对学研机构学术绩效影响的争论提供一些启示。

现有研究涉及产学研合作给学研机构学术绩效带来的影响这个议题仍然存在较大的分歧。一些研究认为产学研合作有助于学研机构从产业界及时获得市场信息、科研经费和其他必要的创新资源，加深学研机构对科研成果在实践运用情况的理解，激发新的研究问题与方向，进而对学研机构学术绩效带来正向影响[37,62,63]。然而，一些研究则认为学研机构参与产学研合作会分散它从事学术研究的精力和资源[91,92]，会对学研机构学术研究带来不利影响[89,93]。鉴于此，本书从学研机构科研团队与企业之间的联结强度以及双方之间知识距离的视角出发，探究双方所建立的强弱联结关系及知识距离远近对科研团队学术绩效的影响机理，为解答现有研究的争论提供一些思路与参考。

（3）本书从学研机构科研团队的视角来探究组织学习行为对学术绩效

的影响，试图弥补现有文献主要从企业的视角来研究“组织学习与组织绩效之间影响关系”这个议题可能带来的不足。

现有文献对“组织学习对企业绩效的影响”这个议题已经展开了较为丰富的研究[10,58~61]。然而，较少研究从学研机构视角出发，关注学研机构所采取的组织学习行为对其学术绩效带来的影响。鉴于此，本书探究学研机构科研团队与企业合作过程中采取两种不同类型的组织学习行为（即探索性学习和开发性学习）对科研团队学术绩效的影响，以进一步丰富现有文献对“组织学习—组织绩效”这个议题的相关研究。

（4）本书从社会网络视角来研究产学研合作，丰富了跨组织创新合作实证研究。

近年来，随着产学研合作在国家创新系统中扮演的角色日益重要，它也引起了学术界的广泛关注[19,35,36,38,94,95]。然而，从网络视角来考究产学研合作的相关研究仍然不够丰富[96,97]。在当今以开放式创新为主要范式的大环境下，学研机构科研团队与产业界之间跨组织合作已由早期的点对点线性模式逐步向网络集成创新模式转变[98]，创新组织普遍嵌入到巨大的社会合作网络中，网络已经成为创新组织最为重要的外部环境[67]，所以有必要从社会网络视角来理解和考察学研机构科研团队与企业之间合作行为以及这种行为对绩效所带来的影响。鉴于此，本书从社会网络视角出发，对产学研合作网络如何对科研团队学术绩效产生影响进行探究，以进一步丰富现有产学研跨组织合作的实证研究。

第 2 章

>>> 文献综述

学研机构科研团队与企业之间互动与合作可以促使创新资源跨组织边界转移，为组织创造更多的学习机会，达到整合创新资源和提升整体创新绩效的目的。由于产学研合作能够实现优势互补、资源共享、分散风险，提升创新整体效应，解决单个组织创新能力不足的问题[98]，于是越来越多的创新组织积极主动地参与产学研合作来获取组织外部的创新资源，加强组织学习来提升自身创新能力及绩效。在此背景下，国内外学术界在探究产学研合作与创新组织的绩效之间影响关系的相关议题时，对产学研合作、合作网络、组织学习及组织绩效等议题给予较多的关注。为了把握研究现状及存在的不足，本章将回顾与梳理国内外学者以产学研合作、合作网络、组织学习及绩效为议题的相关研究，同时为本书后续开展产学研合作网络对科研团队学术绩效影响的实证研究提供了充分的理论依据。

2.1 产学研合作研究综述

2.1.1 产学研合作相关理论

自从熊彼特在 1911 年提出“创新理论”，引起学术界广泛关注。各种创新理论不断涌现，例如，国家创新系统理论[99~101]、区域创新系统理论[102]、“模式（Mode）2”知识生产模式[103]、三螺旋创新理论[33,70]，试图解释现代国家在知识经济时代背景下日益复杂的创新活动，其中包括产学研合作创新活动，这些创新理论也成为本书研究的理论基础。

（一）巴斯德象限理论

美国“二战”结束后很长一段时间，一直奉行“线性创新模式”，即

“基础研究→应用研究→技术开发→生产经营”线性创新模式[104]，如图2－1所示。线性创新模式认为基础研究是一种以探索未知世界规律为目的，但不受实践应用目的所束缚的研究。换言之，基础研究是自由探索的，其成果是否有实用价值，能否应用到哪个领域都是未知的。此外，基础研究促进应用研究，再到技术开发，最终商业化，这条路径是单向的。“线性创新模式”认为基础研究是技术创新的源头，是促进技术不断发生的原动力。

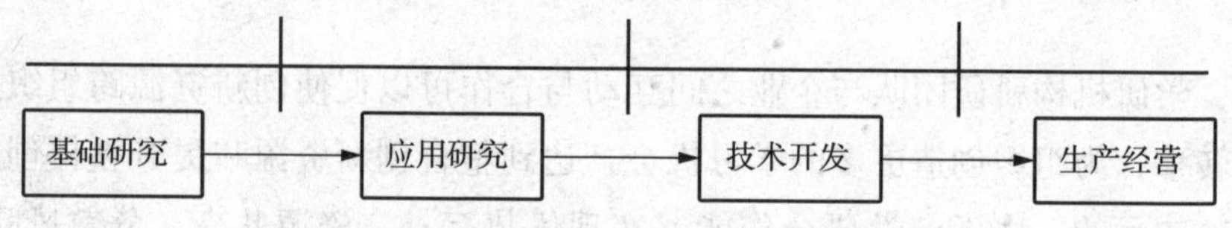

图2－1　布什线性创新模式

资料来源：Stokes（1997）[104]；Bush（1945）[105]。

然而，自从20世纪80年代开始，美国奉行多年的“线性创新模式”饱受社会各界的质疑。因为美国重视自由探索的基础研究并不能促使国家摆脱经济不景气的窘境。每年国家投入大量的钱财到自由探索的基础研究项目上，由于产业化路径不清晰，许多以自由探索为导向的基础研究成果只停留在纸面上，并没有产生经济效益。正如Beesley（2003）所指出，科学家普遍缺乏商业化意识，更缺乏将自由探索得到的研究成果转化成企业所需技术的能力，所以，线性创新模式不足以反映技术创新的真实过程[106]。反观日本经济的快速崛起并挑战美国经济霸主地位的事实，让美国社会各界开始认识到即使基础研究薄弱的国家也完全可以通过技术创新来推动经济的快速发展。这表明了线性创新模式核心思想——科学发现到技术创新单向线性路径存在着较大的缺陷。鉴于此，Stokes（1997）梳理了科学与技术、基础研究与应用研究之间的关系，提出了著名的“巴斯德象限图”[104]，如图2－2所示。

在图2－2中，第一象限（左上角）所指的是纯粹以自由探索大自然规律，完全忽视实际应用价值的基础研究。由于波尔是一位典型通过自由探索来发现原子结构的科学家，因此以他的名字来命名该象限。实际上，在“二战”结束后的几十年时间里，美国所资助的基础研究大多落在这个象限。第二象限（右上角）所指的是以实践应用为导向的基础研究。由于巴斯德是一位为了解决生物发酵实践问题而开展基础研究的科学家，因此以他的名字进行命名。第三象限所指的是纯粹以实践应用为目的的技术开发活动，并不寻求对技术背后科学原理的探究，该象限是以爱迪生的名字来命名。众所周知，爱迪生是一位为了商业化电照明而进行研究，并不寻求电照明背后科学原理的大发明家。

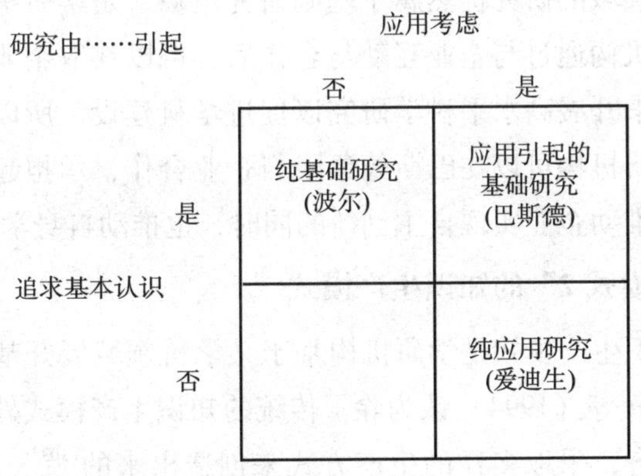

图 2-2 巴斯德象限

资料来源：Stokes (1997)[104]。

巴斯德象限给我们的启示：科学与技术，基础研究与应用研究之间的关系并不是决定与被决定的因果线性关系，而是存在着相互影响并呈现出不断融合的趋势，如图 2-3 所示。柳卸林和何郁冰（2011）指出，巴斯德象限需要学研机构与企业等多方组织之间的互动来开展科研活动，这也是三螺旋创新理论[33]的核心思想[107]。

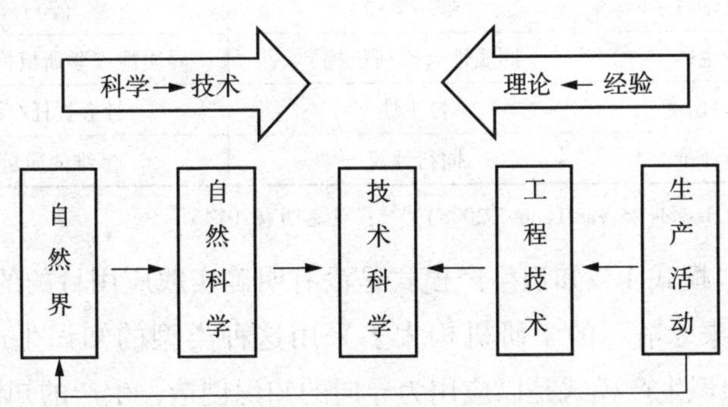

图 2-3 学研机构与企业在巴斯德象限互动

资料来源：笔者在刘则渊和陈悦（2007）[108]基础上修改而成。

由于巴斯德象限上的研究是以实践应用为导向（或称产业驱动）的基础研究，追求的目的是想通过探索并掌握技术背后的科学原理基础上，对技术进行二次创新甚至原始创新，因此巴斯德象限的产业化路径比较清晰，能够吸引那些具有较高科研水平的企业与学研机构在该领域合作来寻求技术的原始突破，从而实现由“逆向反求”到“正面设计”的跨越。由于巴斯德象限领域的研究仍然属于基础研究范畴，是学研机构所擅长的研究领域，学研机构通过与企业互动与合作后，可以获取企业所引进的国外前沿技术信息来开展高水平科学研究以促进学科建设。所以巴斯德象限给予的启示：学研机构可以在巴斯德象限与企业合作，承担起产学研合作的社会职能，在推动企业实现自主创新的同时，也推动自身学科不断发展。

（二）“模式2”的知识生产模式

传统的知识生产模式是学研机构基于某学科领域展开基础研究而得到的知识。Gibbon 等（1994）认为除了传统的知识生产模式外，还有一些知识在不同的场合，采取多样的生产方式来创造出来的[103]。为了区分这两种类型的知识生产模式，将传统的知识生产模式定为“模式 1”的知识生产模式，而将后续发现的知识生产模式定为“模式 2”的知识生产模式[103]。这两种类型的知识生产模式在知识创造情景、涉及学科、生产场所和生产自由度等方面均存在明显的差异，见表 2－1。

表 2－1　“模式 1”和“模式 2”知识生产模式对照

区别维度	“模式 1”知识生产模式	“模式 2”知识生产模式
知识创造情境	学科情境	应用情境
知识涉及学科	单一学科	多（跨）学科
知识创造主体	同质性（学研机构）	异质性（学研机构、企业等）
知识创造自由度	自主性	社会责任/反思性
知识质量评价	同行评议	多维的质量控制

资料来源：Hessels 和 Van Lente（2008）[109]；范惠明（2014）[110]。

首先，“模式 1”知识生产模式是没有明确实践应用目的的知识创造，过去处于“象牙塔”的学研机构大多采用这种类型的知识生产模式；而“模式 2”知识生产模式是以应用为导向的知识创造，生产的知识具有明晰的产业化路径。当学研机构与企业之间互动合作过程中创造出具有较大经济效益的知识，那么这种通过产学研合作来创造知识的方式就是典型的

“模式2”知识生产模式。

其次，“模式1”知识生产模式是在单一学科下的知识创造，所生产出来的知识可以很明晰地归纳到某一学科群内；而“模式2”知识生产模式往往跨学科，运用多个学科的理论与方法来解决较为复杂的问题，在这过程中新生产的知识难以将其归纳到特定的学科群中[109]。

再次，“模式1”知识生产模式往往是以学研机构作为知识创造主体，其他机构较少参与；而“模式2”知识生产模式不仅包括学研机构，还包括高科技企业、研究中心、智库等机构。

又次，“模式1”知识生产模式强调自由探索，没有太多强调所创造出来的知识可能给社会带来的后果；而“模式2”知识生产模式由于有明确的应用导向，因此当学研机构与企业等组织从事“模式2”知识生产模式时，会考虑和反思所创造出来的知识是否对社会有益。

最后，“模式1”知识生产模式所创造出来的知识质量高低往往只通过“同行评议”来确认；而“模式2”知识生产模式涉及多学科、跨领域，具有明晰的实践应用价值，因此“模式2”知识生产模式所创造的知识的评议需要考虑应用性、社会道德、经济效应等方面。

“模式2”知识生产模式带来的启示：作为传统知识生产机构——学研机构除了采用“模式1”知识生产模式外，还可以通过参与产学研合作来从事“模式2”知识生产模式，使得所创造的知识具有明晰的实践应用导向，为经济发展注入源源不断的创新动力，从而实现解决经济与科技“两张皮”的目的。

（三）三螺旋创新理论

自从熊彼特创新理论[111]提出大半个世纪以后，相关创新管理理论不断涌现，包括 Freeman、Lundvall、Nelson 等提出的国家创新系统论[99~101]，Gibbons 提出“模式2”知识生产模式[103]。然而，这些创新理论尚未解决创新系统中的主体及创新动力机制等问题[112]。20 世纪 90 年代中期，Etzkowitz 和 Leydesdorff（1995）在上述创新理论基础上，提出了三螺旋创新理论，以寻求解答创新系统中主体间的相互作用机理和持续创新动力机制等问题[33]。三螺旋创新理论核心思想包括如下几个方面：

第一，强调学研机构在国家创新系统中的重要角色。与过去的国家创新系统理论[99~101]所提倡以企业为创新领导者的观点不同，三螺旋创新理论认为在知识经济时代，学研机构所从事的研发活动对经济发展的促进作用日益明显，所以在国家创新系统中，应该将学研机构摆在与企业、政府同等重要的位置。

第二，学研机构、企业和政府之间的交叠（overlap）才是创新系统的核心单元，如图2－4所示。其中学研机构是知识创造者，企业是社会财富生产者，政府是政策制定协调者[70]。它们在创新、合作过程中自身在保持独立角色的同时也要承担着其他方的部分功能，从而确保学研机构，企业和政府三方相互交互和影响，从而推动着创新系统不断发展。

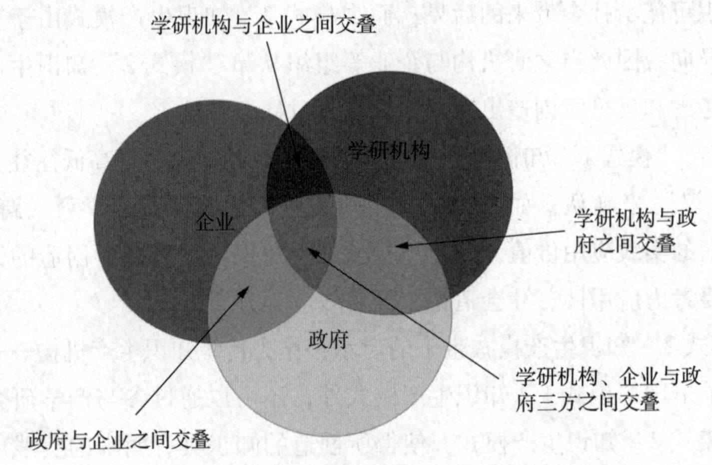

图2－4　三螺旋系统示意图（横向）

第三，在三螺旋创新系统中，学研机构、企业和政府是三条平行的螺旋线，如图2－5所示。当其中一条螺旋线难以承担起主驱动力时，另一条可以顶替其功能，学研机构、企业与政府均可以成为三螺旋创新系统中的主导者[112]。

三螺旋创新理论提出以来，学术界对三螺旋创新理论的实证研究日益活跃深入[113~119]。通过对现有研究进行梳理与分析，发现三螺旋创新理论研究存在两个派系：其中一个派系以 Henry Etzkowitz 为代表，注重于从定性的角度来探究学研机构、企业和政府三方交互与合作的新制度学派；另外一个派系以 Loet Leydesdorff 为代表，注重于以定量的角度探究官产学研之间的机制协调与交换的新演化学派[120]，该学派借助三螺旋算法（Triple

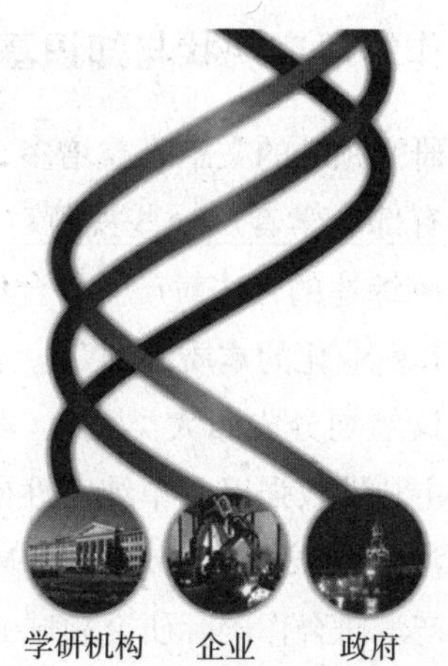

图2-5 三螺旋系统示意图（纵向）

Helix Algorithm）对部分国家官产学研三螺旋创新模式展开了一系列定量研究[121,122]。

近十年，官产学研三螺旋研究在国内逐渐成为研究热点。国内学者主要从三螺旋创新理论、机制、模式等方面展开丰富的研究。例如，涂俊和吴贵生（2006）、王成军（2006）将国外三螺旋创新理论引进国内，并对我国官产学研三螺旋创新理论与模式进行论述[123,124]。陈红喜（2009）和邹波等（2013）对官产学研三螺旋创新机制与路径进行分析[125,126]。除了对我国官产学研进行定性分析外，越来越多的国内学者使用三螺旋算法对官产学研三螺旋关系及模型展开了定量研究。例如，李培凤和马瑞敏（2015）从定量的角度对典型的发达国家与金砖国家的官产学研三螺旋创新机制进行对照分析，发现欧美等发达国家的官产学研三螺旋模式已经形成了较强的自组织能力，而我国的三螺旋模式的自组织能力较弱[127]。许侃和聂鸣（2013）使用三螺旋算法对中韩两国的官产学研三螺旋模式进行对照分析，发现韩国的官产学研结合较为紧密，形成了协同效应，而我国官产学研之间的互动与合作较为松散[128]。

国内学者对我国官产学研三螺旋创新模式展开了一系列的研究，推动了我国创新理论的发展。然而，现有国内研究较多直接照搬国外的三螺旋创新理论来分析中国问题，而忽视了我国创新系统的特殊性，可能导致现有国内三螺旋理论研究存在一定的偏差。

2.1.2 产学研合作的研究现状与知识基础

随着产学研合作国际研究领域的文献日益增多，为总结产学研合作研究领域的发展脉络，近年来有部分学者从一些视角对该领域的成果进行梳理。例如，Perkmann 等采用文献综述的方法对产学研合作国际研究领域的文献进行分析以揭示产学研合作和商业化的本质区别[88]。刁丽琳等也采用综述的方法对国外产学研合作研究议题划分成四大类[129]。由于他们所采取的是传统文献综述研究方法，存在主观性较强以及单纯定性研究所带来的不足。为了克服传统文献综述研究方法的局限性，Teixeira 和 Mota（2012）运用文献计量的方法，基于主题词对产学研合作国际研究领域的文献进行分析[130]。Calvert 和 Pate（2003）[131]、Abramo 等（2009）[132]使用文献计量分析方法，基于某特定国家产学研合作发表的文献来探究该领域自身特点。樊霞等（2013）从文献计量的角度分析和梳理国内产学研合作领域的文献来揭示我国产学研合作研究领域的热点及发展路径[133]。

总体上，现有研究尝试对产学研合作研究领域的成果进行系统梳理，为该领域的研究提供了丰富的理论基础，但是对如何更好地推进该领域的研究仍然缺乏足够的认识，因此及时总结产学研合作国际研究的知识基础与当前的研究热点，把握该研究领域的未来发展方向已显得非常迫切和重要。基于此，本书采用文献计量的方法，以 Web of Science 核心合集收录的产学研合作国际研究领域的文献作为研究对象，对该领域的文献展开全方位分析，而且所分析的文献时间区间跨度较长、数量较多、来源广泛，相对于现有相关研究[88,129~133]有明显的不同及改进。这有助于把握产学研合作国际研究领域的历史、现状及发展方向，洞察我国在该领域的研究现状及存在的不足，为更好地推进我国在该领域的研究提供一些建议与对策。

（一）研究分析框架

使用文献计量的方法，以 Web of Science 所收录的产学研合作国际研究领域的文献作为研究对象，通过图 2-6 的分析框架，对该研究领域的文献发表数量、主要国家、学科分布、主要期刊、高产学者、主要的研究机构、高被引文献及高频关键词等方面展开研究分析。其中文献的特征主要从时间分布、地区分布、Web of Science 类别分布以及期刊分布四个方面展开分析。而领域的特征主要从高产作者、主要机构、高引文献及高频关键

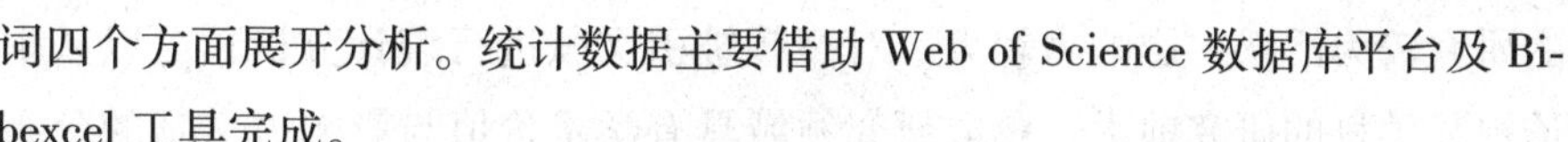

词四个方面展开分析。统计数据主要借助 Web of Science 数据库平台及 Bibexcel 工具完成。

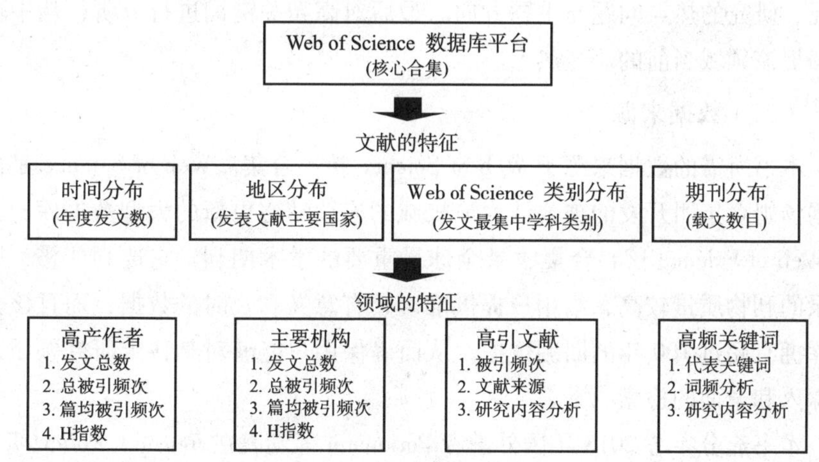

图 2－6　研究分析框架

首先，对文献的特征进行分析。时间分布是指 Web of Science 所收录的产学研合作国际研究领域每一年所发表的文献数量，通过统计每年文献发表数量的多寡来反映该研究领域的冷热程度。地区分布是指对发表该领域文献的国家，通过分析可以获知哪些国家在本领域的研究较为活跃，影响力较大。在本书中统计一些国家的发文数量时，存在剔除和合并的情况。例如，英国的发文数量是由英格兰、苏格兰、威尔士及北爱尔兰的发文数量合并而成。而我国的发文数量并不包括台湾、香港及澳门的数据，因为港澳台地区与中国内地不属于同一个科教系统，所以分开处理。Web of Science 类别分布是指所发表的文献所属的学科类别，通过分析学科可以获知该研究领域的主要研究视角和研究范围等有价值的信息。期刊分布是指产学研合作领域所出现的主要期刊，进行分析可以获知该领域存在哪些具有影响力的期刊，为以后追踪该研究领域的发展方向提供便利。

其次，对领域的特征进行分析。高产作者是指在产学研合作领域发表文献较多的作者，从发文数量、总被引频次、篇均被引频次及 H 指数等方面进行分析，获知哪些学者在本领域的研究较为活跃，影响力较大。主要机构是指在产学研合作领域发表文献较多的机构，也是从发文数量、总被引频次、篇均被引频次及 H 指数等方面进行分析，获知哪些机构在本领域的研究较为活跃，影响力较大。对高频被引文献进行统计分析，可以从中透视某学科的研究前沿，获取研究领域具有学术价值与影响力文献的分布情况、研究的热点问题与主题方向。最后对高频关键词进行分析，从中可以捕捉该领域当前的研究热点。

（二）数据来源

本书所需的数据来源于 Web of Science 核心合集。Web of Science 是由美国汤姆森集团开发的被公认为最权威的连续动态更新的大型数据库，其中 Web of Science 核心合集收录全球最重要的学术期刊。它选刊严格，所收录的刊物质量较高，给用户提供准确、有意义和及时的数据，而且该数据库拥有超过 100 年的回溯数据，从而确保用户能够对某特定研究领域进行深入和全面的检索[8,24]。

本书充分参考 2013 年国外学者 Perkmann 等发表在 *Research Policy* 期刊上的一篇产学研合作综述文章的检索词[88]，并结合相关领域专家的意见，通过以下 5 个探索性检索步骤来确定最终的检索关键词。①为了检索涉及官产学合作“三重螺旋”模型的研究领域文献，同时排除生物学领域 DNA&RNA 相关文献干扰，将检索关键词确定为：TS =（triple helix AND（academi * OR university * OR facult *）AND（industry * OR business * OR company *）NOT（DNA OR RNA））。一共检索出 213 篇，经过检查分析，这 213 篇文献都是研究所需的文献。②为了检索与产学研合作相关的文献，将检索关键词确定为：TS =（（university-industry OR university-business OR university-company）AND（collaboration OR technology transfer OR knowledge transfer OR joint research OR contract research OR interact * OR relation * OR link * OR commercial * OR innovation *）），一共检索出 849 篇，经分析本次所检索的文献符合研究所需。③为了检索产学研合作领域的文献，将检索关键词确定为：TS =（（academi * OR university * OR facult *）AND（industry * OR business * OR company *）AND（collaboration OR technology transfer OR knowledge transfer OR joint research OR contract research OR interact * OR relation * OR link * OR commercial * OR innovation *）），一共检索出 7053 篇，但是发现绝大部分的文献不是产学研合作领域的文献，表明该次检索不符合要求。为了改进检索，将 TS 改为 TI，即：TI =（（academi * OR university * OR facult *）AND（industry * OR business * OR company *）AND (collaboration OR technology transfer OR knowledge transfer OR joint research OR contract research OR interact * OR relation * OR link * OR commercial * OR innovation *)),一共检索出758篇文献,经分析本次所检索的文献符合研究所需。④为了检索与产学研领域校办企业相关的文献,将检索关键词确定为:TS = (academic entrepreneurship OR academic spin-offs),一共检索出597篇文献,但是发现绝大部分的文献不是产学研领域的文献,表明该次检索不符合要求。为了改进检索,将TS改为TI,即:TI = (academic entrepreneurship OR academic spin-offs),一共检索出72篇文献,经分析所检索的文献符合本次研究所需。⑤为了检索官产学研领域的文献,将检索关键词确定为:TS = (university-industry-government),一共检索出108篇,经分析本次所检索的文献符合研究所需。经过以上5个步骤的探索性检索,最终将产学研合作国际研究领域的文献检索范式确定为:TS = (triple helix AND (academi * OR university * OR facult *) AND (industry * OR business * OR company *) NOT (DNA OR RNA)) OR TS = ((university-industry OR university-business OR university-company) AND (collaboration OR technology transfer OR knowledge transfer OR joint research OR contract research OR interact * OR relation * OR link * OR commercial * OR innovation *)) OR TI = ((academi * OR university * OR facult *) AND (industry * OR business * OR company *) AND (collaboration OR technology transfer OR knowledge transfer OR joint research OR contract research OR interact * OR relation * OR link * OR commercial * OR innovation *)) OR TI = (academic entrepreneurship OR academic spin-offs) OR TS = (university-industry-government)。检索年份:1900—2014年;检索数据库:Web of Science核心合集。检索时间为2014年10月25日下午。一共检索出1662篇文献,然后对所检索的文献进行仔细检查,剔除与产学研合作领域不相关的文献425篇,最终剩下与本书议题密切相关的文献1237篇。

(三)结果与讨论

(1)每年发表文献数量

由于文献是反映某研究领域状况的一个重要"窗口",文献数量的多寡可以反映某研究领域的冷热程度。通过对Web of Science核心合集所收录的产学研领域发表文献进行分析,发现国际产学研领域文献发表数量处于一种波动性上升的态势，如图2－7所示。尽管产学研合作在20世纪50年代已经在美国出现，但是在其出现的10多年时间里，学术界对这种新出现的创新模式研究的非常少，一个主要原因在于创新理论的研究在学术界并不流行，当时学术界普遍推崇凯恩斯经济理论。通过对 Web of Science 核心合集检索发现该数据库收录的第1篇产学研领域文献记录是在1966年，比产学研合作模式的出现落后10多年，反映当时学术界对产学研合作领域的漠视。20世纪70年代西方国家出现石油经济危机，西方国家的经济普遍陷入低谷，凯恩斯经济理论无法解答西方经济可持续增长的问题，熊彼特的创新理论这时才引起大家的关注，产学研创新模式也逐渐进入学术界的研究视野。20世纪80年代之前，学术界对该领域的研究还是比较零星，每年产学研合作领域的文献数量都没有超过10篇。进入20世纪80年代，美国经济大国地位日益受到德国、日本等新兴国家的挑战，加上高新技术的大量兴起，产学研协同创新显得非常重要，这时产学研合作领域开始得到系统性研究，每年发表的论文数在10～30篇波动并一直持续到1996年。直到20世纪90年代末期，学术界兴起对产学研领域研究的热潮，这可能与世界很多国家或地区如欧盟各国、美国、中国等国家重视产学研合作密不可分。

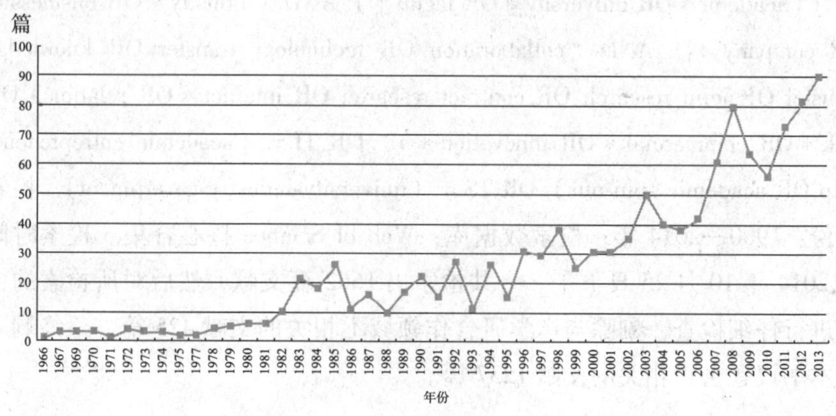

图2－7　1996—2013年产学研合作文献发表数量

资料来源：张艺等（2015）[24]。

1966年1月1日—2014年10月25日，该研究领域一共发表1237篇文献，平均每年25.24篇。所收录产学研合作领域的第1篇文献出现在

1966年，是美国学者Lincoln在《环境科学》（*Environmental Sciences*）上发表的。文献的题目为：产学合作研究中的问题及收益（Problems and Rewards in University-Industry Cooperative Research）[32]。该文献研究与总结了美国产学研合作存在的问题和优点。该文献发表以后的10多年时间里，一直到1982年之前，每年全球产学研合作研究相关的文献数都没有超过10篇，累加发表文献46篇，而其中有18篇文献来自美国。表明美国不仅是对产学研领域关注最早的国家，还是该研究领域较为活跃的国家。进入20世纪80年代，美国的经济面临着日本、德国等新兴国家的挑战，传统的优势产业如汽车、钢铁等日益衰落，1981年美国总统里根上台后为了扭转经济局面，颁布“营造产业创新氛围”等系列政策，大力推动产学研合作。在1980年美国国会通过拜杜法案（Bay-Dole Act），鼓励高校专利成果产业化及产学研合作。在这种背景下，产学研合作受到学术界的普遍关注。1982年产学研合作国际研究领域的文献突破10篇（其中9篇来自美国），并在随后几年该研究领域的文献数一直处于不断增长状态。到了20世纪80年代中后期，科技新兴产业大量兴起，许多国家意识到产学研的必要性及重要性，纷纷通过建立相关法律并完善支持机制，鼓励产学研之间形成更紧密的互动[21]。学术界也逐渐对产学研合作领域进行系统地研究，该阶段研究的热点主要是官产学模式对新兴产业发展所造成的影响。1996年美国和欧盟等国家在荷兰首都阿姆斯特丹的一次国际研讨会上提出官产学三方应采取“三螺旋”创新模型来加强它们之间的相互合作，在学术界引起积极的反响，并掀起了学术界对产学研合作研究的高潮，导致随后几年该研究领域的每年文献发表量都突破30篇，该阶段研究的热点主要是官产学三螺旋创新模型。进入21世纪后，随着越来越多的国家日益重视产学研合作，产学研领域的研究日益活跃，研究热点呈现多元化。每年文献发表量由2000年的31篇上升到2013年的90篇，增幅将近3倍，表明了该研究领域的文献处于一种波动上升的状态并一直持续至今。这与各国试图通过产学研合作改善知识向市场转移，提升产业的科技创造能力，服务本国经济的国际竞争力的大趋势密不可分。

（2）主要国家发表文献数及被引数分析

通过对各国发表文献数和被引数进行统计分析，可以了解哪些国家在本研究领域处于领先位置，为我国将来追赶标杆国家提供有价值的信息。

通过统计 Web of Science 核心合集全球产学研领域的文献，获知在1966—2014年（截至 2014 年 10 月 25 日），一共有 69 个国家（或地区）参与发表产学研合作研究领域的文献，表明产学研合作领域的研究已经在很多国家（或地区）受到关注。表 2－2 列出了发表文献数量前十五名的国家，其中美国参与发表产学研合作的文献最多，高达 432 篇，占全球该领域的文献总量的 34. 923%，表明美国在产学研合作国际研究领域是相对活跃的国家。发表该研究领域文献较多的其他 14 个国家分别是英国、日本、中国、荷兰、加拿大、意大利、韩国、德国、西班牙、澳大利亚、瑞典、法国、比利时及芬兰。由表 2－2 得知，除了中国是发展中国家，其余 14 国全部是发达国家。从侧面反映了目前国际产学研合作研究在发达国家备受关注，而在发展中国家关注较少，这可能与发展中国家知识运用相对落后的特征相关。

表 2－2　发表“产学研合作”文献最多的 15 个国家

国家/地区	文献数（篇）	文献量占全球比例（%）	总引文数量	平均引文数量	H 指数
美国	432	34. 923	5186	12	32
英国	116	8. 731	2353	20. 28	24
日本	67	5. 416	359	5. 36	11
中国	62	5. 012	387	6. 67	12
荷兰	62	5. 012	1853	29. 89	20
加拿大	58	4. 689	387	6. 67	12
意大利	51	4. 123	1028	20. 16	16
韩国	42	3. 395	321	7. 64	9
德国	42	3. 395	617	14. 69	10
西班牙	40	3. 234	359	8. 98	10
澳大利亚	37	2. 991	126	3. 41	6
瑞典	36	2. 91	336	9. 33	8
法国	33	2. 668	255	7. 73	7
比利时	20	1. 617	665	33. 25	15
芬兰	18	1. 455	245	13. 61	7

资料来源：笔者检索下载 Web of Science 核心合集的数据整理而成，由于英格兰、苏格兰、威尔士、北爱尔兰在 Web of Science 上作为地区各自单独列出，但它们都是英国的组成部分，笔者将它们的数据合并整理成为英国数据。而中国的数据没有包括台湾、香港和澳门的数据，而是单指中国内地 31 个省、自治区、直辖市的数据。

由表2－2和图2－8可以获知发表“产学研合作”文献最多的15个国家发表文献量占全球在该领域文献发表总量的90.22%，说明全球产学研合作研究的地理分布主要集中在欧美12国和东亚3国（中、日、韩）。其中美国在产学研合作研究发表文献数量及被引数量遥遥领先，发表文献量占全球该领域发表文献量的1/3以上，而且总引文数量为5186次，H指数为32。这些指标值都是全球最高，表明全球产学研合作研究的重镇及在该研究领域最具有影响力的国家是美国。美国之所以在该研究领域处于“领头羊”的位置，是因为美国是最早对产学研合作进行研究的国家，也是对该研究领域不断探索的国家。纵观1966—2014年，每次在该研究领域的重大理论突破都发生在美国。而排在第二的英国在该领域发表文献数量只是美国的1/4左右，但是其平均引文量比美国高出将近一倍，另外其总引文数量和H指数也仅次于美国，由此可见英国在产学研合作国际研究领域的影响力不言而喻。英国苏塞克斯大学科技政策研究所是全球最有影响力的科技政策研究机构之一，创新领域的顶级期刊 *Research Policy* 就是英国苏塞克斯大学科技政策研究所主办的，所以英国在该研究领域树立的影响力仅次于美国也是情理之中。日本在全球发表文献量虽然排在第三位，但是其总引文数、平均引文数及H指数等指标值与美国、英国有较大的差距，甚至比中国还要低，可能与日本在产学研合作研究领域是一个“后起之秀”有关。在20世纪60—80年代日本的经济一路高歌猛进，到了20世纪90年代，日本泡沫经济破灭。为了早日走出经济困境，日本政府出台一系列鼓励产学研合作的政策，如《科学技术基本计划》将产学研合作定为日本国策[134]。在这种背景下，产学研合作领域引起日本学术界的关注，该国的产学研领域第1篇英文文献出现在1994年。相比之下，美国和英国早在20世纪60年代后期已经开始对产学研合作展开研究并在该研究领域树立了影响力。虽然日本在最近10多年来在该研究领域奋力追赶英美国家，但由于日本学术界对产学研合作研究起步比较晚，所以其影响力的建立有待时日。

在这15个国家中，我国是唯一的发展中国家，其发表文献数量为62篇（不包括台湾、香港及澳门的数据）。我国在产学研合作研究领域的第1篇文献是由清华大学两名学者Mu和Wang在1998年参加国际学术会议联合发表的学术会议文献，文献题目：教育改革的一个新进程（*A new ad-*

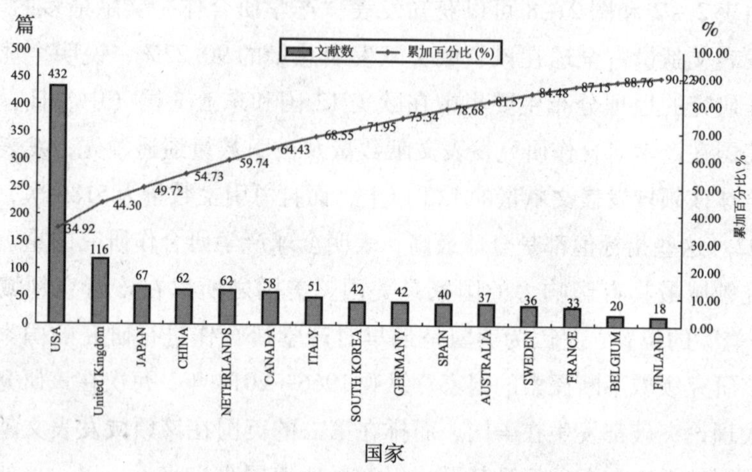

图 2-8 发表“产学研合作”文献最多的 15 个国家

vance in control education reform)，该文研究的内容是：为了迎合产学研合作，教育如何改革。在随后的 10 多年时间里，我国每年在该领域所发表的文献都有所增长，2013 年我国在该研究领域发表的文献数达到 11 篇，累加文献发表量为 62 篇，其中来自清华大学的陈劲教授在本研究领域一共发表 5 篇文献，是该研究领域发表文献最多的中国学者。但是我国的总引文数量、平均引文数量及 H 指数等指标值在以上 15 个国家排在下游。经过分析发现我国所发表的 62 篇文献中，其中有 46 篇文献的被引率为 0，未被引文献所占的比例高达 74.2%，表明我国在该研究领域发表的大部分文献成果质量普遍不高，综合影响力不强，最终造成我国在该领域研究的国际影响力存在严重不足，这与产学研合作在我国创新体系中的重要性以及亟待解决的问题不相符。我国应该加大对产学研合作研究领域的研发投入力度，不断提升研究成果的原创性和质量，从而提升在国际上的影响力。

(3) Web of Science 类别分布

通过对某个研究领域的 Web of Science 类别考察可以获知该研究领域的主要研究视角和研究范围等有价值的信息。产学研合作研究的文献在 Web of Science 类别分布上较为广泛，该领域一共有 1237 篇文献分布在 140 个 Web of Science 类别上，表明产学研合作研究领域涉及较多的学科，是一个外延性较广的综合性研究领域。对产学研合作研究领域的文献分布在最多的 15 个 Web of Science 类别进行分析，我们发现产学研合作研究领域的文献在这些 Web of Science 类别上的分布并不均衡，主要集中在管理学、规划与发展、工业工程等类别上。这表明现有的文献主要从管理学、规划与发展、工业工程等角度来研究产学研合作的问题。

表2-3　产学研合作研究文献在 Web of Science 类别上分布（前15名）

Web of science 类别	记录	发文占全球比例（%）	排名
Management（管理学）	400	32.336	1
Planning Development（规划与发展）	141	11.399	2
Engineering Industrial（工业工程）	132	10.671	3
Business（商学）	122	9.863	4
Operations Research Management Science（运筹学）	119	9.62	5
Engineering Electrical Electronic（电气电子工程）	109	8.812	6
Engineering Multidisciplinary（工程多学科）	94	7.599	7
Information Science Library Science（图书信息学）	87	7.033	8
Education Scientific Disciplines（教育学）	82	6.629	9
Computer Science Interdisciplinary Applications（计算机交叉运用学科）	77	6.225	10
Education Educational Research（教育教学研究）	76	6.144	11
Economics（经济学）	74	5.982	12
Multidisciplinary Sciences（多学科科学）	73	5.901	13
Chemistry Multidisciplinary（化学交叉学科）	65	5.255	14
Computer Science Information Systems（信息系统）	41	3.314	15

资料来源：笔者检索 Web of Science 数据整理而成。由于存在文献属于不同的领域与学科，导致文献总占比超过100%。

由表2-3可以获知，产学研合作的研究文献集中分布在管理学、规划与发展、工业工程、商学、运筹学、经济学、电子工程、图书馆学等类别上。其中400篇文献分布在管理学类别上，所占比例为32.336%，约占全球该领域研究文献总数的1/3，表明管理学是产学研合作研究文献涉及的最重要类别，也表明现有研究主要是从管理视角探索产学研合作问题。另外有141篇文献发表在规划与发展类别上，占比为11.399%，说明有不少产学研领域的文献从规划与发展的角度研究产学研合作。排名第三的是工业工程类别，产学研合作研究领域有132篇文献发表在工业工程类别上，所占比例为10.671%。另外还有很多文献涉及其余138个学科类别，表明了产学研合作的研究不仅被管理学领域的研究者所关注，也引起了许多跨学科的研究者关注。由于产学研合作文献涉及多学科类别领域，而单个研究者难以在多个学科领域都同时拥有足够的知识储备，这必然促使来自不同领域研究者的合作。而来自跨学科的研究者在研究同一问题时可以得到思想碰撞和学术交流，借鉴其他学科领域的研究技能、思考方式，从而获得研究上的创新[20]。所以产学研合作文献在 Web of Science 类别上广泛分布有利于促进产学研合作研究领域的不断发展，也表明了该研究领域具有较高的合作广度与深度。

（4）重要期刊分析

期刊是研究领域成果展示的一个重要平台，通过期刊分析可以获知研究领域存在哪些具有影响力的期刊。经分析获知全球一共有 688 种期刊曾经刊发过产学研合作领域的文献，其中有 521 种期刊只刊登过 1 次该领域的文献，占期刊数量的 75.73%；有 89 种期刊刊登过 2 次该领域的文献，占期刊数量的 12.94%；只剩下 11.33% 的期刊刊登 3 次及以上的该研究领域的文献。通过分析发表产学研合作文献最多的 15 种期刊，见表 2-4。这 15 种期刊总体而言具有较高的影响力，其中影响因子超过 1.0 的期刊就有 10 种，其中包括 *Science* 这样的顶级期刊。产学研合作研究领域的文献主要集中刊登在如 *Research Policy*、*Scientometrics*、*Journal of Techology Transfer*、*Technovation* 等期刊上，而这些期刊都是国际创新领域成果主要刊登的权威期刊。这一统计结果侧面反映了产学研合作领域研究成果具有较高的研究价值和地位。

表 2-4 发表产学研合作文献最多的 15 种期刊

来源出版物名称	JCR 分区	影响因子	记录	发文占比（%）	排名
Research Policy	Q1	2.598	96	7.761	1
Scientometrics	Q1	2.274	45	3.638	2
Journal of Technology Transfer	Q2	1.305	38	3.072	3
Technovation	Q1	2.704	33	2.668	4
International Journal of Technology Management	Q3	0.492	28	2.264	5
Higher Education	Q2	1.124	23	1.859	6
International Journal of Engineering Education	Q4	0.360	19	1.536	7
Science	Q1	31.477	16	1.293	8

续表

来源出版物名称	JCR 分区	影响因子	记录	发文占比（%）	排名
Science and Public Policy	Q3	0. 985	14	1. 132	9
Ieee Transactions On Education	Q2	1. 221	13	1. 051	10
Technology Analysis Strategic Management	Q3	0. 841	12	0. 97	11
R&D Management	Q2	1. 266	11	0. 889	12
European Planning Studies	Q2	1. 025	11	0. 889	12
Research Management	Q2	—	10	0. 808	13
World Development	Q1	1. 733	8	0. 647	14

资料来源：笔者检索 Web of Science 核心合集的数据并将会议文献剔除后整理而成。

由表2－4可以获知，*Research Policy* 是发表产学研合作研究领域文献最多的期刊，产学研合作研究领域一共有96篇文献发表在该期刊上，占全球在该领域发表文献量的7. 761%。众所周知，*Research Policy* 是国际创新研究领域关于科技创新、政策与管理方向的顶级期刊，是由国际权威科技创新与政策的研究机构——英国苏塞克斯大学科技政策研究所主办。该期刊2013年的Impact Factor指数为2. 598，在JCR分区中属于Q1区。较多产学研合作的文献在顶级期刊 *Research Policy* 上发表，表明产学研合作研究在创新研究领域中备受国际学者关注，成了一个重要的研究议题。发表该研究领域文献量排名第二的期刊是科学计量学领域的著名期刊 *Scientometrics*，它是由匈牙利学者布劳温（Tibor-Blaun）在1978年创办的英文期刊[21]，主要刊登科学学和科学政策领域的定量研究成果。该期刊2013年的Impact Factor指数为2. 274，在JCR分区中属于Q1区。产学研合作领域一共有45篇文献发表在该期刊上，占全球该领域发表文献量的3. 638%。经过对发表在 *Scientometrics* 上的45篇文献进行挖掘分析，发现它们主要侧重于对产学研合作直接测量分析。发表该研究领域文献量排名第三的期刊是 *Journal of Techology Transfer*，一共有38篇文献发表在该期刊，占全球该领域发表文献量的3. 072%。它在JCR分区中属于Q2区，该期刊在2013年的Impact Factor指数为1. 305。在这15种期刊中，属于Q1区的期刊一共有5种，其中包括顶级期刊 *Science*，该期刊在2013年的Impact Factor指数为31. 477，产学研合作研究领域一共有16篇文献发表在该期刊上，占全球该领域发表文献量的1. 293%。另外发表产学研合作研究领域的文献较多的7种期刊，如 *Journal of Technology Transfer*、*Higher Education*、*R&D Management* 等都属于Q2区的期刊，而 *International Journal of Technology Management*、*International Journal of Engineering Education* 等3种期刊则属于Q3区或Q4区的期刊。产学研合作研究领域文献在多个领域的期刊上发表，说明该领域的研究视角多样化，也表明该领域是一个广延性较强的研究领域。

（5）作者特征分析

根据洛特卡定律，如果某研究领域发展成熟，那么在该研究领域发表文献只有1篇的低产学者占该领域所有学者总数的比例最多为60%[135]。当对Web of Science数据整理发现，全球一共有2279名学者参与产学研合作研究领域的1237篇文献的发表，平均每篇文献的作者为1.84名。其中2031名学者只参与过1篇文献的发表，占比为89.12%，而剩下10.88%的学者参与过2篇或以上的文献发表。该研究领域低产作者的比例比洛特卡定律参数高出29.12%，表明产学研合作国际研究领域发展尚未成熟。

合著率是指在特定的时域内合著文献数与文献总数之比，一般来说，合著率越高，学科的发展水平就越高[136]。对产学研领域的2279名学者的文献合著率进行统计分析发现独著的文献一共547篇，占该领域文献总量的44.22%；合著的文献一共690篇，文献合著率为55.78%；其中有一篇合著文献拥有23名作者，是该研究领域拥有最多作者的文献。表明产学研领域具有较高的合著率，也表明了该研究领域具有较高的合作广度与深度。

通过对合著文献进行分析，发现美国学者Welsh与Biscotti合作次数最多，他们曾经联合发表过6篇产学研合作研究领域的文献。荷兰著名学者Leydesdorff曾经和韩国学者Park联合发表产学研合作研究领域3篇文献，另外他还和美国著名学者Etzkowitz曾经合作过2次，并联合发表过该研究领域引用率最高的文献。

通过分析产学研合作领域发表文献数量排名在前15位的学者，可以了解该研究领域的主要学术带头人和关键学者的科研成果及影响力。由表2-5和图2-9可以获知来自荷兰阿姆斯特丹大学的著名学者Leydesdorff在本领域发表文献最多，一共发表文献31篇，其总引频次、H指数等指标在产学研合作研究领域都是排在第一，表明该学者在该领域的影响力最大。通过分析 Leydesdorff 所发表的文献，发现他研究的领域主要是集中在产学研三螺旋创新模型，他曾经和美国学者 Etzkowitz 联合发表产学研合作研究领域引用率最高的文献——“持续创新的动力：从国家创新系统和‘模式2’到官产学三重螺旋演变”（*The dynamics of innovation*：*from national systems and mode 2 to a triple helix of university-industry-government relations*）[70]。而全球排名第二的学者是来自于美国的 Etzkowitz，他和排名第一的学者 Leydesdorff 一样主要专注产学研三螺旋创新模型的研究，其总引频次以及 H 指数等指标和 Leydesdorff 相差不大，平均引用次数指标在上述的 15 位学者中最高，反映了他的文献具有较高的权威性。通过分析他发表的 15 篇文献中，其中有 5 篇是独著，还有 6 篇他是通信作者兼第一作者，其中包括该领域引用率最高的文献，充分说明他在产学研合作研究领域的科研成果斐然。排名第三的是来自韩国的 Park，他的主要研究领域是韩国的产学研创新系统模型，他一共发表 11 篇产学研领域的文献。通过分析他的文献可以获知，他主要专注于使用三螺旋指标来度量韩国的产学研合作。在排名前 15 位学者中，有 5 名学者来自于美国，如 Etzkowitz、Kenney、Carayannis、Biscotti 等；有 2 名学者来自于英国，如 Perkmann、D'Este；有 2 名学者来自于日本，如 Kobayashi、Wen；剩下的学者基本上来自于欧洲国家（除了全球排名第三的 Park 来自于韩国）。上述的 15 名文献高产学者全部来自于发达国家，也从侧面反映了发达国家比较重视产学研合作的研究。而中国学者没有挤入全球产学研合作研究领域发表文献最多的 15 名学者行列，表明中国学者在该研究领域与国际优秀学者存在一定的差距。

表 2-5 全球产学研合作研究领域发表文献最多的 15 名学者

学者	所属国家	发表文献数	全球占比（%）	总被引频次	平均引用次数	H 指数
LEYDESDORFF L	荷兰	31	2.506	1413	45.58	16
ETZKOWITZ H	美国	15	1.213	1272	84.8	7
PARK HW	韩国	11	0.889	141	12.82	6
MEYER M	比利时	9	0.728	254	28.22	7
PERKMANN M	英国	8	0.647	259	32.38	6
GEUNA A	意大利	8	0.647	339	42.38	6

续表

学者	所属国家	发表文献数	全球占比（%）	总被引频次	平均引用次数	H 指数
D'ESTE P	英国	8	0.647	290	36.25	6
BROSTROM A	瑞典	7	0.566	51	7.29	4
WELSH R	美国	6	0.485	69	11.5	4
KOBAYASHI S	日本	6	0.485	36	6	3
KENNEY M	美国	6	0.485	122	20.33	5
DEBACKERE K	比利时	6	0.485	270	45	6
CARAYANNIS EG	美国	6	0.485	53	8.83	4
BISCOTTI D	美国	6	0.485	69	11.5	4
WEN J	日本	6	0.485	33	6.6	2

资料来源：笔者检索 Web of Science 核心合集的数据整理而成。

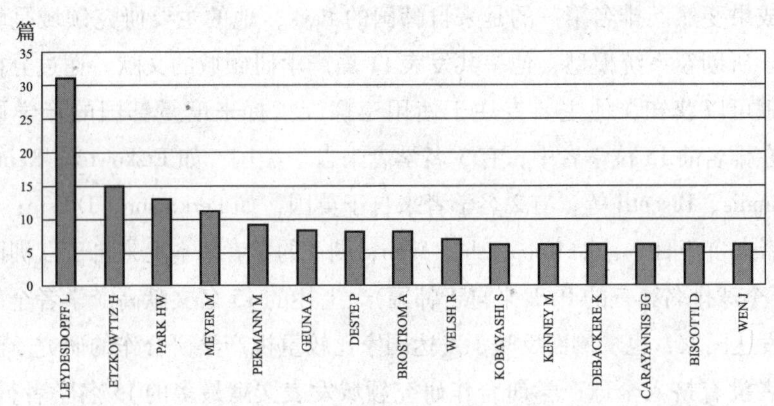

图 2-9　全球产学研合作研究领域发表文献最多的 15 名学者

（6）研究机构分析

通过对产学研合作领域的研究机构进行分析可以获知哪些研究机构具有较好的科研产出能力及较强的影响力，哪些研究机构是该研究领域的标杆研究机构等有价值的信息。当对 Web of Science 分析，发现全球一共有 891 个研究机构参与发表过产学研合作的文献，其中有 619 个研究机构只发表过 1 篇文章，占研究机构总数的 64.47%；而发表过 2 篇以上的研究机构只占 35.53%。通过统计发表产学研领域文献最多的 15 所研究机构，见表2-6，发现它们很多都是全球知名大学，如加州大学伯克利分校、哈佛大学、东京大学等，反映了产学研合作研究领域已经受到国际知名高校的广泛关注，这些国际知名高校成为产学研合作研究领域的核心主体。我国研究机构在产学研合作研究领域不仅在发文量上与它们存在较大的差距，而且文献总引频次、平均被引频次以及H指数等指标值与发达国家的研究机构相差非常悬殊，表明我国研究机构在产学研合作国际研究领域缺乏影响力，这与研究机构在我国产学研合作创新体系中的重要性不相符。

表2-6　发表产学研合作文献最多的15所（+2所中国）研究机构

研究机构（高校）	所在国家	文献数量	文献占比（%）	总被引量	平均被引量	H指数
UNIV AMSTERDAM	荷兰	30	2.425	1409	46.97	16
UNIV TOKYO	日本	21	1.698	117	5.57	6
PENN STATE UNIV	美国	18	1.455	261	14.5	7
UNIV SUSSEX	英国	16	1.293	790	49.38	13
UNIV CALIF BERKELEY	美国	15	1.213	133	8.87	4
GEORGIA INST TECHNOL	美国	14	1.132	514	36.71	6
UNIV LONDON IMPERIAL COLL SCI TECHNOL MED	英国	13	1.051	383	29.46	8
UNIV CALIF DAVIS	美国	13	1.051	181	13.92	8
UNIV POLITECN VALENCIA	西班牙	12	0.97	164	13.67	6
KATHOLIEKE UNIV LEUVEN	美国	12	0.97	455	37.92	11
YEUNGNAM UNIV	韩国	11	0.889	141	12.82	6
HARVARD UNIV	美国	11	0.889	263	23.91	6
NATL SCI FDN	美国	10	0.808	11	1.1	2
UNIV WISCONSIN	美国	9	0.728	76	8.44	3
UNIV WASHINGTON	美国	9	0.728	9	1	1
ZHEJIANG UNIV	中国	6	0.485	2	0.33	1
WUHAN UNIV TECHNOL	中国	5	0.404	0	0	0

资料来源：笔者检索Web of Science核心合集的数据整理而成。

由表2-6可以获知，在产学研合作国际研究领域发表文献最多的机构是荷兰的阿姆斯特丹大学，它在该领域一共发表了30篇，而且其总被引频次及H指数排在全球第一位，充分表明阿姆斯特丹大学在产学研合作的研究领域具有很高的影响力。通过对阿姆斯特丹大学在该领域发表的30篇文献进行挖掘，发现其中29篇文献是该校学者Leydesdorff的研究成果。众所周知，Leydesdorff 是产学研三螺旋创新模型研究领域的奠基者和领军人物，他曾经与美国学者 Etzkowitz 联合发表过产学研合作研究领域引用率最高的文献。由于阿姆斯特丹大学拥有 Leydesdorff 这样的知名学者，奠定了它在该研究领域的重大影响力。日本东京大学虽然在文献发表数量上与阿姆斯特丹大学只相差 9 篇，但是其在总引频次、平均被引频次以及 H 指数等指标值与阿姆斯特丹大学有很大的差距，总体影响力在以上 15 所高校中排在下游水平。日本东京大学在国际产学研领域的影响力之所以建立不起来，除了缺乏像 Leydesdorff 这样的领军人物，也可能与它不善于参与国际合作有关。因为国际化合作不仅可以增加科研成果的数量，而且能有效提升科研成果的质量[137,138]。通过分析东京大学在产学研领域发表的 21 篇文献，发现它们全部出自日本国内机构的合作，与阿姆斯特丹大学的国际化合作形成鲜明的对比。美国宾州州立大学是美国在该研究领域发表文献最多的研究机构，文献发表量为 18 篇，比日本东京大学少 3 篇，但是其总引频次、平均被引频次以及 H 指数等指标值都比东京大学好，表明该高校在产学研合作研究领域比东京大学的影响力要大。在发表文献量最多的前 15 所高校中，美国高校占了 9 所，英国高校占了 2 所，荷兰、日本、西班牙、韩国等国家的高校各占 1 所，表明全球研究产学研合作的主要研究机构主要分布在欧美日韩等发达国家，特别是美国和英国。

中国在该领域发表文献总量在全球排名第四，由于研究机构较为分散(国内一共有 77 个研究机构参与发表过 1 篇及以上的文献)，单个研究机构在该研究领域发表文献数较少。其中浙江大学在该领域发表了 6 篇文献，发文量在全球排 28 名。武汉理工大学在该领域发表了 5 篇文献，发文量在全球排 43 名。这两所高校是我国在该领域发表文献最多的研究机构，但是其总引频次、平均被引频次以及 H 指数等指标值与国际其他优秀研究机构存在较大差距。国内很多研究机构所发表文献的总引频次、平均被引频次以及 H 指数等指标值都为 0，侧面反映了我国研究机构在该领域的研究成果质量普遍不高，综合影响力不强。在产学研合作已经提升成为国家创新战略的背景下，而我国研究机构在产学研合作国际研究领域的成效却不理想，我国研究机构应找出自身与国外优秀研究机构存在的差距，除了加大研发投入外，还应加强同国外优秀研究机构的合作，通过国际化合作来提升研究成果的质量和原创性，最终提升我国研究机构在产学研合作研究领

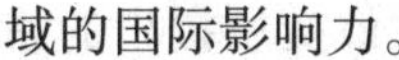

域的国际影响力。

（7）高被引文献分析

衡量文献质量高低的一个重要标准体现在文献的被引用情况，文献的被引状况可以反映该文献的影响和质量水平，也是同行学者评价文献学术价值的一个重要指标[139]。文献的被引用次数越多，说明该文献的科学知识生产质量越高，含原始创新的成分越多[140]。通过对 Web of Science 在 1966—2014 年产学研合作研究领域 1237 篇文献的被引状况进行分析，发现有 634 篇文献在总被引频次、平均被引用频次及 H 指数等指标值为 0，未被引文献所占的比例高达 51.25%，表明产学研合作研究领域有超过一半的文献目前还没有被引用。对引用率为 0 的文献进行分析，发现这些文献主要的特点或者没有新的理论突破，原创性较差；或者所提出的理论观念目前还没有引起学术界的关注，而这些低引文献往往发表在影响因子较低的期刊上。

对高频被引文献进行统计分析，可以从中透视某学科的研究前沿，获取研究领域具有学术价值与影响力文献的分布情况、研究的热点问题与主题方向[141]。对全球被引用次数最高的 15 篇文献进行挖掘，见表 2－7，发现它们的研究议题大致划归成三类：一是产学研合作模式的研究，研究的议题主要围绕企业与大学、科研机构通过哪种模式合作，各种合作模式的利弊以及合作过程中的技术（知识）转移问题。二是影响产学研合作的因素研究，研究的议题主要是大学、企业参与产学研合作的动机及影响它们合作的各自的因素。三是产学研合作带来影响的研究，研究的议题主要围绕产学研合作给大学的学术研究及企业的技术创新所带来的影响进行研究。其中被引次数最高的文献是 2000 年美国学者 Etzkowitz 和荷兰学者 Leydesdorff 在 *Research Policy* 期刊上发表题名为“持续创新的动力：从国家创新系统和‘模式 2’到官产学三重螺旋演变”（*The dynamics of innovation: from national systems and mode 2 to a triple helix of university-industry-government relations*）的文献，该文的引用次数高达 773 次（google 检索被引用次数为 5641 次，截至 2017 年 1 月 1 日上午 10 点），是目前在产学研合作研究领域最具有影响力的文献。该文借助生物学 RMA&DNA 研究领域的理论模型全面阐述官产学三方之间的相互关系：政府、大学与企业三方的界限模糊化；每个成员应承担其他成员的部分角色；政府、大学与产业界由传统清晰的相关联系发展成为角色及界限模糊的新联系。该文所提出的官产学三重螺旋模型是一种全新的国家创新模式，颠覆了早期产学研线性创新模式，提出一种产学研非线性融合模式，在产学研合作国际研究领域是一个重大理论突破，引起了学术界的强烈反响，同时奠定了美国学者 Etzkowitz 和荷兰学者 Leydesdorff 在该研究领域的权威地位。另外从表 2－7 可以获知，在这引文最高的 15 篇文献中，其中有 11 篇发表在 *Research Policy*，充分说明 *Research Policy* 是发表产学研领域研究成果的一个非常重要的"窗口"。另外 4 篇高引文献分别发表于 Q1 区的 6 种期刊中，例如，*Science*、*Management Science*、*Journal of Engineering And Technology Management* 等期刊，表明高引文献往往发表在影响因子高的期刊上。当然影响因子高的期刊在选文时也注重所刊登的文献是否具有较高的理论价值及原创性。

表 2－7　产学研合作研究领域的 15 篇高被引文献

论文标题	作者	出版物	研究议题
The dynamics of innovation：from National Systems and Mode 2 to a Triple Helix of university-industry-government relations[70]	Etzkowitz，H；Leydesdorff，L	*Research Policy*	产学研"三螺旋"的三种配置模式及非线性创新
Assessing the impact of organizational practices on the relative productivity of university technology transfer offices：an exploratory study[142]	Siegel，DS etc.	*Research Policy*	基于对美国研究性大学探索性研究探索影响"大学技术转移办公室"相对生产效率的因素
The norms of entrepreneurial science：cognitive effects of the new university-industry linkages[143]	Etzkowitz，H	*Research Policy*	基于对美国 8 所研究性大学研究产学研合作（一种新的知识资本化，高校企业化，学者商人化的模式），产学研合作成为高校新的使命
Science-based technologies：university-industry interactions in four fields[144]	Meyer-Krahm，F Schmoch，U	*Research Policy*	基于对德国高校及产业研究哪些产业或学科领域需要产学基础性研究，而哪些领域或学科需要产学运用性研究
Searching high and low：what types of firms use universities as a source of innovation?[145]	Laursen，K；Salter，A	*Research Policy*	对英国企业的调查发现开放性的、大型的、重视科研的企业往往更乐意和高校合作

续表

论文标题	作者	出版物	研究议题
University-industry linkages in the UK: What are the factors underlying the variety of interactions with industry?[146]	D'Este, P.; Patel, P.	*Research Policy*	对英国学者进行调查总结产学合作形式具有多样化，以及研究哪些因素会影响学者参与产学合作
Networks of inventors and the role of academia: an exploration of Italian patent data[147]	Balconi, M etc.	*Research Policy*	基于意大利专利数据的分析产学合作网络，发现产学双方的地理和认知距离是影响产学合作的一个重要因素
Technology transfer' and the research university: A search for the boundaries of university-industry collaboration[148]	Lee, YS	*Research Policy*	对美国研究性大学学者调查，确认产业合作程度的最佳边界，在能满足短期技术需求和不影响长期基础科研之间寻求平衡
University-industry research relationships in biotechnology-implications for the university[149]	Blumenthal, D etc.	*Science*	基于对美国高校的调查研究产学研合作对美国高校有利方面及不利一面的影响
A comparison of US and European university-industry relations in the life sciences[150]	Owen-Smith, J etc.	*Management Science*	基于专利数据比较美国和欧盟在生命科学领域产学网络的异同
University patenting and its effects on academic research: The emerging European evidence[151]	Geuna, Aldo; Nesta, Lionel J. J.	*Research Policy*	基于专利数据研究高校申请专利热潮对公共研究机构及社会所造成的影响
Resources, capabilities, risk capital and the creation of university spin-out companies[152]	Lockett, A; Wright, M	*Research Policy*	基于对英国高校研究，发现校办企业在技术转移上比社会技术转移机构效率更高，并对校办企业更好地转化高校技术提出建议
Industry funding and university professors' research performance[153]	Gulbrandsen, M; Smeby, JC	*Research Policy*	对挪威高校学者进行研究发现产学合作能提升学者的学术成果和企业成果，而且两者相关性并不是很大

续表

论文标题	作者	出版物	研究议题
Innovation in innovation：the Triple Helix of university-industry-government relations[154]	Etzkowitz，H	*Social Science Information Sur Les Sciences Sociales*	利用产学研“三螺旋”模型阐述官产学三方的关系及角色，并阐述“三螺旋”模式是一种非线性创新
Toward a model of the effective transfer of scientific knowledge from academicians to practitioners：qualitative evidence from the commercialization of university technologies[155]	Siegel，DS；Waldman，DA；Atwater，LE；Link，AN	—	对“美国技术转让办公室”的技术转移过程进行研究分析，发现产学合作除了有利于运用性研究，还有利于基础性研究

资料来源：张艺等（2015）[24]整理而成。

（8）关键词分析

研究热点指的是某研究领域在某段时间内由许多存在内在联系的一组文献共同关注的某一专题[8,156]。虽然关键词在一篇文章中所占的比例很小，但是它是该篇文章所研究主题的高度凝练和概括，能代表某研究领域的知识点和研究热点[8,157]。所以国内外研究[8,24,158]常常通过搜寻和分析某研究领域的高频关键词来捕获该研究领域的热点问题。鉴于此，本节通过搜寻产学研合作研究领域的高频关键词来探究该领域的研究热点。

为了确定产学研合作研究领域的高频关键词，本节参考 Donohue 所提出的高低频词模型[159]来计算高频关键词的临界值，如式（2-1）所示。

$$n=\frac{1}{2}\left(-1+\sqrt{1+8I_1}\right) \qquad (2-1)$$

其中 n 是某研究领域高频关键词的临界值，I_1 是该研究领域出现频次仅为 1 的低频关键词的数量。

本书通过 BibExcel 软件对产学研合作研究领域全部文献的所有关键词抽取，将相同含义的关键词进行合并整合，最终得到 501 个关键词，其中出现频次仅为 1 的关键词一共有 147 个。通过式（2-1），可以计算出产学研合作研究领域的高频关键词临界值是 16.65，最终确认该研究领域的高频关键词一共有 13 个，见表 2-8。

表2-8 产学研合作研究领域的高频关键词

序号	关键词	词频	点中心度	中间中心度
1	Technology Transfer	117	54	21.000
2	University-Industry Relations	102	27	0.000
3	University-Industry Collaboration	85	18	0.000
4	Triple Helix	74	6	0.000
5	Innovation	74	15	8.000
6	Academic Entrepreneurship	61	18	20.667
7	Patent	45	18	2.000
8	University	41	18	32.333
9	Biotechnology	26	7	0.667
10	Collaboration	22	4	0.667
11	Entrepreneurship	20	5	0.333
12	Nanotechnology	17	5	3.000
13	R&D	17	11	2.333

资料来源：朱桂龙等（2015）[8]。

由表2-8可以发现，出现频次最多的关键词是“技术转移（Technology Transfer）”，一共出现了117次，这表明产学研合作研究领域最为关注的是大学与企业合作过程中如何实现技术的跨组织转移。出现频次排在第二和第三的关键词是“大学—产业关系（University-Industry Relations）”和“大学—产业合作（University-Industry Collaboration）”。这并不奇怪，这是因为产学研之间的互动与合作一直是许多学者关注的议题，包括产学研合作应该采取的模式，大学、企业等组织在参与产学研合作过程中扮演的角色问题都是产学研合作研究领域关注的热点问题。此外，关键词“三螺旋（Triple Helix）”高频出现在产学研合作研究领域，这是因为政府—企业—大学之间的三螺旋理论自1995年被Etzkowitz和Leydesdorff提出以后，该理论引起了政府政策制定者、产业界和学术界的极大反响。三螺旋创新理论提出了政府—企业—大学之间的非线性互动模式，引领产学研合作研究由早期简单的线性互动研究到当今复杂的非线性融合互动的研究，对产学研合作研究领域，甚至整个创新领域都具有较大的里程碑意义。

使用BibExcel软件对表2-8中的13个高频关键词进行构建共词矩阵，紧接着将共词矩阵输入到网络分析工具Ucinet软件，然后使用Ucinet软件对共词网络中的高频关键词的中心度进行计算分析，并使用内嵌于Ucinet软件的可视化工具NetDraw来实现网络可视化，如图2－10所示。可以发现高频关键词“技术转移（Technology Transfer）”的中心度值很高，而且该关键词与“大学—产业关系（University-Industry Relations）”和“大学—产业合作（University-Industry Collaboration）”等关键词联系非常紧密，这表明当前产学研合作研究领域的一个很重要研究热点是产学研合作过程中技术的跨组织转移问题。常见的研究议题包括：①产学研过程中技术转移的模式与路径；②技术或知识在产学之间转移的动因及潜在影响因素；③企业和大学之间合作促进技术转移对它们带来的影响；④技术在大学和企业之间的跨组织转移对区域和国家创新带来的影响。高频关键词“大学（University）”在网络里的中间中心度值很大，与“三螺旋（Triple Helix）”“校办企业（Academic Entrepreneurship）”“创新（Innovation）”“专利（Patent）”等关键词联系很紧密，这表明在产学研合作研究领域里，涉及三螺旋、校办企业、创新和专利等热点议题和大学存在着千丝万缕的关系，常见的研究议题主要包括：①大学是三螺旋创新系统中的重要成员，它在三螺旋系统中与其他成员的互动关系；②大学所创立校办企业与母体之间的互动关系；③大学与产业技术创新的关系，即大学对产业创新带来哪些影响及产学研合作给大学的知识创新带来哪些影响；④大学重视知识产权保护，通过申请专利的形式对大学的知识发现进行保护，这对大学的知识创造和流动带来的潜在影响。此外，由图2－10可以获知，关键词如“纳米科技（Nanotechnology）”“生物科技（Biotechnology）”与“合作（Collaboration）”“研发（R&D）”“校办企业（Academic Entrepreneurship）”等关键词之间存在着很紧密的联系，这是因为纳米科技和生物科技产业是一个很典型的知识密集型产业，与其他产业相比，这两个产业更需要与大学、研究机构建立产学研合作关系，加强在科研上的合作来支撑产业的发展。此外，早期的纳米科技及生物科技产业是由校办企业孕育发展而成。这些高频关键词的出现意味着知识密集型产业（如纳米和生物科技）的产学研合作引起了学术界的广泛关注。总之，对产学研合作研究领域的高频关键词进行研究后发现，该领域的研究热点包括：①对官产学研三螺旋互动模式的研究；②对知识密集型行业如纳米科技、生物科技的产学研合作的研究；③以“大学”为主要议题的研究，如大学参与产学研合作的角色问题及对其科研带来的影响；④产学研合作如何促进技术的跨组织转移及路径分析。

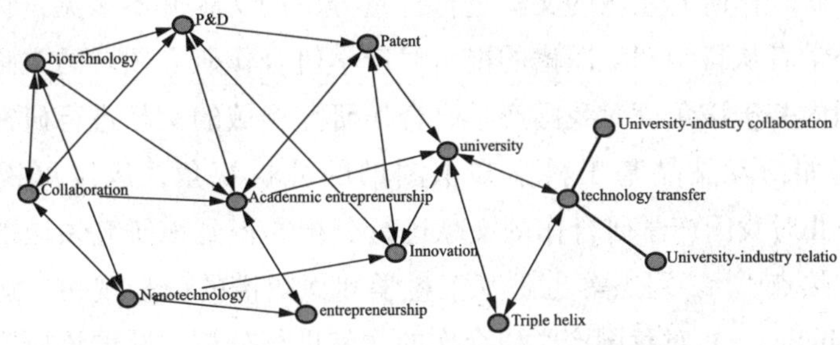

图2－10 产学研合作研究领域的高频关键词共现网络结构

资料来源：朱桂龙等（2015）[8]。

2.1.3 产学研合作的研究演进

（一）研究方法

为了充分把握产学研合作研究领域的研究演进，本书采取科学知识图谱来对产学研合作研究领域文献进行梳理和分析。科学知识图谱是情报学中的一个新兴分支学科，它越来越受到学术界研究者的关注[130]。科学知识图谱将某研究领域的零散知识整合在一起来揭示某研究领域的知识结构[160,161]，定量地揭示某研究领域的知识发展概况从而获取该领域的研究主题、发展趋势以及重要学者之间的合作网络关系[162]。可视化是科学知识图谱最主要的特征，从而很形象地向人们展示一张通俗易懂的知识地图[163]。由于科学知识图谱能够很形象地展示某领域的研究主题如何随着时间而演化，使得研究者能够捕捉研究前沿信息，这方法目前已被广泛运用于诸多学科领域[130]。如Swar和Khan（2014）运用“SNA”可视化工具基于共引作者、共引国家等方面分析南亚国家通信技术领域文献并得出南亚国家在该研究领域存在的问题与对策[160]；Chen和Guan（2011）运用可视化工具Pajek、“Ucinet + NetDraw”和CiteSpaceⅡ建立共词与共引网络来揭示生物纳米制药新兴研究领域的发展路径及研究前沿[161]；张晓鹏等（2011）基于文献计量的方法，运用CiteSpaceⅡ可视化工具对国际公共危机管理领域所发表的文献进行计量分析并得出该研究领域的现状及前沿态势[162]。

虽然在其他很多研究领域已经发现国内外学者基于科学知识图谱的视角对某研究领域进行研究并取得相应的成果，但是基于科学知识图谱的视角对产学研合作研究领域的文献进行计量分析的文献并不多见，目前尚未发现国外学者从科学知识图谱的视角对产学研合作研究领域的文献进行研究，而国内基于该角度对我国产学研合作研究领域的文献进行研究也较为零星，例如，万晶晶基于科学知识图谱的分析视角，运用可视化工具CiteSpace Ⅱ对我国产学研合作的文献进行分析并得到该研究领域的知识结构及研究热点[164]。闫杰等也是基于科学知识图谱的分析视角，运用可视化工具 CiteSpace Ⅱ对我国产学研合作的文献进行分析并获取该研究领域的前沿演进趋势[165]。为了全面地对产学研合作研究领域的文献进行梳理，为本书后续的研究奠定坚实的理论基础，本书采取科学知识图谱来研究产学研合作研究的演进过程。

（二）数据来源

在参考过去相关研究[8,24,88]的基础上，本书对 Web of Science 核心合集数据库收录的产学研合作研究领域所有文献（截至 2016 年初）进行检索和分析。Web of Science 数据库收录的文章较为广泛，除了收录国际主流期刊上刊登的文章外，还收录部分国内权威期刊上发表的国内文章。该大型数据库不仅连续动态更新而且具有更高权威性，在学术界得到广泛使用[8,24,26,35,166]。

首先，本书将参考过去研究[8,24,88]所采用的检索关键词基础上，将产学研合作研究领域文献的检索范式最终确定为：TS =（“triple helix” AND (facult * OR university * OR academi *） AND （company * OR business * OR industry *） NOT（RNA OR DNA)） OR TS =（(university-company OR university-business OR university-industry） AND （innovation * OR commercial * OR link * OR relation * OR interact * OR contract research OR joint research OR knowledge transfer OR technology transfer OR collaboration)） OR TI =（(facult * OR university * OR academi *） AND （company * OR business * OR industry *） AND （innovation * OR commercial * OR link * OR relation * OR interact * OR contract research OR joint research OR knowledge transfer OR technology transfer OR collaboration)） OR TI = （academic spin-offs OR academic entrepreneurship） OR TS = （university-industry-government），检索时间区间：

1966—2015 年。检索出一共有 1572 篇文献，将其中的“会议论文”“会议摘要”及其他与产学研合作议题不相关的论文做一一排查后，最终剩下文献 1523 篇。

（三）产学研合作研究领域的三个发展阶段

本书在参考文献计量学奠基人 Price（1963）的“科技文献增长理论”基础[167]上，依照产学研合作研究领域每年发表论文数据的多寡，将产学研合作研究领域的历史演进过程划分成 3 个阶段，如图 2－11 所示。

图 2－11　产学研合作研究领域的三个发展阶段

（1）萌芽期（1966—1982 年）。虽然早在 20 世纪 40—50 年代美国已经出现了产学研合作活动，但是产学研合作这种创新模式并没有引起学术界的足够重视，这可能与当时学术界推崇凯恩斯经济学理论，较少重视创新理论研究存在一定的关系。直到 1966 年，著名学者 Lincoln（1966）对美国所出现的产学研合作行为进行分析与研究，开创了产学研合作创新研究领域的先河。20 世纪 70 年代，很多西方国家爆发石油危机，很多国家普遍陷入经济不断下滑的窘境。如何走出经济困境成为当时许多国家的议题，这时熊彼特创新理论开始引起广泛的关注。在此背景下，产学研合作创新模式也成为许多学者关注的问题。即使如此，1982 年之前，学术界对产学研合作的研究仍然较少，每年该研究领域的论文发表量均在 10 篇以下。

（2）探索期（1983—1999 年）。20 世纪 80 年代，美国钢铁、汽车等传统优势产业日益衰落，而德国、日本等国经济迅速崛起，挑战美国“二战”结束以来维持的经济大国地位。当时美国时任总统里根为了振兴本国经济以应对德、日等国所带来的经济挑战，出台了一系列政策来推动产学研合作，以营造一种良好的产业创新氛围。其中尤为出名的是“拜杜法案”的颁布，以推动大学与企业结合，加速大学专利成果转化。与此同时，日本为了应对全球经济化所带来的挑战，以进一步巩固所取得的经济大国地位，颁布了“官产学三位一体”创新政策来推动产学研合作创新。此外，信息通信、生物技术等技术知识密集型产业在20世纪80年代中后期逐渐兴起。与其他行业相比，信息通信、生物技术等新兴产业的发展更需要产学研互动与合作来支撑。在此时代背景下，与新兴产业相关的技术转移办公室、产学研合作模式成为当时学术界关注的焦点，学者在产学研合作研究领域开展了系列研究，论文发表的数量每年保持在10~30篇。

（3）发展期（2000—2015年）。随着科技全球化不断升温，技术更新周期不断加快，尤其进入21世纪以后这种趋势愈演愈烈。在此背景下，企业面临的创新压力日益加剧，很多企业已经意识到单靠自身的研发力量来加快创新已经难以维系，为此，产学研合作成为许多企业寻求组织外部知识源来应对创新挑战的一条重要的路径，也成为许多国家建设成创新型国家的重要举措。许多国家通过颁布相关政策和立法等手段来为产学研合作创造良好环境，以推动知识加快转移和转化来提升国家的创新核心竞争力。例如，中国政府颁布的“国家中长期科技发展规划纲要（2006—2020年）”明确提出了建立起产学研合作的技术创新体系，还有德国政府颁布的“中小企业创新技能计划”以推动企业加强与学研机构的合作。在这些政策当中，可以充分体现出政府、企业、学研机构三方在国家创新系统中扮演的角色，它们之间的互动与合作引起了学术界的广泛关注，尤其“官产学研”三螺旋创新理论提出后，创新研究领域出现了一股对官产学研合作研究热潮。在本阶段产学研合作研究领域论文发表量由最初（2000年）的30篇迅速上升到2015年的137篇，增幅高达4倍。

（四）产学研合作研究的历史演化过程

为了从纵向的视角梳理产学研合作研究的历史演化过程，本书对产学研合作研究领域在1966—2015年发表的1523篇文献进行“文献共被引分析”。著名的科学计量学家Small是最早使用“文献共被引分析”方法来研究和分析某学科领域理论演化的学者，他曾经在1973年提出“文献共被引分析”的原理：当某两篇文献同时被第三篇文献所引用时，那么这两篇文献是一种共被引关系[168]。“文献共被引分析”可用于分析某学科领域的知识基础及研究热点与前沿的演化趋势[8]，以全面把握该研究领域的研究现状及发展态势，而CiteSpace软件是“文献共被引分析”常用的工具。鉴于此，本书使用CiteSpace软件对所搜寻的产学研合作研究领域的文献进行共被引分析，如图2－12所示：

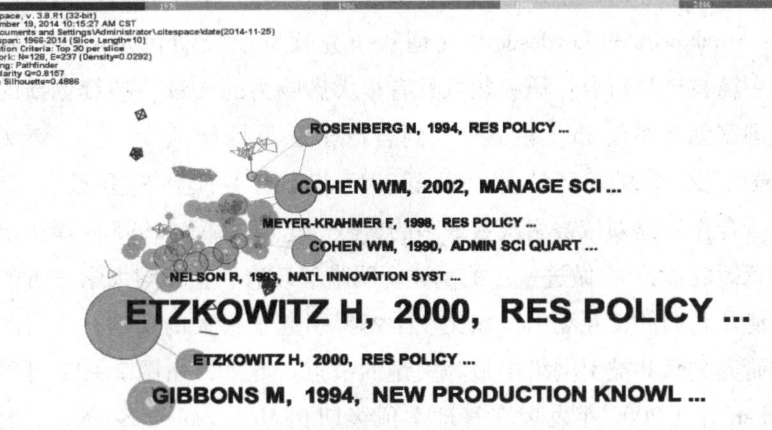

图2－12 产学研合作研究文献的共被引聚类分析

资料来源：朱桂龙等（2015）[8]。

由图2－12可以发现，20世纪80年代之前，产学研合作研究领域基本上没有出现高被引文献和关键节点文献，这表明在早期，产学研合作研究领域活跃程度较低。直到1986年，美国学者Blumenthal教授在《科学》（*Science*）期刊上发表了一篇在产学研合作研究领域具有一定影响力（中心度较高）的文章“大学与企业在生物科技领域的合作对大学带来的启示”[149]。该篇文献是研究在生物科技产业领域，大学参与产学研合作对其科研研究可能带来的机会与挑战。这篇文献的网络中心度为0.15，在早期研究产学研合作的文章当中具有一定影响力。由图2－7可以发现，在1994年出现一个较大的网络节点，该节点是Gibbons等学者出版了一本书，名为《知识新的生产模式：当代社会科学与研究的动态发展》[103]。这本书之所以在产学研合作研究领域具有较大的影响，是因为该书认为除了传统由学术机构自由探索来生成知识外，还存在着有其他创新主体如企业参与进来，在以应用为导向的领域生成知识，即是“模式2”生成方式。传统的知识生产方式与“模式2”的生产方式在学科、生产的场所和生产自由度上存在明显的差异。由于“模式2”生产方式突破了过去学术界一直沿用的由基础研究到应用研究再到试验开发的线性创新模式，引起了学术界的广泛反响。这也为1995年荷兰学者Leydesdorff和美国学者Etzkowitz所提出的官产学研“三螺旋（Triple Helix)”思想奠定了理论基础。随着时间的推移，学术界对产学研合作日益关注，该领域的研究也日益活跃。在2000年，Etzkowitz和Leydesdorff在创新研究领域顶级期刊*Research Policy*发表了一篇在产学研合作研究领域具有很大影响力的文章“持续创新的动力：从国家创新系统和‘模式2’到官产学三重螺旋演变”[70]。该文的google被引用次数高达5641次（截至2017年1月1日上午10点），是目前产学研合作研究领域被引次数最多的文献。这篇文章对1995年所提出的官产学三螺旋理论[33]做进一步的阐述，明晰了政府、企业与大学三者的角色、职能及它们的交互动力。该文在学术界引起了极大的反响，成为产学研合作研究文献共被引网络中最为关键的节点。此外，由图2－12可以发现，Cohen等在2002年发表在管理学顶级期刊*Management Science*上的一篇文章“互动与影响：公共研发对企业研发活动的影响”[14]成为文献共被引网络中最为重要的网络节点。该文以美国的产学研合作为研究样本，来揭示企业如何加强与大学的互动，利用公共研发来提升自身的创新能力。该文的google被引用次数高达2257次（截至2017年1月1日上午10点)，在产学研合作研究领域具有较大的影响力。

为了进一步追溯产学研合作研究领域在三个发展阶段（萌芽期、探索期和发展期）的演化历程，本书使用CiteSpace可视化工具，从时区演进的视角对产学研合作研究领域的文献进行共被引分析，如图2－13所示。首先，依照产学研合作研究领域的三个发展阶段划分成三个相应的知识群，其次，对每个知识群最具有影响力（被引次数较多）的文献、高频出现的关键词及共被引网络中的关键节点进行一一研究，以揭示产学研合作研究领域在过去50年时间的演化趋势，为本书后续研究典型了理论基础。

（1）萌芽期（1966—1982年）的知识群：对产学研合作的模式和互动关系进行初步的研究。

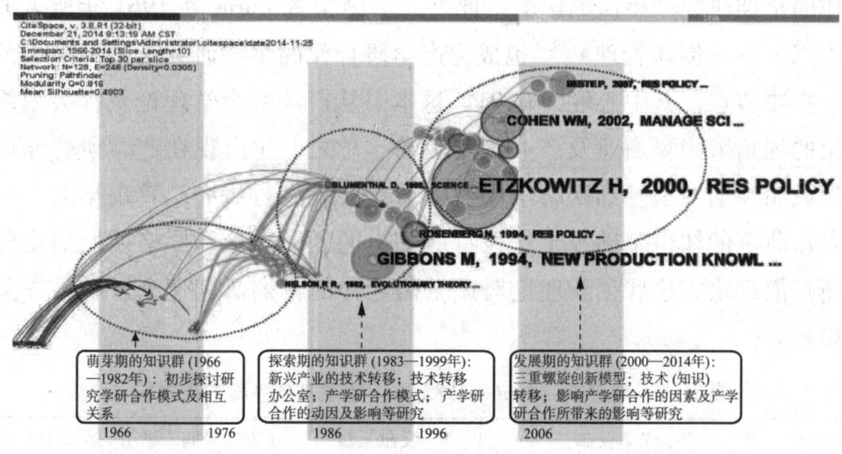

图 2-13　产学研合作研究文献的共被引演进时区分析

资料来源：朱桂龙等 (2015)[8]。

如上文所言，虽然产学研合作活动早在 20 世纪 40—50 年代在西方国家出现，但是在很长的一段时间来没有引起学术界的关注。直到 1966 年，才出现产学研合作研究领域的第一篇文献[32]。到了 20 世纪 70 年代石油经济危机的全面爆发，许多西方国家为了摆脱经济上的窘境，熊彼特创新理论才引起西方国家的关注，产学研互动与合作创新模式或方式也逐渐进入一些学者的研究视野。

通过 CiteSpace 软件对产学研合作研究领域在萌芽期间（1966—1982 年）发表文献的参考文献进行共被引分析研究，发现在本阶段产学研合作知识基础网络中一共出现 3 篇关键节点文献，见表 2-9。这 3 篇文献是早期产学研合作研究领域的奠基之作。熊彼特（Schumpter）在 1912 年出版的《经济发展理论》[111]，首次提出创新是推动经济不断发展的新动力，是创新理论的奠基之作。该书在知识基础网络中的中心度值为 0.08，是产学研合作研究领域在萌芽期主要知识基础文献之一。这表明了产学研合作研究领域在早期的一个主要理论源头来自熊彼特创新理论。美国著名学者罗格斯（Rogers）在 1962 年出版了一本奠定创新扩散理论的书——《创新的扩散》[169]。该书在分析 508 个知识或技术扩散案例后，首次提出了知识（技术）扩散 S 曲线创新理论。同样地，这本书出现在产学研合作知识基础网络中，中心度值为 0.05。这表明罗格斯的创新扩散理论也对产学研合作的早期研究产生深刻影响。此外，英国学者 Burns 在 1961 年所著的一本书——《创新管理》[170]也成为产学研合作的早期研究基础网络中的一个主要节点，其中心度为 0.01。这本书从产业社会学理论及社会组织理论的视角来阐释商业及产业创新活动。总之，对出现在产学研合作研究领域萌芽期知识基础网络中的关键节点文献进行研究，发现早期产学研合作研究的知识基础源于熊彼特所提出的创新理论和罗格斯所奠定的创新扩散理论，这些创新理论对产学研合作的早期研究带来了较为深刻的影响。

表 2-9　萌芽期（1966—1982 年）知识基础主要节点文献

作者	节点文献	文献来源	发表时间	被引频次	中心度
Schumpter，J	*Theory of Economic Development*[111]	Harvard University Press	1912	38	0.08
Rogers，EM	*Diffusion of innovations*[169]	New York：Free Press	1962	22	0.05
Burnts，T	*The Management of Innovation*[170]	Oxford University Press	1961	17	0.01

资料来源：朱桂龙等（2015）[8]。

为了进一步探究产学研合作研究领域在萌芽期主要的研究议题，对该研究领域在本阶段的 64 篇文献，尤其那些最具有重要影响力的文献进行梳理与研究，发现有 3 篇文献高被引，见表 2-10。第一篇文献是 Rager 和 Omenn 两位美国学者在 1980 年刊登在《科学》（*Science*）期刊上的一篇文章："研究、创新和产学合作的关系"[171]。该文是以美国卡特总统上台后所推动的产学研合作为研究背景，对大学与企业的科研合作现状及趋势进行分析，并研究大学与企业之间合作的模式及政府所扮演的角色。该文对政府、大学与企业三方的互动与合作如何对经济发展起到促进作用进行系统研究，是本阶段产学研合作研究领域有较大影响力的文献之一。第二篇文献是美国学者 Roy 在 1972 年刊登在《科学》（*Science*）期刊上的一篇文章："大学与企业之间的互动模式"[172]。该文主要研究在公共财政对科研支出不变的调节下，如何通过产学研合作来提升科研转化效率。第三篇文献是日本学者 Azcmff 在 1972 年发表在《研究管理》（*Research Management*）期刊上的一篇文献："企业与大学的合作：如何使其运转起来"[173]。该篇文章主要对企业与大学之间有效的技术合作模式和双方如何有效地维系合作进行了分析。该文在早期产学研合作研究领域也具有一定的影响力。此外，本文对产学研合作研究领域在本阶段的其他文献也做了分析与梳理，发现该研究领域在本阶段的研究议题主要包括对大学与企业之间如何维系有效地合作，相互关系的协同及各种产学研合作模式的研究。

表2-10 萌芽期（1966—1982年）发表的主要文献

作者	重要文献	文献来源	发表时间	引用频次
Rager DJ, Omenn GS	Research, Innovation, And University-Industry Linkages[171]	*Science*	1980	38
Roy R	University-Industry Interaction Patterns[172]	*Scienc*	1972	7
Azaroff LV	Industry-University Collaboration-How To Make It Work[173]	*Research Management*	1972	6

高频关键词能够反映某领域的研究热点，过去的研究[8,24,174]通过剖析某研究领域的高频关键词来分析该领域的研究热点。鉴于此，本书在参考过去研究的基础上，对产学研合作研究领域在本阶段的高频关键词展开搜寻与分析，见表2-11。可以发现本阶段的高频关键词主要有：大学与企业（University-Industry）、关系（Relationship）、合作（Collaboration）和互动（Interaction）等词汇。这表明了研究的议题包括：大学与企业怎么才能有效地合作，它们之间的合作模式及互动关系。此外，“创新（Innovation）”与“研究（Research）”也是本阶段的高频关键词，这反映了在本阶段学者对产学研合作进行研究的一个议题是产学研合作如何有效地推动研究成果的转化达到创新目标的实现。还发现一个较为重要的关键词“航天航空研究（Aerospace Research）”出现在产学研合作研究领域的早期文献中，这表明航天航空领域的产学研合作引起了学术界的关注。这可能与航天航空行业性质存在一定的关系，因为该行业是知识（技术）密集型行业，比其他行业更为迫切需要产学研合作来支撑发展，航天航空行业的产学研合作成为当时学术界关注的焦点。

表2-11　萌芽期（1966—1982年）出现的高频关键词

序号	关键词	词频	序号	关键词	词频
1	University-Industry	25	5	Research	5
2	Collaboration	15	6	Innovation	4
3	Relationship	12	7	Aerospace Research	2
4	Interaction	8	—	—	—

资料来源：朱桂龙等（2015）[8]。

本节通过对产学研合作研究领域在萌芽期（1966—1982年）知识基础关键节点文献、发表的重要文献及出现的高频关键词进行筛选与分析，发现产学研合作研究的理论基础主要源于熊彼特所奠定的创新理论和罗格斯所提出的创新扩散理论，研究的议题较为零星，主要包括企业与大学之间的互动与合作关系、模式。其中，产学研合作的线性模型（模式）成为早期学术界的主流思想。

（2）探索期（1983—1999年）的知识群：研究议题主要包括新兴产业如生物制药领域（知识）跨组织转移路径分析，以“技术转移办公室”为议题的研究，产学研互动与合作的模式、动因及效应研究。

自20世纪80年代起，新兴产业开始得到发展，国际竞争日益加剧，企业面临着难以依靠自身科研力量来实现持续创新，许多国家通过颁布政策和法律的手段来推动产学研合作。在此背景下，企业与大学之间的互动与合作开始引起了学术界的广泛关注，产学研合作研究领域的文献发表数量比“萌芽期（1966—1982年）”明显有所增长。

通过CiteSpace软件对产学研合作研究领域在探索期间（1983—1999年）发表的参考文献进行共被引分析研究，发现在本阶段产学研合作知识基础网络中一共出现8篇关键节点文献，见表2-12。第一篇文献是美国学者Feller在1989年发表在创新研究领域顶级期刊*Research Policy*上的一篇文章：“大学被认为能够成为知识经济增长的引擎”[175]。这篇文章紧扣当时美国国会所通过的“拜杜法案”时代背景下，观察到许多大学将所创造的知识进行专利化和商业化，研究政府所推动的政策和法案给产学研合作和经济发展所带来的影响。该文引起了学术界、企业界和政府的广泛关注，成为产学研合作研究领域在本阶段知识基础的中心度值最高的文献。第二篇文献是Blumenthal等美国学者在1986年刊登在*Science*期刊上的一篇文章："大学与企业在生物技术科技领域的科研合作对大学带来的启示"[149]。该文紧扣着当时新兴产业如生物技术产业兴起的背景，探究大学参与新兴产业的产学研合作给大学的科研及教学活动带来的影响，并给出如何防范或避免产学研合作给学研机构所带来负面影响的一些建议。由于该文紧扣时代背景来研究产学研合作所暴露的问题，成为该研究领域知识基础网络里节点中心度值较高（较为关键）的文献。第三篇文献是著名学者Nelson和Winter在1982年所著的《经济变迁演化理论》[176]。众所周知，该书基于生物演化理论，对产业的演化及技术变异进行分析，提出了演化经济学范式，奠定了演化经济学的理论基础。该书在产学研合作研究领域引起了极大的反响，例如，Etzkowit和Leydesdorff（2000）发表的产学研合作研究领域被引次数最多的文献——"持续创新的动力：从国家创新系统和'模式2'到官产学三重螺旋演变"[70]的理论基础就基于Nelson和Winter所著的《经济变迁演化理论》，由此可知这篇文献是产学研合作研究知识基础网络中较为关键的节点文献。

表2-12 探索期（1983—1999年）知识基础主要节点文献

作者	节点文献	文献来源	发表时间	被引频次	中心度
Feller I	Universities as engines of R&D-based economic growth: They think they can[175]	*Research Policy*	1990	24	0.33
Blumenthal D, Gluck M, et al.	University-industry research relationships in biotechnology: implications for the university[149]	*Science*	1986	35	0.15
Nelson RR, Winter SG	An Evolutionary Theory Economic Change[176]	*Technology In Society*	1982	58	0.15
Zucker LG, Darby MR, Armstrong J	Geographically localized knowledge: spillovers or markets?[177]	*Economic Inquiry*	1998	23	0.13
Henderson R, Jaffe AB, Trajtenberg M	Universities as a source of commercial technology: A detailed analysis of university patenting, 1965—1988[178]	*The Review of Economics and Statistics*	1998	21	0.13
Narin F, Hamilton KS, Olivastro D	The increasing linkage between US technology and public science[179]	*Research Policy*	1997	17	0.11

续表

作者	节点文献	文献来源	发表时间	被引频次	中心度
Rubenstein AH, Geisler E	Evaluating the outputs and impacts of R&D/innovation[180]	*International Journal of Technology*	1991	6	0.11
Gibson DV, Smilor RW	Transfer: a field-study based empirical analysis[181]	*Journal of Engineering and Technology Management*	1991	2	0.11

资料来源：朱桂龙等（2015）[8]。

为了进一步探究产学研合作研究领域在探索期主要的研究议题，对该研究领域在本阶段的304篇文献，尤其是那些具有重要影响力的文献进行梳理与研究，表2-13显示了本阶段最具有影响力的10篇文献。第一篇文献是美国学者Etzkowitz在1998年发表在*Research Policy*期刊上的一篇文献“企业科学的标准：新的大学与大学联系的认知效应”[143]。该文是在美国校办企业蔚然成风的时代背景下，以大学如何通过校办企业将所创造的知识进行商业化为研究议题。该文对大学与企业的角色定位与组织界线给予新的阐释，即双方的角色和组织界线应该模糊化，即企业要扮演大学的部分角色，同时大学也应该要扮演企业的部分角色。这个新思想也就是刚刚出现的三螺旋创新理论的核心思想，在学术界引起了极大的反响，成为产学研合作研究领域在本阶段具有较大影响力的文献之一。第二篇文献是德国学者Meyer—Krahmer和Schmoch在1998年发表在*Research Policy*期刊上的一篇文献“大学与企业在四个科技领域的互动”[144]。该文对产学研合作在不同行业的差异性进行研究，发现科技（知识）密集型行业如信息、生物技术、制药等产业的发展更需要产学研合作来支撑。此外，该文还发现产学研互动过程中，知识流向的路径不局限于由大学流向企业，也可以由企业流向大学。换言之，知识流向的路径不是单向的，而是双向的。由于该文对知识流动路径及产学研合作行为在不同行业存在差异提出新的见解，在学术界引起了广泛关注，成为本阶段产学研合作研究领域具有较大影响力的文献之一。第三篇文献是Blumenthal等美国学者在1996年发表在*New England Journal of Medicine*期刊上的一篇文章“生物科技研究领域的大学老师参与企业的工作”[182]。该文以大学和生物技术公司的互动与合作作为研究样本，发现大学学者参与产学研合作可能对其学术研究方向、行为及态度均产生一定的影响。具体而言，参与产学研合作的老师更倾向于选择以应用为导向的研究，更倾向于对研究成果进行保密和产业化。该文对产学研合作如何对学者的学术研究产生影响做了较为详尽的分析，也引起了学术界的广泛关注。通过对本阶段产学研合作研究领域的文献进行梳理与分析，发现在本阶段学术界除了对大学与企业之间的互动模式及关系进行研究外，还对大学参与产学研合作对其带来的影响、产学研合作过程中知识转移的路径、不同产业中的产学研合作行为差异、政府—产业—大学三螺旋互动模型等议题展开一系列的研究。

表2-13 探索期（1983—1999年）发表的主要文献

作者	重要文献	文献来源	发表时间	引用频次
Etzkowitz，H	The norms of entrepreneurial science：cognitive effects of the new university-industry linkages[143]	*Research Policy*	1998	235
Meyer-Krahmer F，Schmoch U	Science-based technologies：university-industry interactions in four fields[144]	*Research Policy*	1998	220
Blumenthal D，Campbel EG，Causino N	Participation of life-science faculty in research relationships with industry[182]	*New England Journal of Medicine*	1996	189
Lee YS	“Technology transfer” and the research university：A search for the boundaries of university-industry collaboration[148]	*Research Policy*	1996	147
Blumenthal D，Gluck M，Louis KS	University-Industry Research Relationships In Biotechnology-Implications For The University[149]	*Science*	1986	147
Bonaccorsi A，Piccaluga A	A Theoretical Framework for The Evaluation of University-Industry Relationships[183]	*R & D Management*	1994	96
Etzkowitz H，Leydesdorff L	The endless transition：A “triple helix” of university-industry-government relations[184]	*Minerva*	1998	72

续表

作者	重要文献	文献来源	发表时间	引用频次
Vedovello C	Science parks and university-industry interaction: geographical proximity between the agents as a driving force[185]	*Technovation*	1997	64
Quintas P, Wield D, Massey D	Academic-Industry Links And Innovation-Questioning The Science Park Model[186]	*Technovation*	1992	47
Blumenthal D	Academic-Industry Relationships In The Life Sciences-Extent, Consequences, And Management[187]	*Journal of The American Medical Association*	1992	42

资料来源：朱桂龙等（2015）[8]。

为了分析产学研合作研究领域在探索期（1983—1999 年）的研究热点，对该研究领域在本阶段的高频关键词展开搜寻与分析，见表 2 - 14。与上一阶段相比，本阶段涌现出一些较为新颖的高频关键词，例如，技术转移（Technology Transfer）、生物技术（Biotechnology）。这两个高频关键词组在本阶段出现频次最高，侧面反映了产学研合作过程中的技术转移模式、路径，新兴产业如生物技术领域的产学研合作等成为本阶段的研究热点问题。这可能是因为生物技术产业是典型的知识密集型产业，自从 20 世纪 80 年代中后期逐渐兴起后，该产业的发展比传统产业更需要通过产学研合作来推动技术或知识转移来支撑，所以新兴产业的产学研合作模式及技术转移论据等议题逐渐引起了学术界的关注并成为研究的热点。此外，由表 2 - 14 可以发现，技术转移办公室（Technology Transfer Offices）、专利（Patent）、知识产权（Intellectual Property）和斯坦福大学（Stanford University）等高频关键词也出现在本阶段。这可能与当时美国出台"拜杜法案"后，导致产学研合作研究议题出现新的变化存在一定的关系。"拜杜法案"的出台，增强了大学的知识产权意识，技术转移办公室在许多著名的大学，如斯坦福大学中广泛成立，负责将大学的科研成果以专利的形式保护起来，再通过市场交易将研究成果进行转换。在此背景下，学术界对大学所成立的技术转移办公室在推进技术转化的效率问题、大学研究成果的知识产权问题及专利申请保护等问题展开了一系列的研究。"动机（Motivation）""障碍（Obstacle）"成为本阶段的高频关键词，反映了在本阶段学术界对产学研合作研究由原先单纯的产学研互动与合作模式的分析拓展到产学研合作动因及存在的障碍的研究。高频关键词“冲突（Conflict）”的出现表明了产学研合作给学术自由带来冲突等问题已经引起了学术界的关注。“日本（Japan）”成为本阶段的高频关键词，侧面反映了日本的产学研合作成为产学研合作研究领域的关注焦点，可能是因为日本出台相关政策来推动产学研合作以应对日本经济泡沫破裂后带来的经济低迷问题，激发了学者对日本的产学研合作的兴趣。还有高频关键词“三螺旋（Triple Helix）”的出现，反映了政府—大学—企业的三螺旋非线性互动在本阶段已经开始成为学者关注的焦点。

表2-14 探索期（1983—1999年）出现的高频关键词

序号	关键词	词频	序号	关键词	词频
1	Technology Transfer	11	8	Stanford University	2
2	Biotechnology	11	9	Intellectual Property	2
3	University-Industry Relations	11	10	Japan	2
4	University-Industry Collaboration	7	11	Motivation	2
5	Patent	6	12	Obstacle	2
6	Innovation	6	13	Conflict	2
7	Technology Transfer Offices	3	14	Triple Helix	2

资料来源：朱桂龙等（2015）[8]。

在本节，通过对产学研合作研究领域在探索期（1983—1999年）知识基础关键节点文献、发表的重要文献及出现的高频关键词进行筛选与分析，发现产学研合作研究领域理论基础主要源于Nelson和Winter所奠定的经济变迁演化理论，研究的议题比上一阶段有明显的拓展，主要包括产学研合作的模式、动因及效应的研究，以技术转移办公室、校办企业为议题的研究，产学研合作促使技术（知识）转移路径研究，生物制药等新兴产品的产学研合作研究。此外，政府—大学—企业的三螺旋非线性互动的相关研究在本阶段已经出现。

（3）发展期（2000—2014年）的知识群：研究议题主要包括：官产学研三螺旋互动与理论研究、产学研合作的动因或影响因素及效应研究、技术或知识的跨组织转移研究。

进入21世纪后，为了应对全球化的挑战和提升国家核心竞争力，越来越多的国家如美国、日本、欧盟各国及中国等加强立法或政策力度来推动产学研合作，大力提倡产学研合作创新模式，甚至将产学研合作提升为国家科技创新战略决策。在此背景下，产学研合作引起了许多学者的关注，该研究领域日益活跃，每年的论文发表数量得到大幅提升，由最初（2000年）的30篇逐渐攀升到2015年的137篇，增幅4倍有余。

通过CiteSpace软件对产学研合作研究领域在发展期间（2000—2014年）发表的参考文献进行共被引分析研究，发现在本阶段产学研合作知识基础网络中一共出现10篇关键节点文献，见表2-15。第一篇关键节点文献是美国学者Mansfield在1991年发表在*Research Policy*上的一篇文章："学术研究与产业创新"[188]。这篇文献对来自7个不同行业的76个大型制造企业进行研究，分析学术研究给不同行业创新所带来的影响，明晰了哪些产业的创新更依赖产学研合作。此外，该文还对学术研究投资回报率、学术投入到产出的转化效率、时滞等问题都进行了一系列开创性研究，给政府政策制定者、学术界、企业界带来极大的启示，也成为产学研合作研究的知识基础关键文献之一。第二篇关键节点文献是学者Jaffe在1989年发表在*The American Economic Review*期刊上的一篇文章："学术研究所带来的真正影响"[189]。这篇文献对大学的知识溢出给所处的区域创新带来影响进行研究，发现大学的知识溢出对一些知识密集型行业如电子通信、医学、核技术的创新带来较大的正向影响。由于该文突破过去简单地对产学研合作模式进行分析，而进一步分析产学研合作给区域、行业及企业带来的影响效应问题，给产学研合作的研究带来了极大的启示，成为本阶段该研究领域知识基础的关键文献之一。第三篇关键节点文献是美国学者Etzkowitz在1998年发表在*Research Policy*期刊上的一篇文献："企业科学的标准：新的大学与大学联系的认知效应"[143]。这篇文献在上一阶段是产学研合作研究领域的高被引用文献，该文在本阶段成为产学研合作研究的知识基础。该文在对校办企业进行研究时提出了组织间非线性融合互动的思想，这也是官产学研三螺旋理论的核心思想，给创新研究领域带来了极大的影响，成为本阶段知识基础网络中较为重要的核心文献之一。通过对产学研合作研究领域在发展期（2000—2014年）的知识基础网络当中最重要的10篇节点文献进行研究，发现三螺旋创新理论的奠基者Etzkowitz在1998—2013年发表的4篇研究成果对本阶段产学研合作研究带来了较为深远的影响。

表2-15　发展期（2000—2014年）知识基础主要节点文献

作者	节点文献	文献来源	发表时间	被引频次	中心度
Mansfield E	Academic research and industrial innovation[188]	*Research Policy*	1991	44	1.09
Jaffe AB	Real effects of academic research[189]	*The American Economic Review*	1989	57	0.73
Etzkowitz H	The norms of entrepreneurial science：cognitive effects of the new university-industry linkages[143]	*Research Policy*	1998	62	0.70
Bozeman B	Technology transfer and public policy：a review of research and theory[190]	*Research Policy*	2000	44	0.67
Lee YS	"Technology transfer" and the research university：a search for the boundaries of university-industry collaboration[148]	*Research Policy*	1996	49	0.66
Schartinger D，et al.	Knowledge interactions between universities and industry in Austria：sectoral patterns and determinants[191]	*Research Policy*	2002	44	0.66
Etzkowitz H	Research groups as "quasi-firms"：the invention of the entrepreneurial university[192]	*Research Policy*	2003	41	0.61
Etzkowitz H，Leydesdorff L	The dynamics of innovation：from National Systems and "Mode 2" to a Triple Helix of university-industry-government relations[70]	*Research Policy*	2000	189	0.58
Etzkowitz H，et al.	The future of the university and the university of the future：evolution of ivory tower to entrepreneurial paradigm[193]	*Research Policy*	2000	84	0.54
Cohen WM，Levinthal DA	Innovation and learning：the two faces of R & D[194]	*The economic journal*	1989	39	0.52

资料来源：朱桂龙等（2015）[8]。

为了进一步探究产学研合作研究领域在本阶段的主要研究议题，对本阶段的1159篇文献，尤其那些具有重要影响力的文献进行梳理与研究，见表2-16。第一篇文献是官产学研三螺旋创新理论奠基人Etzkowitz和Leydesdorff在2000年发表在*Research Policy*上的一篇文献："持续创新的动力：由国家创新系统和'模式2'到官产学三重螺旋演变"[70]。该文在过去国家创新系统和"模式2"的基础上，提出了政府、大学与企业三方的非线性互动新模式，即是三方的组织界线模糊化，每个成员在承担自身功能的同时，也要同时扮演着其他成员应有的部分角色。该文所提出的官产学研组织界线模糊化的新思想，与过去创新理论的组织界线明晰化的思想迥然不同，是产学研合作研究领域的一个重大的思想突破，给该研究领域带来了较为深远的影响。第二篇文献是Etzkowitz等在2000年发表在*Research Policy*期刊上的一篇文献："大学的未来及未来的大学：由过去的'象牙塔'向创业范式的转变"[193]。这篇文章以美、英、德、日等国家的产学研合作为研究样本，发现在知识经济时代，大学是主要的知识创造源头，它除了继续承担教学与科研的传统使命外，要主动地承担起第三个职责：大学创业。通过加强大学与产业界的结合，将研究成果及时产业化和商业化，从而促进经济的发展。该文对大学的职责进行了拓展研究，引起了社会各界的广泛影响，成为本阶段具有较大影响力的文献之一。第三篇文献是Siegel等在2003年发表在*Research Policy*期刊上的一篇文献："组织的行为对大学技术转移办公室效率影响的实证研究"[142]。这篇文章主要对设置在大学里面的技术转移办公室运营效率问题及潜在的影响因素进行研究，发现企业与大学之间的文化差异等因素给技术的转移可能带来的潜在负面影响。由于该文对技术或知识转移潜在的影响因素展开了较为深入的剖析，对后续的相关研究带来了极大的启示，成为本阶段产学研合作研究领域具有较大影响力的文献之一。通过对产学研合作研究领域在本阶段发表的1159篇文章进行梳理，尤其对那些具有较大影响力的文献进行分析，发现本阶段该研究领域的议题主要包括：官产学研三螺旋创新理论的研究、产学研合作的动因及效应研究、技术或知识的跨组织转移影响因素分析等。

表2-16 发展期（2000—2014年）发表的主要文献

作者	重要文献	文献来源	发表时间	引用频次
Etzkowitz H, Leydesdorff L	The dynamics of innovation: from National Systems and "Mode 2" to a Triple Helix of university-industry-government relations[70]	*Research Policy*	2000	785
Etzkowitz H, Webster A, Gebhardt C	The future of the university and the university of the future: evolution of ivory tower to entrepreneurial paradigm[193]	*Research Policy*	2000	328
Siegel DS, Waldman D, Link A	Assessing the impact of organizational practices on the relative productivity of university technology transfer offices: an exploratory study[142]	*Research Policy*	2003	294
Laursen K, Salter A	Searching high and low: what types of firms use universities as a source of innovation?[145]	*Research Policy*	2004	182
D'Este P, Patel P	University-industry linkages in the UK: What are the factors underlying the variety of interactions with industry?[146]	*Research Policy*	2007	159
Balconi M, Breschi S, Lissoni F	Networks of inventors and the role of academia: an exploration of Italian patent data[147]	*Research Policy*	2002	151
Owen-Smith J, Riccaboni M, Pammolli F, Powell WW	A comparison of US and European university-industry relations in the life sciences[150]	*Management Science*	2002	146
Geuna A, Nesta LJJ	University patenting and its effects on academic research: The emerging European evidence[151]	*Research Policy*	2006	142
Lockett A, Wright M	Resources, capabilities, risk capital and the creation of university spin-out companies[152]	*Research Policy*	2005	142
Perkmann M, Walsh K	University-industry relationships and open innovation: Towards a research agenda[195]	*International Journal of Management Reviews*	2007	139

资料来源：朱桂龙等（2015）[8]。

为了分析产学研合作研究领域在发展期（2000—2014 年）的研究热点，对该研究领域在本阶段的高频关键词展开搜寻与分析，见表 2 - 17。发现一些关键词如“产学合作（University-Industry Collaboration）”“产学关系（University-Industry Relations）”“创新（Innovation）”“技术转移（Technology Transfer）”都是传统的高频词汇，这表明本阶段的研究热点仍然关注产学研合作如何促使技术跨组织转移来达到创新的目的。在本阶段，关键词“三螺旋（Triple Helix）”出现的频次尤为突出，超过了“产学合作（University-Industry Collaboration）”“生物技术（Biotechnology）”这些传统高频关键词，排在第三位，这表明官产学三螺旋创新理论引起了广泛的关注，越来越多的学者对官产学的三螺旋互动关系展开了研究。如上文所言，早在 1995 年，Etzkowitz 和 Leydesdorff 提出了三螺旋创新理论模型[33]，在学术界、企业界和政界引起极大的反响。自从三螺旋创新理论提出后，学者纷纷从三螺旋的视角对官产学研非线性互动展开一系列研究，所以三螺旋创新模式成为本阶段的一个研究热点。高频关键词“创业型大学（Entrepreneurial University）”的出现，这与许多国家鼓励大学走出“象牙塔”，创立校办企业来转化大学所创造的知识和技术存在一定的关系。学术界对大学的创业模式、动因、影响要素等方面展开了较为深入的研究，创业型大学成为本阶段的一个研究热点。此外，关键词“纳米技术（Nanotechnology）”“生物技术（Biotechnology）”的高频出现，这是因为纳米科技和生物科技是典型的技术密集型行业，与其他传统行业相比，该行业更迫切与大学和研究机构的合作来获取相关的技术或知识。所以高科技行业的产学研合作更为普遍，并引起学术界的关注。关键词如“日本（Japan）”和“中国（China）”的高频出现，这表明学术界基于这两个国家为背景对产学研合作展开了广泛的研究。这可能是因为自从 20 世纪 90 年代以来，日本和中国两国政府颁布相关政策来推动产学研合作，并将产学研合作视为国家创新战略决策的一部分。在此背景下，中、日两国的产学研合作激发了学者的研究兴趣。此外，高频关键词“专利（Patent）”“研究合作（Research Collaboration）”的出现，这可能是因为学术界为了刻画产学研合作时常常使用合著专利这个指标，该方法论在现有研究当中较为普遍。通过对本阶段创新的高频关键词进行分析，发现产学研合作领域的研究非常活跃，而且研究热点多元程度较高。

表 2 – 17 发展期（2000—2014 年）出现的高频关键词

序号	关键词	词频	序号	关键词	词频
1	University-Industry Relations	92	11	R&D	17
2	Technology Transfer	85	12	University	17
3	Triple Helix	74	13	Nanotechnology	17
4	Innovation	73	14	China	15
5	University-Industry Collaboration	69	15	Commercialization	15
6	Academic Entrepreneurship	68	16	Research Collaboration	15
7	Biotechnology	20	17	Entrepreneurial University	13
8	Universities	20	18	Higher Education	12
9	Collaboration	20	19	Japan	12
10	Patents	20	20	Industry	12

资料来源：朱桂龙等（2015）[8]。

本节通过对产学研合作研究领域在发展期（2000—2014 年）知识基础关键节点文献、发表的重要文献及出现的高频关键词进行筛选与分析，发现产学研合作研究领域在本阶段的理论基础主要受到 Etzkowitz 与 Leydesdorff 所奠定的官产学三螺旋创新理论的影响。研究的议题包括官产学三螺旋互动关系的研究、技术或知识的跨组织转移路径及影响因素研究、产学研带来的效应影响研究及基于某特定国家（如中国、日本）情景下的官产学研互动与合作研究。

（五）研究小结

本节从一个科学知识图谱的视角对 Web of Science 核心合集所收录的产学研合作研究领域的 1370 篇文献进行分析，追踪 1966—2014 年该领域研究议题的演变过程，以期更加全面地了解产学研合作研究的发展脉络和演化进程，把握该领域的知识基础、研究热点与发展方向提供了新的参考及依据。

2.1.4 产学研合作对绩效影响的相关研究

政府推动产学研合作的初衷是促使学研机构所创造的知识由科学场域顺利地向经济场域转化[28]，从而实现知识资本化和提升企业创新能力以推动社会经济发展的目的。相应地，现有的研究在探讨产学研合作这个议题时，大多聚焦于产学研合作如何影响企业的经济绩效。研究议题包括学研机构与企业之间的合作如何影响企业从组织外部获取知识与其他创新资源[41]，从而促使企业提升创新能力，并将学研机构的科技成果转化成商业产品[14,39,40]，最终使企业拥有良好的经济绩效，成为具有创新活力的企业[42,43]。

实际上，产学研合作并不纯粹是一种由学术型组织（团队或个人）单向辅助产业界来推动技术创新和实现良好绩效的关系，还是一种知识逆向流动的关系，即学研机构与产业界互动过程中获得更多组织学习的机会，有助于学研机构参与产学研合作过程中加深对工程技术问题和行业发展的理解，将有意义的现实问题带入科研团队进一步凝练成科学与理论问题，实现知识重组并激发新的思想火花和研究方向[30]。鉴于此，Hussler 等（2010）意识到产学研合作不仅对企业创新绩效产生影响，还对学研机构学术绩效产生影响，并将产学研合作对创新主体绩效的影响划分成三个环节[196]，如图 2－14 所示。首要环节是，产学研合作促进企业与学研机构之间知识或信息沟通与转移，使得参与者获得对方的科学知识或市场信息；然后，一方面，企业利用学研机构所创造的科学知识来提升自身的技术创新能力；另一方面，学研机构利用产业界相关市场信息及资源来创造更多的科学知识[196]。

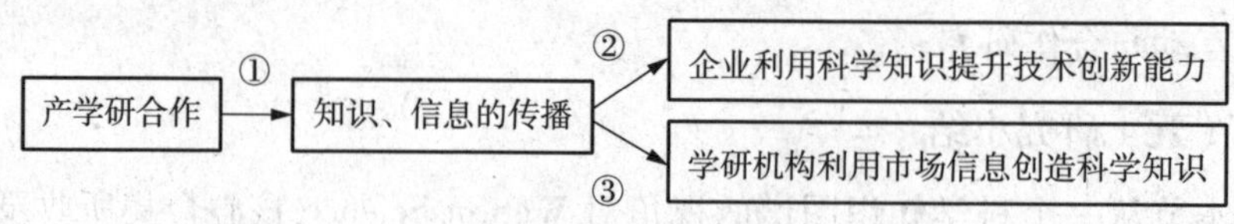

图 2－14　三个影响环节

（一）产学研合作对企业创新绩效影响的相关研究

纵观现有的文献，发现较少有学者同时关注产学研合作对企业和学研机构的创新绩效带来的影响，目前仅发现一篇文章 Mindruta（2013）以美国东海岸的大学与企业的产学研合作为例，研究发现大学与企业之间有效耦合才能够促进双方实现共赢[197]。总体上，现有研究更多聚集于产学研合作如何对企业的创新绩效带来影响，即更多关注图 2－14 中的①和②。例如，Ponds 等（2010）以荷兰的生物技术与光学领域的产学研合作为例，来研究企业参与产学研合作来获取学研机构的知识溢出对其创新绩效的影响[198]。George 等（2002）以美国生物技术领域的产学研合作为对象进行研究，发现企业参与产学研合作对其创新绩效产生正向的影响[39]。Kafouros 等（2015）以中国各个区域的产学研合作为研究对象，发现企业与学研机构的合作对企业绩效的影响受到各个区域所固有的体制因素如开放程度、知识产权保护执行力度的调节影响[40]。近年来，国内的学者也开始关注产学研合作如何对企业的绩效带来影响。例如，樊霞等（2013）以广东省产学研合作为例进行研究，发现企业参与产学研合作对其创新绩效产生正向影响[199]。李成龙和刘智跃（2013）以处于长三角区域的 58 家参与产学研合作的企业和学研机构进行研究，发现它们之间有效耦合对创新绩效产生间接影响[200]。这些研究认为学研机构拥有众多科学人才和强大的研发实力，它们所从事的基础性或探索性科研活动有助于获得更多的前沿科学知识和技术。此外，学研机构所从事的研发活动对于很多企业而言都显得非常昂贵而难以承担[40]。如果企业与学研机构合作，不仅有利于企业接触到学研机构丰富的创新资源，有助于它将学研机构的创新资源转移到企业内部为它所用来提升其创新能力[41]，而且通过与学研机构交流来获取最前沿的知识和技术，为应用研究与试验开发利用打下了基础[39]。

现有研究之所以较多地从企业的角度关注产学研合作如何对经济型组织的创新绩效产生影响，而较少地从学研机构的角度关注产学研合作对学术型组织的学术绩效反向推动作用，可能原因是受到发达国家（尤其美国）长期推崇的一次创新过程思想“基础研究→应用研究→技术开发利用（试验发展）”的单向线性思路影响，忽视发展中国家通过反求工程（即：技术引进、开发利用（试验发展）→应用研究→基础研究）实现二次创新的情形，即市场信息和技术信息对基础研究的反馈影响。

（二）产学研合作对学研机构学术绩效影响的相关研究

虽然 Hussler 等（2010）所提及的产学研合作对创新绩效影响的三个环节中产学研合作给学研机构的学术绩效也会带来影响，即是图 2 - 14 中的①和③，但是学术界对该议题的研究仍然存在较大的不足，而且对该议题仍然存在着较大争议。

一部分研究认为学研机构与企业加强合作对学术研究起到正向促进作用[148,153,196,201,202]。例如，Azoulay 等（2009）研究发现科学家在参与产学研合作过程，由于他们同时参与学术科学研究和以产业为导向的技术研究过程，造就了他们敏锐的洞察力和获得更多发展学习的机会[201]。Gulbrandsen 和 Smeby（2005）对挪威学者进行调研，发现积极参与产学研合作的学者获得更好的绩效[153]。为什么这些研究发现学研机构参与产学研合作对其学术绩效带来正向影响？这是因为学研机构与企业加强合作有助于学者把握市场最新的技术需求和机会，反推相关学科和科学研究的发展[196]。此外，学研机构与企业建立紧密的合作关系，那么学研机构可以充分利用企业作为实践场所去检验一些新理论发现，促进理论的不断发展[57]。最后，学研机构与企业建立合作关系，那么学研机构可以从企业获取研发经费用于支持研发活动的开展，有助于提升研发绩效[148,202]。

另外一部分研究则认为学研机构与企业加强合作对其学术研究起到负面影响[91,92,203]。这是因为时间精力和研发资源的有限性，假如与企业建立合作关系，需要迎合企业的要求来从事各种技术开发与商业化活动，会分散学研机构从事学术研究的精力[91,92]，即存在“挤出效应”，这会损害到学研机构的学术绩效[203]。此外，学研机构与企业建立合作关系，很容易受到企业商业化激励机制的影响，那么学研机构可能会改变一贯遵循的科学研究的优先性、公开性、科学自由等原则，转向对科研成果采取保密、延迟或回避发布等措施[204]。这意味着产学研合作导致学术界“科学共和国”属性的坍塌，使得具有“公有品”属性的科学研究变得更加商业化和私有化[205]，这造成一个不良的局面：基础研究的一些关键的数据和隐性知识没有得到及时公开[206]，给知识链上游探索性研究和实验的开展带来不利的影响，从而对学研机构的学术研究带来负面影响[207,208]。

此外，还有一些研究发现学研机构与企业加强合作对其学术绩效没有带来负面影响[153,182]或“倒 U 型”影响[209]。这表明了现有研究对于产学研合作对学术绩效的影响关系仍然存在着较大的争议。

2.2 产学研合作网络研究综述

随着产学研合作由过去的点对点互动合作模式向日渐复杂的非线性网络模式转变[98]，有必要从社会网络的视角来探究产学研合作，这也引起了学术界的广泛关注。在此，本书对产学研合作网络的相关研究进行梳理与分析。

2.2.1　社会网络理论

社会网络理论最早可以追溯到 20 世纪 30 年代，著名学者 Burt 在对人类社会关系与经济活动关系进行研究时，首次提出社会网络的概念。20 世纪 60 年代，社会网络理论被引入到管理学研究领域。尤其是最近 20 多年以来，在计算机性能不断提升和互联网技术迅猛发展的背景下，社会网络分析在管理学领域已成为备受欢迎的研究范式。

传统的管理学研究范式是通过社会调研、访谈方法对研究对象的个人观点、态度和行为等方面给予较多的关注。换言之，传统管理学研究范式对个体的特征给予较多的关注，较为忽视行为主体之间的关系及所构成的合作网络。然而，社会网络研究范式并不是拘泥于个体特性研究，而是更注重于从网络的视角来分析行为主体之间的互动与联系，其中包括个体之间的联系[210~212]、组织之间的联系[52,213,214]、区域层面和国家层面之间的联系[215~217]。在社会网络研究中，个体、组织、区域与国家等不同层面主体在网络中视为网络节点，网络节点之间建立的互动关系构成了网络中的“边”，这些网络节点与边都嵌入到社会网络中，那么网络节点所处于的网络位置、网络结构特征等均对其行为产生一定的影响[218]。

社会网络理论当中，最具有影响力的 3 个主要理论分别是 Granovetter 所倡导的强、弱联结理论，Burt 所提出的“结构洞”理论，Coleman 所倡导的社会资本理论。

（一）强、弱联结理论

Granovetter（1973）认为行为主体（网络节点）之间相互接触和交流，那么它们之间就会建立起某种联结关系，这种关系可根据行为主体之间的互动频率、情感强度的高低划分成强联结和弱联结两种类型[219]。

（1）强联结理论

Granovetter（1973）较早提出强联结的内涵，认为行为主体之间互动频率越高，建立的关系越长久，亲密程度越高，表明它们之间建立起强联结关系。强联结关系对于行为主体而言，在帮助其融入某一社会网络中扮演着非常重要的角色，尤其对于那些刚刚进入某合作网络中的个体、组织甚至国家，可以寻求通过与网络中某些重要节点建立起强联结关系后，从而使得融入一个新网络时可获得安全感和支持。Gulati（1998）认为行为主体间强联结关系的建立，意味着双方互动交流非常频繁与紧密，有助于促进双方信任机制的建立，降低协调与沟通成本[220]。由于一些知识、技术或资源的隐晦（缄默）程度很高，导致它们的传播、转移容易呈现出黏滞性特点，那么它们能否在行为主体间顺利传播或转移往往受到主体之间信任程度和交流频次高低的影响。由此可以推测出，行为主体之间建立起强联结有助于缄默性资源传播与转移。所以，Granovetter（1973）认为强联结的优势体现为行为主体之间的频繁交流与互动，有益于培养双方的信任程度，从而有助于行为主体从合作伙伴获取到高质量的缄默性知识或资源[219]。

（2）弱联结理论

Granovetter（1973）在对强联结的内涵及作用进行阐述的同时，也对弱联结的内涵及功能提出见解。他认为弱联结是指行为主体（网络节点）之间互动频率较低，缺乏亲密互动的一种联系。在功能方面，不同于强联结有助于推动缄默性知识跨组织转移，弱联结有助于行为主体从合作伙伴那里获取到非冗余的可编码知识或信息，对创新发生可能会起到很大的促进作用，甚至有时会超过强联结。这是因为行为主体间建立起强联结关系后，由于双方的频繁互动与交流，导致彼此之间非常熟悉，它们所拥有的思想、知识和其他资源的同质化程度会比较高，所以行为主体之间强联结关系难以获得有价值的信息、知识和其他资源。然而，弱联结的最大优势在于网络节点之间的互动频次并不高，导致双方的熟悉程度较低，意味着行为主体之间所拥有的创新资源的异质性程度往往比较高，那么它们之间建立弱联结关系有助于从对方获得较为新鲜的知识或资源，从而减弱行为主体间强联结关系所带来资源趋同的不利影响，有助于创新的实现。

（3）强、弱联结的比较

强联结与弱联结在组织间承担着不同的功能。通过比较分析，发现强联结与弱联结在推动信息、知识或其他创新资源转移过程中发挥的功能存在明显差异，见表2－18。

表 2-18　强联结和弱联结的比较

维度	强联结	弱联结
缄默性资源	有利于缄默性资源的转移	不利于缄默性资源的转移
质量难以保证的资源	有利于辨别资源质量的高低，确保高质量的资源转移	不利于辨别资源质量高低，难以确保高质量资源转移
非冗余资源	不利于获取到非冗余资源	有利于获取到非冗余资源
社会文化	在强调"人情"关系的东方社会中更能有效推动资源转移	在强调"信任和产权规则"的西方社会更能有效推动资源转移

首先，强联结有助于建立信任机制，有利于克服缄默性知识或资源的黏滞性特性，实现有效转移，而弱联结则难以有效推动缄默性资源的转移。

其次，强联结意味着行为主体对所转移的资源质量状况较为熟悉，有助于选择质量高的资源进行转移；然而，弱联结的行为主体对所转移的资源不熟悉，无法识别和筛选质量不高的资源，容易导致一些质量低劣的资源转移。

再次，强联结容易导致行为主体之间的资源趋同，不利于获取新鲜信息、知识等资源；然而，弱联结确保行为主体间的资源多样性，有利于非冗余资源的获取。

最后，在强调"人情"关系的东方社会，尤其在中国，行为主体间建立强联结关系被认为是一种"忠诚"关系，有利于推动资源的转移，而弱联结则认为"脚踏两只船"，难以取信于人，不利于推动资源的转移；而在西方社会，行为主体间强调信任和产权规则，双方建立起非人格化关系，弱联结成为行为主体推动资源转移的重要方式。

（二）"结构洞"理论

在 1992 年，Burt 出版的一本著作《结构洞：社会的竞争机构》（*Structural Holes: The Social Structure of Competition*）中首次提出"结构洞"构念[221]。"结构洞"理论建立在熊彼特创新理论和 Granovetter 所奠定的弱联结理论基础之上。Burt（1992）将"结构洞"界定为：在社会网络中，某些行为主体和一部分行为主体之间存在某种直接联结的关系，而与另外一些行为主体并没有建立起直接联结关系，导致社会网络中某些节点出现联结中断的现象。如图 2－15 所示，节点 B、C 和 D 均与节点 A 建立起直接联结关系，但是节点 B、C 和 D 彼此之间并没有直接的联结通道，导致它们之间存在空缺，这样的空缺就是网络结构洞。节点 A 处于网络的“桥”位置，跨越网络结构洞，与节点 B、C 和 D 建立起非冗余的联系。

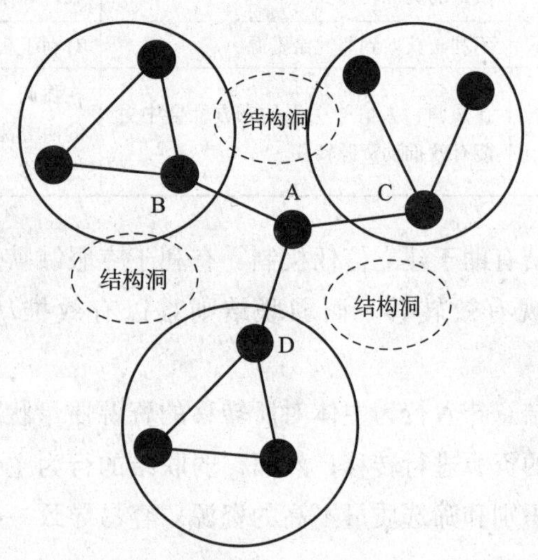

图 2－15 “结构洞”示意图

资料来源：Borgatti 和 Halgin（2011）[222]。

现有文献认为，跨越网络结构洞的行为主体要比其他主体拥有更多的信息优势和控制优势。行为主体所跨越的网络结构洞越多，意味着它与其他行为主体建立起更多的非冗余关系，那么有利于它从其他网络主体获得更多的非冗余资源[223]，那么该行为主体就可以凭借占据网络结构洞来获益[224]。此外，当行为主体跨越的网络结构洞越丰富，意味着它在网络中扮演着更重要的“中介者”角色，有助于它截留网络资源为己所用，甚至改变网络资源的流向达到利益最大化目的。总体上，Burt 结构洞理论和 Granovetter 弱联结理论在内涵和功能上很相似。

（三）社会资本理论

Coleman（1988）所倡导的社会资本理论是指行为主体处于某种社会（网络）结构中，假如这种社会（网络）结构有利于行为主体施展某种特定行为来实现某种结果，那么这种社会（网络）结构构成了该行为主体的社会资本[225]。Port 和 Van Gelder（1995）提出，所谓社会资本，就是行为主体能够调配和动员社会网络所蕴藏的稀缺资源的能力[226]。Tsai 和 Ghoshal（1998）认为社会网络中行为主体的社会资本是指行为主体间建立联系而形成的认知和信任关系，有助于行为主体间信息交流和知识资源的流动[227]。从社会网络的角度，网络中行为主体社会资本包括三个方面：

（1）联结广度，即网络中的行为主体与其他主体间的联系数量。当行为主体的连带广度越大，表明与该主体建立起直接联系的其他主体数量就越多，那么它在网络中所占据的地位就越重要，相应地拥有的网络权利就越大[26]，拥有的社会资本就越多。这有助于该行为主体在网络中搜寻信息、知识等创新资源来提升其绩效。相反，当行为主体与其他主体间建立直接联系的关系数较少时，这表明其拥有的社会资本较少，这不利于它搜寻创新资源。

（2）联结的高度，即某行为主体是否与网络中最重要的行为主体建立起联结关系及联结强度的高低。由于网络中具有重要影响力的行为主体往往拥有比较丰富的社会资本，当与其建立合作关系时，容易得到它的支持和帮助，有助于获得更多的网络资源，那么社会资本得到大大提升。

（3）联结的多样性，即与某行为主体存在联结关系的其他行为主体多样性程度。换言之，当联结的多样性越丰富，意味着该行为主体可以从不同类型的行为主体那里获取的资源类型就越丰富，这有助于获取到更多非冗余资源来为其所用。

2.2.2 合作网络相关研究

（一）创新网络结构的相关研究

自 20 世纪 90 年代以来，随着行为主体在不断互动与合作过程中，逐渐向网络化组织模式方向发展，形成了资源共享、知识扩散的社会网络系统。在此背景下，创新网络引起了学者的关注，网络结构在学术界成为一个关注焦点。由于社会网络分析方法可为探究行为主体之间互动模式提供新的研究视角，该方法日益得到广泛的使用。

对于创新网络结构的研究，现有文献主要从宏观和微观的视角出发，探究整体网和个体网的内部结构，分析网络结构与网络功能之间的关系，以揭示网络的运行机制、功能等深层次问题。现有文献除了对网络的基础结构如网络节点规模、节点间距离（包括认知距离，含知识距离、技术距离）进行研究外，还对较为复杂与特殊的网络结构如网络密度、节点的中心性和结构洞等展开广泛的研究。较为典型的网络结构研究主要包括以下几个方面：

（1）Granovetter（1973）从网络节点之间的联结强度（强联结或弱联结）视角来探究合作网络结构特征及对新信息扩散的影响。他研究发现弱联结的网络结构要比强联结的网络结构更有助于非冗余信息在网络中扩散[219]。他的开拓性研究引发了广大学者对网络节点间强、弱联结关系进行研究[30,228,229]。

（2）Freeman（1979）为了刻画行为主体在创新网络结构中对资源的控制程度，首次提出了"中心性（度）"构念，用于衡量某行为主体在网络中处于其他行为主体间的"中间"程度和影响程度[230]。他的研究引起了学者关注，中心度指标也被国内外学者广泛用于刻画行为主体在创新网络中的结构位置[26,35,214,217]。

（3）Burt（1992）基于Granovetter（1973）所提出的弱联结理论的基础上，提出了"网络结构洞"构念，用于刻画行为主体处于网络结构的"桥"关键位置[221]。由于网络结构洞衡量是指网络节点与其他节点间的网络非冗余连接关系，处于网络结构洞上的行为主体比其他节点拥有更多的网络资源控制优势。

此外，还有一些学者从网络节点间认知距离[75,231]、网络密度[225,232]、网络规模[233]等方面对创新网络结构展开了一系列研究。

近年来，以创新网络结构为议题的实证研究成为学术界一个热点问题。例如，冯锋等（2009）对产学研合作网络的网络特征进行研究，发现网络结构呈现出无标度网络特征[234]。Fritsch和Kauffeld-Monz（2010）以德国的16个合作创新网络为研究样本，分析其整体网络结构特征、行为主体的网络位置等对知识传递和信息转移的影响[235]。马艳艳等（2011）以中国的企业与大学联合申请的专利为数据来源来构建双方合作网络，并对网络密度、网络规模及整体中心度等网络指标进行测算，发现中国的产学研合作网络仍然存在进一步发展的空间[236]。Guan等（2015）以美国的国际合作网络及区域（城市）合作网络为研究样本，分析它们多层合作网络特征[216]。Zhang 等（2016）以中国科学院与企业、大学的双方或三方的科研合作为研究样本，来刻画合作网络结构特征随着时间变动而不断演化的过程[35]。这些实证研究验证和丰富了创新网络研究领域的理论研究。

（二）创新网络演进的相关研究

现有文献主要从网络演化的空间结构和生命周期（时间）两个视角对创新合作网络的演化展开研究。一部分学者从生物周期视角出发，探究创新网络随着时间推移而演化递进的规律。例如，Ahokangas 等（1999）提出创新合作网络随时间推移的动态演化模型，将演化历程划分为三个阶段：起源、增长到成熟[237]。彭锐和杨芳（2008）则探究产学研合作创新网络随着时间推移而不断地由单部门到跨部门合作、由单链到多链合作的演化过程，科研管理部门在合作网络中所扮演的重要角色[238]。刘凤朝等（2011）构建“985”院校参与的产学研合作网络并分析该网络的演化过程，发现产学研合作网络规模随着时间的推移而不断地增大，网络逐渐呈现出自组织效应特征[239]。Schilling（2015）对全球技术网络结构特征进行刻画，发现网络规模和相互联系日益增多[240]。

另一部分学者则从空间结构视角来探究创新网络结构的空间演化有序递进规律。例如，Tanimoto（2013）对产学研合作创新网络的空间演化规律及机理进行研究，发现创新网络在学习机制的推动下，最终演化成无标度有序网络[241]。张瑜等（2013）以轨道交通产业的产学研合作创新网络为研究对象，发现该创新网络在空间结构演化过程中，网络节点的分布呈现出幂律衰减规律，表明创新网络具有显著的无标度特征[242]。高霞和陈凯华（2015）对信息通信技术领域的产学研合作创新网络的空间演化特征进行研究，发现该创新网络最终呈现出明显的小世界和无标度特征[243]。

综上所述，发现现有文献对创新网络演进的研究主要从时间和空间两个维度来进行刻画与分析，其中时间维度用于刻画创新网络随着时间推移而不断地递进演化；空间维度则用于刻画创新网络的空间拓扑递进历程，这两个维度反映了创新网络动态演变过程中的时空特征。然而，现有的研究仍然将这两个维度割裂开，分析较为片面化，未来的研究可以同时考虑这两个维度来对创新网络的动态演变过程进行综合分析。

（三）创新网络效应的相关研究

现有文献主要从三个视角来分析创新网络给创新主体绩效带来的影响，这三个视角分别是资源观、演化观和持有能力观。

首先，一些研究是从资源观的角度来对创新网络所带来的影响进行分析。在创新合作网络中，创新主体之间的互动与合作有利于整合各类资源，对创新主体的绩效带来正向影响。例如，陈子凤和官建成（2009）对九个创新型国家（或地区）的创新合作网络进行研究，发现创新网络的“小世界”特征对创新发生起到正向的促进作用[244]。Ozbugday 和 Brouwer（2012）对荷兰制造业创新网络进行分析，发现网络节点（企业）之间合作的不断增强对产业技术创新绩效带来显著的正向促进作用[245]。持有资源观视角来研究创新网络效应问题的学者容易忽视创新网络的动态特征和个体属性可能给创新主体的绩效带来的影响，而更多关注静态创新网络结构给创新主体的绩效带来的影响。

其次，一些研究是从演化观的角度来对创新网络所带来的影响进行研究。在创新合作网络中，行为主体之间过强或过弱的合作强度均不利于创新绩效的提升，而保持适当的合作强度则有利于提升创新绩效。换言之，网络中行为主体之间的合作强度对创新绩效呈现出“倒 U 型”影响。例如，Beaudry 和 Schiffauerova（2011）以加拿大的纳米科技领域合作创新网络为研究对象，发现行为主体之间冗余合作对技术创新绩效带来负面影响[246]。Broekel 和 Boschma（2012）对德国电子行业的区域合作网络进行研究，发现区域之间互动协同强度对创新绩效带来“倒 U 型”影响[247]。换言之，区域与区域之间适当的合作关系要比合作较少或过密区域的创新绩效要高。总体上，持有演化观视角来研究创新网络效应问题的学者对动态合作创新网络的效应问题给予较多的关注，但是对合作创新网络如何影响行为主体的创新绩效，其内在过程机制等问题仍然没有得到很好的解答。

最后，一些研究是从持有能力观的角度来对创新网络所带来的影响进行分析。这些研究认为创新网络对行为主体创新绩效的影响需要考虑主体自身的能力，因为创新网络更多的是提供网络资源给主体，主体能否有效地将网络资源转化成绩效还取决于其自身的能力。换言之，创新主体通过自身的能力对网络资源进行整合后，才有可能对主体的绩效产生影响。例如，Dϕving 和 Gooderham（2008）以挪威的 254 个小企业所参与的创新合作网络为例，发现企业自身持有的网络能力对其绩效的影响是非常显著的[248]。Graf（2011）对德国四个区域创新合作网络进行研究，发现处于网络“结构洞”位置上的组织角色明显受到其自身吸收能力的影响[249]。张华和郎淳刚（2013）以美国生物科技产业创新网络为研究样本进行分析，发现行为主体自身能力与网络资源对创新绩效的交互机理[250]。Gilsing等（2008）以化工、制药等领域的企业间合作网络为研究对象，发现网络节点间的认知距离（技术距离）与网络结构（中心度和网络密度）交互对创新绩效具有重要的影响[75]。总体上，持有能力观视角来研究创新网络效应问题的学者更多地关注行为主体的自身能力与网络资源交互对绩效的影响机理，突出创新网络对行为主体创新绩效的间接或调节影响。

总体而言，现有学者对合作网络如何影响创新绩效给予较多的关注，例如，有学者研究了网络位置[251,252]、网络联系[253,254]、网络结构[255]等特征对行业主体的创新绩效产生影响。值得关注的是，现有的大多数研究是以企业间合作网络为研究背景，探究该网络如何对企业绩效产生影响；然而较少文献以产学研合作网络为研究背景，探究该网络如何对创新主体的绩效产生影响。目前搜寻到较为零星的相关文献[26,36,60,256]直接分析产学研合作网络结构特征与组织绩效之间的影响关系，尚未进一步挖掘它们之间的影响“黑箱”。那么，产学研合作网络对主体绩效带来什么影响？影响机制与路径是什么？这些议题有待进一步研究与丰富。

2.3 组织学习影响综述

2.3.1 组织学习理论

学术界对“组织学习”的研究最早可以追溯到20世纪50年代末期[76]。20世纪70年代，Argyris和Schoen（1978）正式提出“组织学习”概念并对其展开较为详细的阐述[77]，在学术界引起积极反响。在1990年，组织学习研究中心首次出现在美国麻省理工学院。该著名高校成功地将组织学习理论运用到企业实践中去，促进了组织学习研究领域的蓬勃发展。

随着竞争日益加剧，创新组织之间合作朝着网络化模式发展，组织学习已成为创新合作网络环境中最为常见的推动知识获取和转移的方式。鉴于此，Dyer 和 Singh（1998）将组织学习定义为创新组织在合作网络中发现和创造知识的行为[257]。

从组织学习的知识来源不同，可将组织学习划分成组织内学习和组织间学习两种类型。其中组织内学习是指组织内部成员和团队之间共享、交流、利用组织内部资源的一种学习方式，而组织间学习是指活动主体通过跨组织合作来利用组织外部资源的一种学习方式[48]。

从组织学习发生的渠道不同，可将组织学习划分为正式学习和非正式学习。其中正式学习是指活动主体间知识共享和交流的发生是建立在契约合作之上，例如，联合攻关技术难题、共同申报研究课题等，这种组织学习形式往往较为稳定。除了正式组织学习外，活动主体间还存在非正式组织学习。这种类型学习是指行为主体通过非正式（私底下）接触后推动知识的转移与吸收。非正式学习发生的时间较为随机，而且不够稳定，但是很多隐性（缄默性）知识往往通过非正式学习渠道来实现跨组织转移[260]。

2.3.2 组织学习的相关研究

值得关注的是，自从 March（1991）基于学习策略的视角，将组织学习明确地划分成“探索性”学习和“开发性”学习两大类[78]，引起了国内外学者开始关注这两种类型的组织学习行为及其对组织绩效带来的影响[261~263]。其中探索性学习强调的是“探索、冒险、试验与创新”；而开发性学习则强调的是“利用、筛选、提炼与执行”。这两种类型组织学习的根本差异在于创新组织对待已有知识的态度，探索性学习是指活动主体倾向于开拓全新的知识领域，摆脱原来的技术路径，实现突破性创新；而开发性学习是指活动主体充分挖掘和利用知识库里面已有的知识，实现渐进性创新[231]。

国内外学者基于不同的视角对“探索性”和“开发性”这一组概念做了拓展，并延伸到创新管理、战略管理等研究领域。例如，将组织（间）学习划分成探索性学习和开发性学习两种类型[261~263]；将战略导向划分成探索性战略和开发性战略两种类型[264,265]；将创新划分为探索性创新和开发性创新两种类型[266]；将战略联盟划分为探索性联盟和开发性联盟两种类型[267]；将能力结构划分为探索性能力和开发性能力两种类型[268]。

现有研究认为探索性学习与创造新知识、拓展新的技术路径有关，而开发性学习是“对现有知识的不断利用”[269]。例如，Benner 和 Tushman (2002) 从创新的角度来对探索性学习和开发性学习进行定义，认为探索性学习导致的创新结果是转向一个全新技术轨道，而开发性学习仅是在现有技术轨道上不断完善与深化[270]。因此，现有研究往往将探索性学习和开发性学习分别看成“根本性创新”和“渐进性创新”的同义词[271]。

在组织学习测度的相关研究中，主流研究[272,273]是从“职能域”和“知识距离域”两个方面来测度探索性学习和开发性学习，如图2-16所示。“职能域”方面的测度是指从价值链上三个环节（科学、技术和市场）来区分组织学习类型；而“知识距离域”是指从认知、时间和空间三个维度来区分组织学习类型。现有研究通过科学和技术的内涵差异来区分探索性学习和开发性学习：科学是指自然界或社会现象背后的规律及一般理论，科学研究往往以基础研究活动形式来实现，属于探索性学习的范畴；技术是指将理论知识应用到实践中开发产品，与应用研究息息相关，因此是一种开发性学习[47]。

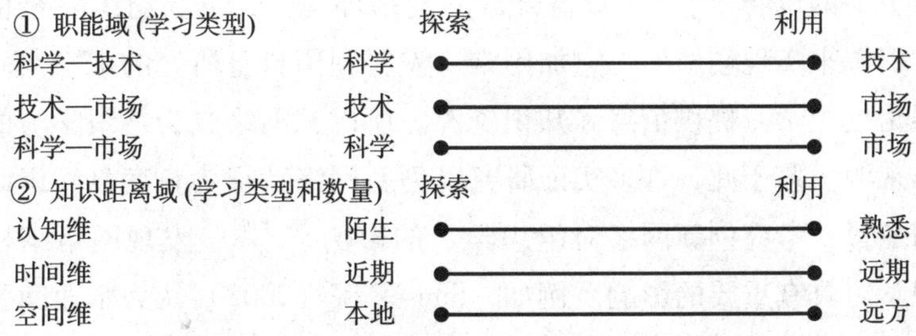

图2-16 探索性学习与开发性学习测量

资料来源：彭新敏 (2009)[47]。

学者在探究组织学习如何对组织绩效产生影响时，发现探索性学习和开发性学习给组织带来的创新绩效存在差异，认为开发性学习能提高效率，减少差异，改善组织的短期绩效，但是过多强调开发性学习容易削弱组织学习新的技术范式动机，导致组织容易陷入“成功陷阱”；而探索性学习强调创造或开发新知识以提高组织适应环境的能力。由于探索性学习给组织带来的绩效具有较大的不确定性，过多强调探索性学习容易导致组织陷入一种“失败陷阱”困境[261]。因此组织在选择这两种类型组织学习行为时要充分认识各自潜在的利弊，选择合适的组织学习类型来取得更好的组织绩效。

近年来，国内学术界也对组织学习给予较多的关注，我国学者陈国权（2009）基于过去学者研究基础之上，开发组织学习量表并对组织学习如何影响绩效进行了有益的探究[276]。宋艳双和刘人境（2016）探讨了知识距离如何对组织学习过程及绩效产生影响[277]。高嫒等（2012）对组织学习与技术创新之间关系的现有研究进行了系统的梳理，并提出了未来的研究展望[231]。总体上，学者对组织学习的模式[78,278]、影响因素[274,275,277]及效应问题[279]展开了丰富的研究，这些研究议题构成组织学习基本的理论框架。值得关注的是，现有研究主要从企业的视角来探究组织学习，而较少从学研机构的视角来对该议题展开研究。

2.3.3 产学研合作（网络）对组织学习影响的相关研究

现有研究认为组织间网络关系为创新组织提供接触渠道来获取更多的网络资源，包括经验、知识或思想等，为组织学习的开展提供丰富的题材和创造更多的机会[259]。在日益开放的网络环境下，创新组织完全依靠自身拥有资源来实现创新变得愈加困难，需要利用自身所处的水平或垂直网络关系为组织学习提供信息和知识资源。所以，网络成为组织学习的重要基础与来源。鉴于此，许多实证研究以创新网络特征为自变量，组织学习作为因变量，考究创新网络对组织学习的影响[274,275]，发现网络结构特征对组织学习具有重要的影响。例如，Simsek 等（2003）认为企业间强联结网络关系有助于促进知识共享惯例的形成，提高了组织学习的程度[280]。在合作网络中，活动主体之间联结关系的强弱程度与开发性/探索性学习存在着相关性。现有研究[9,281,282]表明，强联结表明活动主体之间接触比较频繁，往往带来较多的同质化信息，加强相互了解，有助于缄默性知识跨组织转移，有利于开发性学习的开展；而弱联结互动频次较低，受网络关系约束相对较少，有更多的机会扩大知识搜寻的范围，可为活动主体提供较为丰富的非冗余资源，有利于探索性学习的开展。所以，从联结强度的视角出发，活动主体之间的联结强度对所传递的信息质量及类型产生影响，进而对不同类型组织学习行为产生影响[255]。

在产学研合作创新网络中，学研机构与企业为了提高组织绩效而纷纷嵌入到网络中，开展双边或多边组织学习[258]。所以，学研机构与企业由

单个组织逐渐向网络化发展的一个重要结果是组织学习的出现[259]。纵观现有研究，发现较少文献关注产学研合作网络与组织学习之间的影响关系，尚未发现有相关文献探究产学研合作如何对学研机构组织学习行为产生影响。

2.4　创新绩效研究综述

2.4.1　创新绩效的相关研究

依照词典的定义，绩效是指活动主体在过去以及现在所获得的各种业绩表现[283]。对现有研究进行系统梳理，发现大多数文献主要聚集于企业绩效[14,19,38~40]，例如，创新绩效、经营绩效、财务绩效等，较少关注学研机构参与产学研合作时取得的学术绩效。

至于创新绩效的衡量，从数据的可获得性看，现有研究常常使用论文和专利以及它们的被引用量来测量创新（或学术）绩效，见表 2-19。例如，Lee（2010）使用专利数量与被引数量来刻画活动主体创新绩效的高低[284]。Fan 等（2015）使用 SCI 论文数量来测量我国“985”院校的学术绩效[83]。类似地，张艺等（2016）使用 SCI 论文数量多寡来对中国科学院的学术绩效进行衡量[26]。

表 2-19　测量创新绩效的文献

测量指标	相关文献	测量指标	相关文献
专利数量	Fleming 等（2007）[285]	论文数量、专利数量	Eslami 等（2013）[286]
专利数量	Fleming 等（2007）[287]	论文数量及被引数量	Gonzalez-Brambila 等（2013）[211]
论文的质量与数量	He 等（2009）[212]	论文数量、专利数量	Sebestyén 和 Varga（2013）[288]
专利数量及被引数量	Lee（2010）[284]	专利数量及被引数量	Vasudeva 等（2013）[289]
论文数量与被引数量	Abbasi 等（2011）[210]	专利数量	Guan 等（2015）[216]
专利数量	Karamanos 和 Anastasios（2012）[290]	论文数量	Fan 等（2015）[83]
专利数量	Guler 和 Nerkar（2012）[291]	论文数量	张艺等（2016）[26]

资料来源：经查阅文献整理而得。

然而，仅使用成果性（论文和专利）指标对创新绩效进行衡量容易忽视活动主体自身无形能力的提升。所以，邓颖翔和朱桂龙（2009）认为完全使用客观的成果性绩效并不能完全刻画组织取得的创新绩效，还要考虑组织自身无形能力（竞争力）的提升[84]。鉴于此，马莹莹（2011）同时使用成果性指标和成长性指标来测量学研机构的学术绩效[86]。

总体上，现有国内外文献较为缺乏对学术绩效的内涵给予明确的界定，而且尚未构建出一套得到广泛认同的学研机构学术绩效测量与评价体系。

2.4.2 组织学习对创新绩效影响的相关研究

组织学习有助于组织知识的不断更新和创新能力的不断提高，因此组织学习对组织创新绩效具有重要的影响[292]。实际上，组织学习的目的是为了实现创新[293]，所以，现有研究较多关注组织学习与创新绩效之间的关系，也证实了组织学习对创新绩效具有重要影响。例如，宋志红等（2010）证实了组织学习对企业的创新绩效具有显著的正向影响[294]。谢洪明等（2012）以我国142家企业为研究对象，发现企业采取组织学习行为对技术创新具有显著的促进作用[295]。

自从March（1991）基于学习策略的视角将组织学习明确地划分成“探索性”学习和“开发性”学习以来[78]，很多研究分别探究这两种类型的组织学习对创新绩效的影响。例如，Faems等（2005）以比利时企业为研究样本，发现企业采取探索性学习有助于突破性创新，而开发性学习有助于渐进性创新[296]。朱朝晖和陈劲（2008）对我国企业展开实证研究，发现探索性学习和开发性学习对企业创新绩效均有促进作用[297]。同样的，蔡彬清和陈国宏（2013）对福建企业进行研究，也发现探索性学习和开发性学习对企业创新绩效均具有显著的正向影响[293]。Rothaermel和Deeds（2004）认为利用性学习为企业产品创新奠定了基础[298]。

现有文献在探究组织学习如何对组织绩效产生影响时，发现探索性学习和开发性学习给组织带来的创新绩效存在差异，认为开发性学习能提高效率，减少差异，改善组织的短期绩效，但是过多强调开发性学习容易削弱活动主体组织学习新技术范式的动机，容易导致陷入“成功陷阱”；而探索性学习强调创造或开发新知识来提高组织适应环境的能力。由于探索性学习给组织带来的绩效具有较大的不确定性，过多强调探索性学习容易导致组织陷入一种“失败陷阱”困境[261]。因此活动主体在选择这两种组织学习类型时要充分认识各自潜在的利弊，选择合适的组织学习类型来取得更好的创新绩效。

在产学研合作网络中，组织学习是指学研机构和企业合作过程中，获取和创造显性和隐性知识的过程，以达到增加知识积累和提升创新能力的目的[29]。学研机构科研团队与企业合作过程中采取的组织学习类型同样可以划分为探索性学习和开发性学习两类，其中探索性学习位于 R&D 上游，偏重于基础性共性技术的研究，而开发性学习则处于知识链下游环节，更为侧重于专有技术的开发与利用[260]。那么这两种类型的组织学习对学研机构学术绩效带来哪些影响？存在哪些差异？这些议题在现有研究中仍然较为缺乏。

2.5　合作网络、组织学习与绩效之间影响关系的研究综述

随着全球化进程不断加快，开放式创新已成为许多组织实现可持续发展的模式，其本质是创新组织通过获取、整合及利用组织内外部资源来提升创新能力及绩效。合作网络作为创新组织最重要的外部环境，蕴藏着信息、知识、资金等资源，嵌入在合作网络中的组织建立起有效的组织学习机制，通过组织学习来获取、整合及利用网络中蕴藏的各种创新资源，从而提升创新绩效。鉴于此，一些研究梳理了合作网络、组织学习及绩效之间的逻辑关系，建立起“合作网络—组织学习—绩效”概念模型，展开了一系列实证研究。例如，阮爱君等（2014）以长三角 139 家企业为研究对象，探究知识网络如何通过组织学习来对企业创新绩效产生影响[292]。吴晓波等（2011）为了打开全球企业间合作网络关系与企业技术创新之间作用机制“黑箱”，通过多案例分析与实证研究，发现了合作网络通过企业探索性学习来实现技术不断创新[299]。施放和朱吉铭（2015）以 228 家企业为研究对象，发现组织学习在创新网络与创新绩效之间起到部分中介效应[300]。

实质上，合作网络、组织学习与绩效之间逻辑影响关系类似于 Granovetter（1985）基于新古典经济学的比较研究提出的“组织（网络）

关系—行为—绩效”模型[301]和 Barnes（2002）基于资源观视角提出了“资源—过程—绩效”三阶段模型[302]。社会网络理论认为活动主体之间所建立的网络关系实质上是一种社会资本。基于资源观理论，社会资本会对主体的行为产生影响，进而对主体的绩效产生影响。所以，“合作网络—组织学习—绩效”之间的逻辑关系就不难理解。这也能解释近年来为什么一些研究将组织学习视为合作网络和创新绩效之间的中介变量[255,303]。值得关注的是，现有相关研究发现及认识主要基于企业间合作网络的研究，那么在产学研合作网络中，学研机构的组织学习行为是否在合作网络与学术绩效之间起到中介效应？该议题仍然缺乏相关研究。

2.6 现有研究评述

通过对现有研究分析，会发现国内外学者对产学研合作给予较多的关注，对产学研合作网络、组织学习及绩效之间影响关系展开了较为丰富的研究，同时也存在一些研究不足。

2.6.1 现有研究的贡献

（一）对产学研合作的模式、互动行为和效应展开了较为充分的研究

产学研合作研究领域自从 1966 年出现第一篇研究文献[32]后，该研究领域逐渐走进许多学者的研究视野。在初始阶段，学者主要对产学研的线性互动模式进行探讨[171,172]。从 20 世纪 90 年代中期开始，Etzkowitz 和 Leydesdorff（1995）所提出的官产学研三螺旋创新理论在产学研合作研究领域具有里程碑的意义，许多学者开始从三螺旋非线性的视角对官产学研之间的互动模式展开充分的研究[121,122,127,304]。尤其 Leydesdorff（2003）基于信息熵理论提出三螺旋算法后[305]，由于该算法可以实现对官产学研的非线性互动关系进行定量刻画，引起了学术界的广泛关注，激发各国学者对官产学研三螺旋互动模式进行定量刻画。例如，Park 和 Leydesdorff（2010）运用三螺旋算法来分析韩国在 1970—2010 年官产学研合作演化过程[121]；Sun 和 Negishi（2010）使用了三螺旋算法揭示了日本创新系统主体之间的科学合作演化特征[306]；国内学者[127,307,308]通过三螺旋算法来刻画我国的官产学研三螺旋互动特征，并揭示我国官产学研合作所存在的

不足。

除了对产学研合作的互动模式进行研究外，现有学者还围绕着产学研合作的影响因素进行探究，主要对那些潜在的因素可能对产学研合作带来影响，包括人口统计学因素如年龄和性别[16,146,309]，教育背景如博士学位和海外留学经历[16]，声誉如学术地位、绩效[16,17,146,310]和制度环境[40]。这些研究对影响产学研合作的各种潜在因素开展了较为详尽的分析。

此外，现有研究还对活动主体参与产学研合作的动机开展了一系列有益探索[311]，发现学研机构参与产学研合作的动机包括：（1）获取研发资金的动机[312]；（2）获取互补资源动机[313]；（3）获取有价值产业界信息的动机[314~316]；（4）推动技术商业化的动机[317]；（5）培养人才的动机[88,110,318]；（6）提升社会影响力的动机[318~321]。

最后，还有一些文献主要对产学研合作带来的影响效应问题展开了一系列研究[19,38,87~89,322]。现有文献主要从企业的视角出发，研究产学研合作如何对企业绩效产生影响。研究议题包括学研机构与企业之间的合作如何影响企业从组织外部获取知识与其他创新资源[41]，从而促使企业提升创新能力，并将学研机构的科技成果转化成商业产品[14,39,40]，最终使企业拥有良好的绩效，成为具有创新活力的企业[42,43]；还有少数文献从大学的视角出发，研究大学参与产学研合作如何影响其科研绩效的高低[19,38,62,63,87,89]、研究方向的选择[89,323]和教育水平的高低[209]。

（二）剖析和验证了产学研合作与创新绩效之间的关系

现有文献对活动主体参与产学研合作对其创新绩效的影响展开了较为丰富和详尽的研究[40,196,197,201]。但是大多数研究聚焦于产学研合作如何对企业的创新绩效产生影响，所获得的研究发现也较为一致，即企业通过产学研合作将学研机构所创造的知识转移到企业内部后，对企业的技术创新绩效带来正向影响[39,198]。

相比之下，产学研合作对学研机构学术绩效带来什么样影响的相关研究仍然不够丰富，关于该议题的研究发现仍然存在着较大的分歧[205]。一些研究认为学研机构与企业合作有助于把握市场最新的技术需求和机会，有利于实践验证学术研究发现，从而对相应的学科建设与发展起到正向促进作用[148,153,196,201,202]。然而，有一些研究认为学研机构与企业建立合作关系对学研机构从事学术活动存在“挤出效应”，这对学研机构的学术绩效非常不利[91,92,203]。还有一些研究发现学研机构与企业的合作对其学术绩效起到“倒U型”影响[209]，这表明现有研究对该议题仍然存在较大的争论。

2.6.2 现有研究的局限性

（一）产学研合作网络与学术型组织学术绩效之间影响机理的相关研究较为缺乏

虽然现有研究已经对合作网络如何对组织创新绩效产生影响的机理与路径进行了充分的探讨，验证了“合作网络—组织学习—绩效”理论模型，打开了合作网络与创新绩效之间作用机制的“黑箱”[69,299,300,303,324]，但是现有研究结论与认识是建立在从企业的角度来探究企业间合作网络与组织绩效之间的影响关系，仍然较为缺乏从学研机构（科研团队）的视角来研究该议题。如上文所提及的，由学研机构和企业所组成的网络是一种异质性合作网络，这与企业间同质性网络存在着较大的差异。那么现有基于企业间合作网络的研究发现是否适用于产学研合作网络情景当中，有待进一步研究与检验。

（二）较少从学研机构的角度来探讨产学研合作

本书对产学研合作研究领域的文献进行梳理时发现，现有研究主要从企业的角度来探究产学研合作，涉及的研究议题如：企业参与产学研合作的动因——为了从学研机构科研团队获取知识与其他创新资源[41]，将学研机构的科技成果转化成商业产品[14,39,40]，最终使得企业拥有良好的绩效[42,43]。相比之下，从学研机构的视角来探究产学研合作的相关研究不够丰富。虽然近年来有学者开始关注产学研合作网络结构与学术绩效之间的影响关系[26,30,36]，但是他们缺乏进一步挖掘产学研合作网络与学术绩效之间的影响机理及路径。

（三）从学研机构的视角来探究组织学习对学术绩效影响的相关研究较为缺乏

现有文献对“组织学习如何对组织绩效产生影响”这个议题已经展开了较为丰富的研究[10,58~61]。然而，大多数研究从企业的角度出发，探究企业所采取的组织学习类型对其技术创新绩效的影响，鲜有文献从学研机构

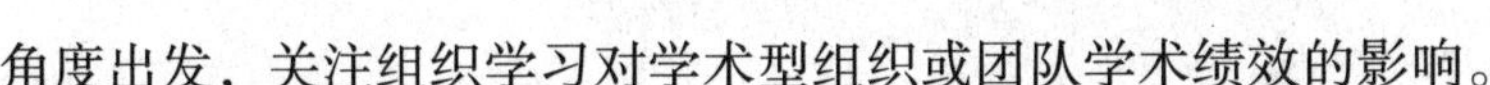

角度出发，关注组织学习对学术型组织或团队学术绩效的影响。

2.7　本章小结

本章主要对产学研合作（网络）、组织学习及绩效等相关研究进行系统梳理与分析，为本书后续研究奠定坚实的理论基础和打开研究的“切入口”。首先，本章对涉及产学研合作（网络）及其对绩效影响的现有研究进行了综述；其次，梳理组织学习相关文献与分析以“产学研合作（网络）与组织学习之间影响关系”为研究议题的相关文献；再次，对“组织学习如何对组织绩效产生影响”的现有研究展开了分析；最后，梳理与阐述以“产学研合作网络、组织学习及绩效之间影响关系”为议题的相关文献，并对现有研究的贡献及存在的不足进行了评述。

第 3 章

>>> 探索性案例研究

案例研究作为一种主流的社会科学研究方法，通过对所选择的一个或多个典型案例进行实证剖析，试图回答“怎么样”及“是什么”的问题[325]。由于探索性案例研究有助于产生新的理论假设命题，为构建研究模型或框架提供实践证据[45]，所以本书试图通过探索性案例研究方法来探究学研机构科研团队的产学研合作网络对学术绩效的作用机制和影响机理问题，得出初始研究命题为下文从学研机构科研团队的视角来构建“产学研合作网络—组织学习—学术绩效”研究模型、提出理论假设和实证分析奠定实践基础。

3.1 研究策略与问题

案例研究在社会科学研究领域已经成为一种主流研究范式[325]。它通过观察和分析原始的社会现象来挖掘背后的理论问题[326]，有助于研究框架的构建和相关研究命题的提出。值得注意的是，案例研究方法在逻辑设计、数据收集、处理分析等方面和其他社会科学研究方法存在一定的差异[327]。例如，调查问卷方法一般通过抽样来搜集数据，并通过统计分析和归纳研究一些结构性问题（如“什么事？什么人?”），而案例研究一般注重于目标问题所处的情境，进行描述和研究类似于“什么样？什么原因导致这样？如何改变?”等问题[325,328]。案例研究主要通过对目标问题所处的载体进行全面、系统地描述和研究，以达到相对掌握全面观点的目的[327]。随着扎根理论和质性研究方法的交互使用，案例研究不仅仅停留在对现象简单描述，而是对现实情境做进一步挖掘以达到理论构建的目的[329]，所以，案例研究在社会科学研究领域得到广泛的关注和运用。近年来，越来越多的国内学者采用了案例研究方法深入剖析中国技术创新实践的新现象和新问题[324,330~333]。例如，彭新敏等（2011）以我国著名民营企业海天集团进行案例研究，分析二次创新动态模型的演化规律[324]；路风和慕玲（2003）以我国激光视盘机产业为研究样本，分析本土企业的技术创新问题[332]。

依照研究目的，可以将案例研究划分成 4 类：因果解释性、描述性、评价性和探索性案例研究[45,334]。其中探索性案例研究主要运用于对研究问题和假设还不明晰时，尝试着使用新的理论假设来进行探索性解读，对现有理论进行拓展与丰富[328]。

依照所研究案例的数量，可以将案例研究划分成两类：单案例研究和多案例研究。其中，单案例研究主要适用于研究分析那些具有代表性的典型案例，通过对典型案例的纵向研究以获得的发现有助于加深对同类或相关事件的理解[325,326]，而且单案例研究方法有利于研究者去捕获和追踪管理实践过程中所涌现的新问题和新发展态势。此外，从时间纵向视角对案例进行深入剖析和研究，不仅有助于掌握案例背景随时间变化情况，确保案例研究的深度[326,335]，而且可以达到对研究框架所提出问题进行检验的目的[336]。与单案例研究相比，多案例研究具有较高的研究效度[328]和普适性[337]，更为适用于构建新的理论框架，拓展现有的理论研究[338]。

3.2 探索性单案例分析

本书的研究目的在于探索产学研合作网络对科研团队学术绩效的作用机制和影响机理问题，所研究的议题在现有的文献中仍然较为缺乏。而单案例纵向研究是通过观察和分析原始的社会现象来挖掘背后的理论问题[326]，有助于本书的研究框架的构建和相关研究命题的提出，所以采用探索性单案例纵向研究策略，试图通过案例分析来回答本书要研究的“怎么样”问题，即产学研合作网络与科研机构学术绩效之间是怎么样的关系。

3.2.1 案例选择

案例选择方面，本书在参考现有研究[324~327]的基础上，严格遵循了案例研究的典型性、匹配性及数据的可获得性等几个原则，最终选择学研机构科研团队与企业在中国高铁领域所建立的产学研合作网络关系作为本书案例研究的样本。

（1）所选案例样本具有典型性[328]。本书之所以选择中国高铁为样本来研究产学研合作网络与绩效之间“怎么样”关系问题，是因为中国高铁自主创新的成功是继我国“两弹一星”后，在新时期又一个成功的产学研合作典型范例。以该典型的产学研合作成功范例为研究样本，有利于揭示研究议题所蕴藏的理论问题。

（2）所选案例与研究主题相匹配。之所以选择中国高铁领域的产学研合作作为本书的研究样本，是因为本书要研究的主题与该案例具有很好的匹配性。本书研究议题是学研机构科研机构的产学研合作网络与学术绩效之间的关系；而所选择的案例是中国高铁的产学研合作，它是典型以科研机构、大学与企业为主体，它们相互之间所建立的合作网络关系在推动中国高铁企业的技术实现持续创新的同时，也帮助学研机构提升研发水平，在全球高铁前沿科技基础领域占了一席之地。因此本书所选择的案例与所研究的主题很贴切。

（3）数据可获得性[339]。中国高铁成为中国制造业的一张“靓丽”名片，其成功背后的故事开始引起社会各界的关注。新闻报纸、学术文献、官方网站、书籍、档案资料、调研访谈等可以为本书的案例研究提供丰富的素材和数量来源。通过对多途径所获得的多样数据进行认证比较，即形成“资料三角对照”[340]，确保了本书数据的可靠性和质量，提高了本案例研究的信度。

3.2.2 案例数据来源

Yin（2003）指出案例研究中数据收集多源化，资料后期整理形成数据库以及数据证据链条化等原则有利于案例研究资料的信度和可靠度的提升[325]。为此本研究在数据收集过程中遵循了如下步骤：

首先，通过电子搜索工具如Google、百度学术、CNKI等来收集与中国高铁相关的产学研合作研究文献，确认参与我国高铁研发合作的相关单位，发现参与企业主要包括：中国铁路总公司（原铁道部），中国中车集团（由原南车和北车合并而来）旗下企业如唐山轨道客车公司、青岛四方机车公司和长春轨道客车公司等主机生产企业；大学包括：清华大学、北京交通大学、中南大学、西南交通大学等；科研院所包括：中国科学院力学研究所、中国科学院软件研究所、中国铁道科学研究院等。然后在这些高铁研发参与单位的官方网站搜寻权威的文献材料和相关信息。

其次，在国家自然基金委员会官方网站、973科技专项的网络数据库搜集在高铁基础研究领域的产学研合作研究项目，梳理在基础研究领域产学研合作相关档案记录，还通过网站搜集科研院所、大学、企业联合申请高铁研究项目的申请书，学术团队建设报告和年报。

最后，对参与我国高铁研发合作的相关单位有针对性地调研和QQ、微信及Email等现代沟通通信手段来获取内部资料，搜集的内容主要包括在高铁基础研究领域的产学研合作模式，中车（原南车和北车合并而来）下属企业介入基础研究的方式，学研机构科研团队如何以高铁产业需求为导向，抽取高铁基础研究方向的模式以及所取得的学术绩效状况。

3.2.3　案例描述与分析

（一）案例背景及问题提出

改革开放以来，我国很多产业都奉行“以市场换技术”的做法，即在早期，购买引进国外成熟技术，然后对所引进的产品零件进行模仿生产，达到对所引进技术消化吸收的目的；在中期，尝试着对引进的技术逆向反求，使得自身的研发能力得到进一步增强，实现对所引进的技术进行改善；到最后，跟踪国际前沿技术，尤其是一些处于萌芽状态的实验室技术，这类实验室技术非常高深复杂而且不成熟，通过攻克前沿技术难题使得自己拥有自主（原始）创新能力，如图3－1所示。换言之，这三个阶段可以表述为：“技术引进→消化吸收→掌握生产技术原理→模仿创新→掌握设计技术原理→改进创新→掌握技术背后科学原理→原始创新”，从而实现由“逆向反求”到“正面设计”的转变，这是我国多年以来奉行“以市场换技术”逆向反求战略思想的内在逻辑。然而，我国很多产业实施“以市场换技术”出现很多失败的先例，最典型的是汽车行业，核心技术非但没有掌握到，国内市场受到外资企业的吞噬。究其原因，这归咎于改革开放以来中国创新系统经历了严重的错位，许多制造企业仅将引进外国技术作为自身的技术来源，丧失了对R&D上游研发的技术需求，导致本国产业R&D上游研发严重不足[332]。所以很多企业引进技术后，很少有产业深入了解所引进先进技术背后的科学原理，导致它们难以突破第 2 阶段并到达原始创新的第 3 阶段。

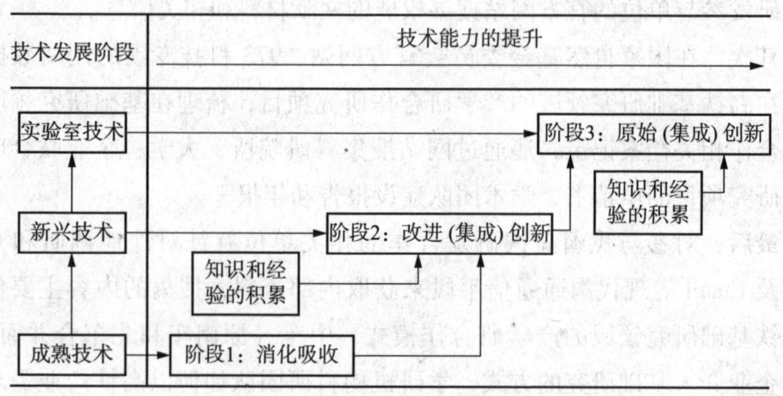

图 3－1　产业技术能力的三阶段演进过程

资料来源：笔者在彭新敏等（2011）[324]的基础上修改而成。

由于大部分产业在引进国外技术时仅仅引进了生产工艺，具备生产能力而已，这仅仅是逆向复制过程的第一步。很多企业的科研投入仅仅用于产品开发，而不是基础研究[107]，所以它们只停留在研发下游实验发展阶段的“知其然（怎么干）”，而没有通过基础研究来获知“知其所以然（为什么这样干）”，导致它们难以实现由“逆向反求”到“正面设计”的跨越，无法摆脱国外原有技术路径。一旦国外打破原来的技术轨道，技术出现更新换代时，国内很多产业又陷入了“技术引进→技术差距暂时缩小→技术水平停留在原有水平→技术差距与国外水平再次拉大→技术再次引进”的困境[107,341,342]。我国的液晶面板产业就是一个典型的例子。

我国高铁产业与其他产业相比最大的特点是不管在早期技术引进消化吸收还是中期改进创新都做得比其他产业好，而且突破了现有很多产业难以克服的技术创新能力瓶颈，成功地跨越到了第 3 阶段，实现了由“逆向反求”到“正面设计”的跨越[343]。在“以市场换技术”无数失败先例的环境下，为什么中国高铁能够实现“华丽”转变？由不起眼的技术引进的“追赶者”转变成高铁领域的“领跑者”，成功地完成由引进技术的“中国制造”阶段向实现自主创新的“中国创造”阶段的跨越。一个很重要的原因是中国高铁产业的发展始终将基础研究放在发展核心技术能力的首要位置。高铁企业意识到只有从事基础研究，才能将国外引进的高铁技术背后复杂科学原理掌握好，在基础研究层面做进一步前沿探索，才有可能改变原来的技术轨道，才能谈得上原始创新。然而，对于很多中国企业而言，让其从事基础研究工作来探究所引进国外先进技术背后的科学原理是非常不现实的，因为国内的企业研发能力水平非常薄弱，对于早期的中国南车和北车等高铁企业也不例外。为此，原铁道部组织和动员科研机构如中国科学院力学研究所、中国科学院软件研究所、中国铁道科学研究院，大学机构如清华大学、北京交通大学、中南大学、西南交通大学等与高铁企业如中国中车集团旗下的唐山轨道客车公司、青岛四方机车公司和长春轨道客车公司等主机生产企业实施跨领域的产学研合作，早期聚集的主要领域是探索从日本、德国、法国和加拿大等国引进的高铁技术背后复杂的科学原理。高铁企业与学研机构合作后，在学研机构强大的基础研究能力的支持下，在短短几年时间里摸清楚复杂高铁技术背后的科学原理，为后续改变技术轨道，实现原始创新奠定了坚实的基础，实现由“逆向反求”到“正面设计”的关键一跃，而学研机构在与高铁技术企业合作后，由于从事的是巴斯德象限领域的基础研究工作，没有受到 R&D 下游商业化太多的干扰。

高铁是一个多学科、多领域的前沿技术集成，是非常典型的大型系统工程，我国企业自身缺乏足够的研发能力去应对，迫切需要和学研机构建立起广泛的合作关系去攻克。那么，学研机构（尤其科研机构）与产业界所建立的产学研合作网络关系对其学术绩效带来了什么样的影响？对该问题的研究对我国产学研合作实践具有一定的启示意义。

（二）高铁技术发展与产学研合作

2004 年初，国家政府颁布了《中长期铁路网规划》，明确提出高铁的发展要遵循“引进先进技术，联合设计生产，打造中国品牌”的战略方针[344]，对引进的高铁核心技术在消化、吸收的基础上实现二次创新，并争取达到原始创新水平。2008 年，政府再次对《中长期铁路网规划》做出调整，对高铁的建设里程目标做进一步提高。截至 2015 年底，中国高铁运营里程数已经达到了 1.9 万千米，占全球高铁运营里程总数的 60% 以上[344]。中国高铁在短短的 10 多年时间里，实现了“从无到有”，从“引进技术”到“原始创新”的跨越式发展，逐渐走出国门，已经成为中国外交场合最为“亮丽”的名片，大力支撑“一带一路”大战略的实施。

原铁道部对我国高铁产业取得的科技创新成就使用了三个台阶来描述，如图3-2所示。第一个台阶是早期（2004—2007年）对引进的高铁技术消化吸收，系统掌握高铁动车组的九大核心技术，建立起200~250千米时速的动车组制造体系和技术平台；第二个台阶是中期（2008—2010年）对引进的技术做进一步改进创新，在车体结构、气动力学控制和轮轨动力学等对速度的提升产生制约的关键技术上实现了较大的突破，掌握了研制350千米时速的动车组技术；第三个台阶是后期（2011年至今）在运营积累的丰富经验和大量基础研究实验的基础上，自主开展一系列原始创新，在振动模态、气密强度、流线型车型等十大核心技术上取得原创性突破，并成功研制380千米时速的新一代高速列车[330]。

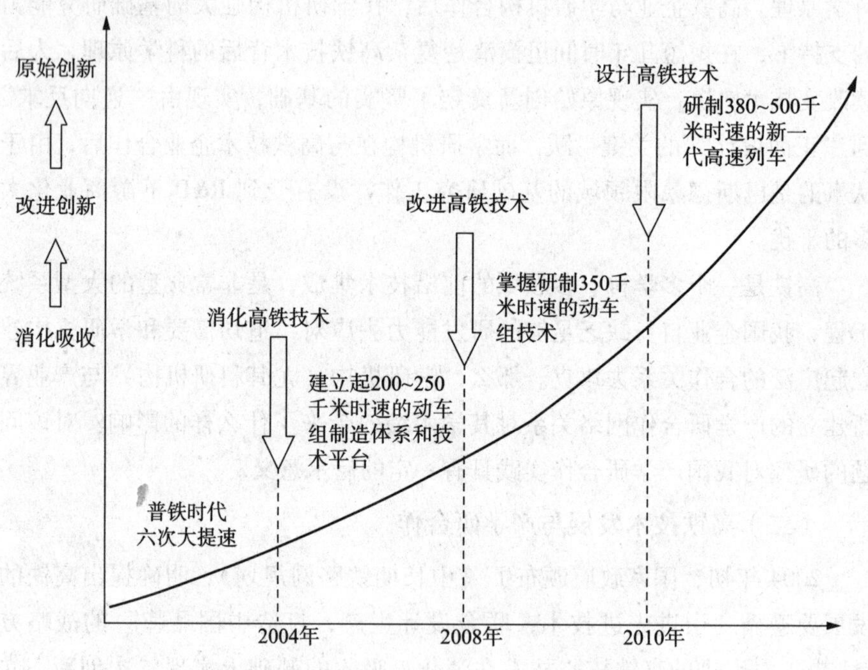

图3-2　中国高铁发展的三个阶段示意图

（1）第一阶段（2004—2007年）：引进和消化吸收高铁技术阶段

2003年，原铁道部明确提出了高速列车实现跨越式发展路线，明确要求整体引进高铁技术，并在较短的时间内消化吸收并最终实现国产化，以最少的环节和代价来实现发达国家走过的发展历程。这表明我国高铁由过去的自主发展路线开始转向“技术引进→消化吸收→自主创新”的新路线[343]。2004—2005 年，在原铁道部的统一领导和组织下，原北车集团下属的唐山机车厂和长春客车厂，原南车集团下属的青岛西方等企业先后从法国的阿尔斯通、日本的川崎、加拿大的庞巴迪和德国的西门子等高铁巨头引进先进高铁技术，组织联合生产高速动车组，主要生产 CRH1、CRH2 和 CRH5 三类车型。本阶段通过引进国外高铁制造工艺、流程，我国高铁企业技术管理平台得到了显著的改善，实现了本地化制造核心部件和整车组装。但是法国的阿尔斯通、日本的川崎、加拿大的庞巴迪等高铁巨头仅转让制造技术，而对核心技术如控制算法、设计能力等却一直保留，所以在早期高铁生产制造的很多环节离不开国外高铁巨头，国内高铁企业并不具备自主研发能力[343]。

中国幅员辽阔，不同地域的地质条件和气候环境复杂悬殊。由于所引进高铁技术的原创国气候与地质环境与中国存在较大差异，导致早期所引进的高铁技术出现“水土不服”现象。例如，由于东北地区在冬天温度过低，导致关键部件“受电弓”结霜，造成所引进的高铁无法运行。此外，我国的地质环境错综复杂，例如，郑西高铁所处的地质环境具有黄土湿陷性，京津城际之间的地质环境是软土特征，而武广高铁是岩溶地貌，这些不同的地质环境给如何处理好地基和路基填筑问题带来极大的挑战。这些技术难题在国外尚未遇见过，国外高铁巨头没有成熟的经验和解决方案。要处理这些引进高速列车不适应国内环境的问题，就必须要掌握这些高铁九大核心系统（动车的牵引电机、牵引控制，牵引变压、车体、牵引变流、制动系统、转向架、列车网络和动车组总成）背后的科学理论问题。然而，当时国内高铁企业的研发水平较为薄弱，缺乏理论基础，对所引进的高铁技术频频出现的故障束手无策。为此，原铁道部挑选在车线耦合、轮轨蠕滑、系统动力学等领域的理论建设和科学研究颇有建树的学研机构如北京交通大学、西南交通大学、中国铁道科学研究院等的大批专家学者，并组织他们和四家高铁主机厂的技术人员多次交流合作，探讨高铁技术引进由于不适应国内的气候和地质，导致高铁出现停摆的技术原理问题。一位来自铁路系统的工程师曾经透露：“铁道部在为原来南车、北车下属企业选择对接学研机构提供技术支持时，基本上都是挑选在轮轨蠕滑、牵引供电、力学、通信等领域国内一流的大学和科研机构。不过在早期挑选范围主要集中在铁道部原直辖的大学和科研机构如西南交通大学、北京交通大学、中南大学和中国铁道科学研究院等。自从2008年以后，铁道部和科技部采取联合行动，将选择范围扩大到全国著名的学研机构，中国科学院力学研究所、中国科学院软件研究所、清华大学和浙江大学等知名研究机构和高校前后也参与进来（高铁技术研发），最后汇集了11所研发机构，25所重点大学，600多个企业，68名院士和500多名教授和万余名工程研究人员，还有大量的博士或硕士研究生也参与其中”。

本阶段的产学研合作，企业关注的是如何实现所引用的高铁技术适应中国的水土，即将国外高铁技术在中国进一步完善。学研机构科研团队通过与高铁企业的沟通与互动，获取了大量高铁技术在引进过程中由于不适应中国国情所存在的问题等关键信息，激发了学研机构科研团队对所引进的先进高铁技术背后的基础理论做进一步的探索。正如一位来自某学研机构科研团队的学者所言：“发达国家已经成熟的技术，也许在我国并不成熟，高铁技术就是一个很明显的例子。高铁技术早在20世纪60—70年代在日本、法国等国家较为成熟，这些国家掌握了高铁技术背后的科学原理，所以牢牢地控制了高铁产业的核心技术。当高铁技术引进中国时，很多科研组织对高铁背后的复杂科学原理并不熟悉。尤其当高铁技术引进中国遇到地质、气候差异而出现故障时，这些问题在日本、法国等发达国家并没遇到，这时要解决这些高铁技术的水土不服问题就必须要摸清楚这些技术背后的科学原理，而这恰恰是学研机构科研团队要做的工作，因为企业没有这个能力。本人带领的科研团队之前一直从事着自由探索的基础研究，自从参与原铁道部组织的‘拉郎配’，与高铁企业沟通与合作后，未来几年的研究方向都是围绕着高铁技术背后的系统动力学理论问题展开研究，尝试建立高速列车的系统动力学理论体系。此外，随着本研究团队与企业合作越来越紧密，它们为我们提供了丰富的国外先进技术信息和资源，大大促进了本团队在系统动力学领域的基础研究工作，也培养了一支在业界具有一定影响力的专业研发队伍”。

总体上，本阶段主要的工作是对引进高铁技术背后的科学理论进行验证和熟悉。我国高铁企业在原铁道部的组织领导下，经过技术引进成功地获得法国、日本和德国的高铁技术，自身的制造能力和设计能力得到一定的锻炼，实现了初步的技术积累。此外，在原铁道部的推动下，高铁企业与大学、研究机构三方主要在路基、轨道、桥梁的耦合与振动等基础研究领域展开了产学研合作。本阶段学研机构与企业之间合作的主题是验证高铁技术背后的科学原理，一方面，为企业引进、消化和吸收高铁技术提供了强有力的理论支持；另一方面，学研机构通过和高铁企业的交流与合作找到了研究方向。2007 年高铁基础研究领域的第一个产学研合作研究项目(973 项目)“高速列车安全服役关键基础问题研究”获得资助，该项目是西南交通大学联合了中国铁路总公司（原铁道部）、中国铁道科学研究院以及其他研究院所一起承担，旨在探索高速列车的动态行为和高速脱轨机理，寻求建立高速列车耦合大系统动力学理论。该研究项目不仅进一步加强了学研机构与企业在高铁基础研究领域的合作，而且对学研机构培养以掌握高铁核心科技为目标的科研团队和高铁基础研究学科建设均具有重大的意义。

（2）第二阶段：改进高铁技术阶段

自从 2008 年开始，中国全面启动高铁“国产化”政策，即通过模仿、进一步优化和二次创新的模式，将引进的高铁技术消化吸收，从而缩小国内外技术的差距，寻求改进高铁技术。国内高铁企业在消化吸收高铁技术初期，对高铁的九大核心系统（动车的牵引电机、牵引控制、牵引变压、车休、牵引变流、制动系统、转向架、列车网络和动车组总成）的认识处于“知其然而不知其所以然”的水平。由于国内企业缺乏高铁技术背后的基础理论支撑，无法从理论上认识与理解高铁的九大核心系统设计的缘由，不理解日本高铁的头型为什么设计成蛇形，而德法两国的高铁却设计成回头型，更无法理解时速不同（200 千米时速和 300 千米时速）的高铁在系统设计上存在差异的背后原因，只会参照所引进的图纸，从事低水平的研究。

为了执行高铁“国产化”政策，提高自主研发能力，在 2008 年原铁道部和科技部联合颁布《中国高速列车自主创新联合行动计划》，明确提出在高铁领域要形成自主研发的技术、装备和产业化能力等目标，争取研发出 350 千米时速以上的高速列车。为了让这样的宏伟目标变成现实，原铁道部推动高铁制造企业加强与学研机构沟通与合作，将企业、高校、科研院所等机构组织起来进行联合攻关以突破核心技术。例如，挑选在基础力学领域颇有建树的中国科学院力学研究所作为技术对接单位来研究高速列车基础力学原理问题，挑选轨道交通领域很出名的西南交通大学作为对接单位来研究高铁安全服役关键基础问题。学研机构依照高铁制造企业所提供的高铁技术问题，抽取出背后的理论问题进行研究。这种由企业与学研机构之间的互动与合作而引致以应用为导向的基础研究在2008—2010年国家自然资金项目申报上有所体现。通过国家自然基金委员会官方网站查询，发现在2008—2010年，获得国家自然基金委资助的高铁基础研究项目一共有55项，其中超过67%（有33项）项目与消化高铁技术有关，主要围绕着高速列车受电弓的非线性随机动力学、高速列车轮轨滚动函数型摩擦系数、高速列车制动盘组动态特性、高速轮轨黏着机理、高速铁路接触网线谱等方面展开研究。这些自然基金项目大部分是学研机构与高铁企业互动、沟通后，并结合过去研究基础而申请，针对所引进高端技术的背后基础原理而探索的。正如一位学者所言："学研机构与企业之间的产学研合作，假若集聚在国内尚未得到充分发展的高端技术领域，如高铁、大飞机领域，对学研机构和企业双方而言都有莫大的好处。因为一方面高端技术领域的产学研合作不仅为企业解决核心技术难题扫除障碍，另外一方面学研机构将企业所引进的国外高端技术作为研究样本，探索其背后的科学原理，为未来高深的理论研究打开了一个缺口，对学科建设和高端人才培养都有极大的促进作用。此外，学研机构可以通过国内高铁企业的搭桥，与国外的高铁企业如德国的西门子公司、日本的川崎重工公司接触与沟通，从而获得该领域最前沿的技术信息，给未来学术研究方向的确立带来很大的启发"。

总体上，本阶段主要任务是对高铁技术背后的科学理论进行优化。在原铁道部的组织和国家科技支撑计划项目的推动下，高铁企业与学研机构的合作得到进一步加强，高铁企业的自主研发能力初步实现。在对引进的技术充分消化吸收的基础上，我国对高铁技术做了进一步的改善，逐步走出引进外来技术原来的影子[343]。

（3）第三阶段：高铁技术自主创新阶段

从2011年开始，随着300~400千米时速高铁技术的日渐成熟，研发500千米时速的高铁摆上攻克的日程。研发500千米时速的高铁并不是仅仅在原有列车的基础上简单增加动力源那么简单，因为高铁运营速度每提高一个等级，都是一个质的飞跃[345]，高铁的各个子系统相互作用关系和原有的规律都会发生根本性改变[330]。尤其在当高铁达到超过400千米时速时，接近飞机的低速巡航速度，那么面对这复杂的对地面气流的扰动，两车交会时引起的车体激荡以及车体通过长大隧道时气流的变化等都需要综合考虑，因此在轨道、桥梁、路基以及车辆设计等方面需要大量创新[330]，而这些大量的原始创新仅仅依靠我国高铁企业自身的研发能力难以完成，因为这些原始创新需要在轮轨动力学、流固耦合振动机理、车体结构和气动力学控制等前沿科技领域有所突破，需要基础研究的强有力支撑。鉴于此，原铁道部推动了中车集团旗下企业加强与学研机构，尤其与具有强大的研发能力和良好声誉的科研机构（中国科学院力学研究所）在研发 500 千米时速高铁的基础研究领域合作。

对于我国高铁企业提出 500 千米时速的高铁技术，科研机构最关注和需要探索的是在超高速运行条件下高速列车及其耦合作用力学特性，揭示相互作用机制和影响规律，探究高速列车运动中的临界问题和极限问题。在 2011 年，中国科学院力学研究所联合原南车集团旗下的青岛机车有限公司、原北车集团旗下的长春轨道客车有限公司、轨道交通领域颇有建树的西南交通大学等机构组成产学研合作联盟，联合申报高铁基础研究领域另外一个“973 项目”——“时速 500 千米条件下的高速列车基础力学问题研究”。该研究项目主要解决如下学术问题：

（1）预测高速运行条件下，整个高速列车的流固耦合动力学响应问题，轮轨作用力及脱轨可能性问题，探究多因素的耦合作用对高速列车脱轨安全性的影响规律；（2）研究 500 千米时速条件下，在各种激扰下高速列车车体的振动规律，揭示局部结构颤振、屈曲可能发生条件和机理，并建立车体振动与车体结构自身安全性和乘坐舒适性的关系；（3）研究受电弓双向运行的气流差异、明线和隧道的气流差异，以及不同气流特征对弓网耦合振动和受流质量的影响规律；（4）研究高速轮轨接触的行为和高速轮轨黏着的数值仿真，优化高能束流非均匀改性轮轨表面接触形貌试验研究和黏着控制方法；（5）研究 500 千米时速条件下高速列车的气动效应特征，建立高速列车随着速度变化的气动效应综合分析体系。

中国科学院力学研究所与高铁企业加强合作，坚持基础研究方向与工程实践需求紧密结合，互为支撑，相互推动，创造同时具有现实性与引领性的研究成果。同时在此创新研究的平台上，促进研究人员与工程技术人员的研究能力与实践能力迅速成长，培养出一支年轻的、高水平的专业研究团队。通过产学研合作，中国科学院力学研究所在高铁基础研究领域取得了不菲的学术成绩，产生了一些开拓性的科学研究成果，对全球高铁关键力学理论问题的未来研究起到引领作用。正如一位学者所言：“中国科学院力学研究所通过与中车下属的企业加强沟通与合作，有利于及时捕捉高铁市场一线的相关信息资源，尤其企业反馈回来的列车高速运转时遇到的技术难题，这为我们对研究这些技术难题背后的科学问题提供了丰富的素材。此外，我们研究出来的成果得以在高铁企业实践验证，为学术研究提供了一个很好的实践验证平台。近年来，我们科研团队在国内外核心学术期刊发表论文200篇以上，其中SCI、EI收录论文120篇以上，有重要国际影响的论文50篇以上，在高速及超高速移动的基础力学科学问题取得一定的理论突破，并建成国家级研究平台，培养了若干个领军人物和一支具有一定影响力的研发队伍。”

总体上，本阶段工作重点是对高铁技术背后的理论再创新。在产学研合作的推动下，我国高铁技术自身创新能力已经形成，并开始对下一代高铁技术开始探索和研发。国家在2011年设立了产学研合作的“973项目”——“时速500千米条件下的高速列车基础力学问题研究”和“高速铁路基础研究联合基金”，并在2016年9月再次设立“高速铁路基础研究联合基金（第二期)”，以支持在高铁前沿技术领域的产学研合作，开展超速高铁的基础理论研究。学研机构科研团队在这些项目的支持下，基础性和前瞻性的研究活动得到支持，有助于学研机构科研团队向高铁前沿科技领域不断进军。

（三）产学研合作网络与学研机构科研团队学术绩效之间影响机理

实际上，中国高铁领域的产学研合作案例在某种程度上也揭示了“产学研合作网络—组织学习—学术绩效”之间影响关系的存在。北京交通大学、西南交通大学、中南大学、中国铁道科学研究院等学研机构的科研团队在原铁道部的安排和“搭桥”下，有机会与高铁企业互动与合作，得以嵌入到高铁领域的产学研合作网络当中，获取了大量高铁技术在引进过程中由于不适应中国国情所存在的问题等关键信息资源和技术资源，激发了学研机构科研团队对所引进的先进高铁技术背后的基础理论做进一步的探索学习，开展前沿研究，推动了科研团队学术绩效的提升，如图3-3所示。

对学研机构的科研团队而言，与高铁企业所建立的广泛合作网络关系有利于获得从发达国家引进的高铁技术资源，这些高铁技术的背后隐藏着复杂的前沿科学原理问题，对这些前沿科学原理的探索不仅对企业自主创新和国家创新能力提升有实践意义，而且为后续前瞻性的前沿科技研究具有很大的理论意义，因此激发了学研机构的科研团队开展组织学习的激情，开展了一系列前瞻性基础研究（如中国科学院力学研究所开展500km/h条件下基础力学研究）。在这过程中，企业在试验现场数据、工艺技术等方面给予积极配合，成为学研机构对前沿产业技术科学理论验证的“试验场”，前瞻性基础研究有利于学研机构进行科学原理创新，占据前沿科技领域的制高点，为学科建设和良好学术绩效的取得奠定了坚实的基础。例如，中国科学院力学研究所某科研团队自从2008年参与高铁的产学研合作以后，该团队发表的论文数量在2009年出现拐点（考虑到论文发表的时间延迟问题），如图3-4所示。通过对这些论文的内容进行检查，发现基本都是对高速列车基础力学问题的研究，例如，流固耦合动力学模型、500km/h条件下轮轨黏着理论等，并培养出一批具有影响力的人才队伍。由此可知，该科研机构团队与企业在基础研究领域有效开展合作对学术绩效起到正向的促进作用。

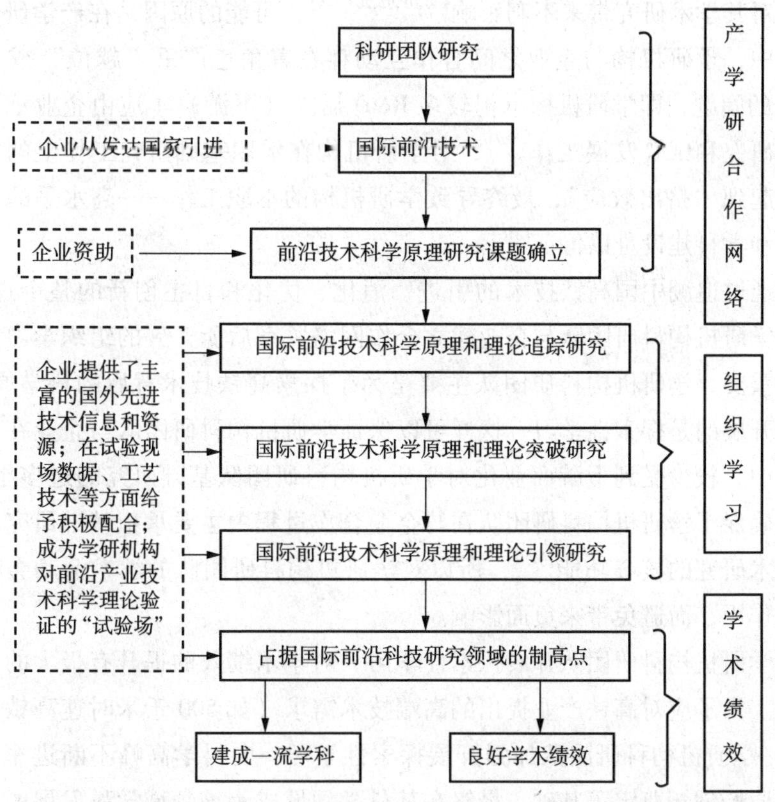

图3-3　学研机构科研团队的产学研合作网络对学术绩效影响机理示意图

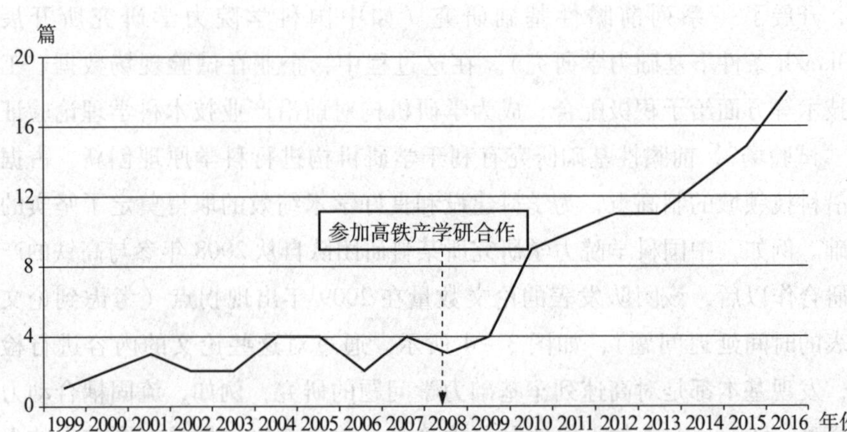

图 3-4 某科研机构团队嵌入产学研合作网络后的论文发表数量变化

一直以来，一些学者会认为学研机构与产业界建立起广泛合作网络关系会对其学术研究带来不利影响[30,91,92,203,346]，可能的原因是在产学研合作网络中，学研机构与企业之间合作互动存在着角色严重“越位”或“错位”的问题，即学研机构承担较多 R&D 后端（下游）本应由企业承担的开发研究和试验发展工作[347]，对学研机构在本职基础研究工作上的精力投入起到“挤出效应”，最终导致学研机构的本职工作——高水平的科学研究和学科建设难以保证[346]。

通过追溯中国高铁技术的引进、消化、优化和自主创新的整个过程，发现学研机构科研团队与企业建立合作网络关系后所开展的组织学习类型尤为重要，学研机构科研团队主要是为了探索高铁技术背后的科学原理，更多开展的是探索性学习。这样可以保证学研机构科研团队与企业在合作过程中，较少受到下游商业化对学研机构科研团队基础研究的过多干扰，而且确保了学研机构科研团队在与企业合作过程中主要承担基础研究和前沿技术研究的核心功能[347]，所以对学研机构科研团队的学术活动会带来促进作用，而避免带来负面影响。

学研机构科研团队开展探索性学习，对学术绩效的提升有极大的促进作用。为了应对高铁产业提出的高端技术需求（如 500 千米时速高铁的提出），学研机构科研团队加强开展探索性学习，向科学高峰不断进军，为实现原始创新奠定了基础，最终在某科学领域成为该领域学科发展的风向标（例如，高速列车在 500 千米时速运营环境下的基础科学理论问题在全球尚未得到深入地研究，中国科学院力学研究所某科研团队对该领域的挖掘有助其发展相应的力学理论和建立起巨大的学科优势）。正如来自中国科学院某研究者所言："自从2008年开始，中国科学院下属的力学研究所、软件研究所，先进轨道交通力学中心与中车集团旗下的唐山轨道客车有限公司建立起密切的产学研合作关系，开始介入高铁技术的理论研究和前沿技术的探索。中国科学院研究人员在现场一线了解企业的技术需求，获知企业核心科技重点攻关的难点，而这些国外引进的先进技术难题背后的科学原理非常复杂，需要我们科学院的研究人员深入剖析。在我们对高速列车流固耦合系统力学、结构动力学和声学等多学科的理论研究过程中，企业在试验现场数据、工艺技术等方面给予积极配合与支持，它们成为我们理论验证的'试验场'，对我们的研发活动起到很大的帮助，并取得了较为满意的阶段性成果，这对未来建立高速列车先进理论体系和学科建设有很大的帮助"。由此可以得出以下的研究命题：

命题：学研机构科研团队与产业界所建立的合作网络关系促进了组织学习的开展，进而对学术绩效产生重要的影响。

3.2.4　小结

为了探索"产学研合作网络—组织学习—学术绩效"之间影响路径的存在，本节严格遵循了单案例纵向研究的方法论，以高铁基础研究领域的学研机构科研团队与企业之间合作互动所形成的产学研合作网络为研究样本进行探索性案例研究，探讨产学研合作网络、组织学习和学术绩效之间的影响关系，并初步证实了"产学研合作网络—组织学习—学术绩效"之间影响路径。

3.3　探索性多案例分析

虽然上节通过探索性单案例初步推断出产学研合作网络、组织学习、学术绩效之间影响关系，但是与单案例研究相比，多案例研究具有较高的研究效度[328]和普适性[337]，更为适用于构建新的理论框架，拓展现有的理论研究[338]。鉴于此，本书进一步采取探索性多案例研究方法来分析产学研合作网络与科研团队学术绩效之间的影响机理。

3.3.1 案例选择

Eisenhardt（1989）认为，采取多案例研究时比较适合的案例数量应该在4个以上，8个以下[328]，而Yin（2003）认为开展多案例分析时，应该确保案例数量在6~10个较为合适[325]。鉴于此，依照本书研究的问题及数据可得性，本书多案例数量确定为6个。

案例选择方面，本书在参考现有研究[324-327]的基础上，严格遵循了案例研究的代表性、匹配性及数据的可获得性三个基本原则，最终选择参与嵌入在产学研合作网络中的6个学研机构科研团队作为本书案例研究的样本，见表3-1。

表3-1 学研机构科研团队基本情况

	A团队	B团队	C团队	D团队	E团队	F团队
组建时间	1996	2009	2003	2013	2010	2005
研究领域	造纸技术与装备	光通信材料研发	蓄冷与供冷技术	生物质能技术开发	轨道交通技术	节能与新能源汽车
学校属性	理工类	理工类	理工类	理工类	理工类	理工类
所在学校	A类“双一流”大学	A类“双一流”大学	A类“双一流”大学	A类“双一流”大学	A类“双一流”大学	A类“双一流”大学

资料来源：根据访谈资料整理而成。

（1）所选案例样本具有代表性[328]。本研究一共选择6个研究样本，均来自我国理工类“双一流”大学，它们以工科见长，理工结合，与企业合作互动较多，在产业界具有较大影响力，同时它们均将学术研究视为自身重要职能。

（2）所选案例与研究主题相匹配。之所以选择嵌入在产学研合作网络的6个“双一流”大学科研团队作为本书的研究样本，是因为本书要研究的主题与选择的案例具有很好的匹配性。本书研究议题是学研机构科研团队所嵌入的产学研合作网络、组织学习和学术绩效之间的影响关系，而所选择的案例是嵌入在产学研合作网络的6个科研团队，它们在与企业建立合作网络关系推动企业的技术不断持续创新的同时，也可能对自身学术绩效产生一定影响。因此本书所选择的案例与所研究的主题很贴切。

（3）数据可获得性[339]。之所以选择嵌入在产学研合作网络的6个学研机构科研团队为研究样本，是因为它们相关材料可通过调研访谈、新闻

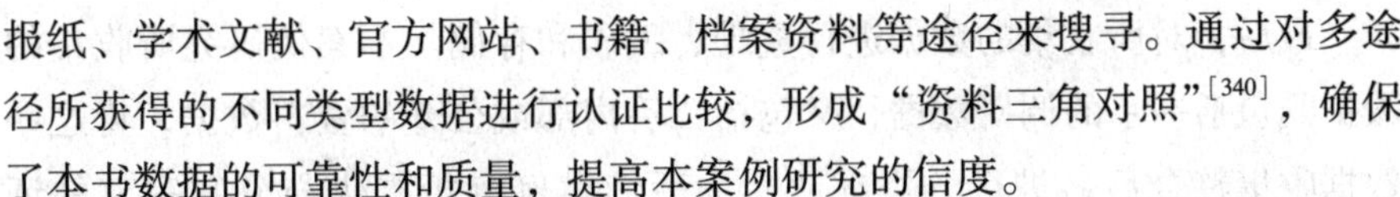

报纸、学术文献、官方网站、书籍、档案资料等途径来搜寻。通过对多途径所获得的不同类型数据进行认证比较，形成“资料三角对照”[340]，确保了本书数据的可靠性和质量，提高本案例研究的信度。

3.3.2 案例数据来源

Yin（2003）指出案例研究中要遵循数据收集多源化，资料收集整理形成数据库，确保数据证据链条化来提升案例研究资料的信度和可靠度。为此本研究在数据收集过程中遵循了如下步骤：

首先，选择研究样本。根据本书研究目的和多渠道（网络、专家建议等）了解后，选定6个具有代表性的科研团队。

其次，搜集数据。基于研究目标及所做的假设性条件，针对性地对大学或者中国科学院的科研团队进行现场调研，见表3-2。选择曾经（或正在）参与产学研合作的专家学者或负责人开展半结构化深度访谈（访谈提纲详见附录2）来获取一手数据；同时，借助现场访谈的便利，向专家学者或负责人索取或查阅相关资料与文档；此外，本研究还通过科研团队网站、内部报告以及电子搜索工具如Google、百度学术、CNKI等渠道来收集相关资料。搜集的材料包括科研团队的基本信息、科研团队所处的产学研合作网络结构特征、科研团队与企业合作过程中采取组织学习类型及取得的学术绩效等。

表3-2 案例数据来源

<table>
<tr><th>科研团队</th><th>访谈时间</th><th>访谈对象</th><th>档案</th><th>现场观察</th><th>网站媒体</th></tr>
<tr><td>A团队</td><td rowspan="2">2017.6.13</td><td>造纸技术与装备实验室教授</td><td rowspan="2">总结材料、宣传册，与企业合作材料</td><td rowspan="2">利用学生身份到该团队调研和非正式交流</td><td rowspan="2">团队网站、自然资金委网站、Google网站及相关新闻网站</td></tr>
<tr><td>B团队</td><td>光通信材料实验室科研人员</td></tr>
<tr><td>C团队</td><td rowspan="2">2017.10.12</td><td>人工环境节能技术研究室研究员</td><td rowspan="2">总结材料、宣传册，与企业合作材料</td><td rowspan="2">利用老师关系到该团队调研和非正式交流</td><td rowspan="2">团队网站、自然资金委网站、Google网站及相关新闻网站</td></tr>
<tr><td>D团队</td><td>生物质能生化转化研究室副主任及博士后</td></tr>
<tr><td>E团队</td><td rowspan="2">2017.11.26</td><td>轨道交通技术研究院研究员</td><td rowspan="2">总结材料、宣传册，与企业合作材料</td><td rowspan="2">利用同学关系到该团队观察调研</td><td rowspan="2">团队网站、自然资金委网站、Google网站及相关新闻网站</td></tr>
<tr><td>F团队</td><td>节能与新能源汽车研究院负责人</td></tr>
</table>

资料来源：根据访谈资料整理而成。

最后，对所收集的数据进行整理、编码和存储。本案例研究所收集的数据既包括一手的调研数据，又包括二手内部或公开的资料数据，将这些数据收集整合后，进行分类编码，为后续案例分析提供充分和完整的证据链。

3.3.3 变量测度

本书试图通过探索性案例分析来探究学研机构科研团队的产学研合作网络、组织学习和学术绩效之间是怎么样的关系，为此要对产学研合作网络、组织学习及学术绩效等关键变量进行测度。

（一）产学研合作网络

在借鉴参考过去研究成果[56,75,211,260,348]的基础上，本书分别从“结构”与“认知”两个维度来刻画科研团队所处的产学研合作网络特征。结构维度是指科研团队在网络中与企业所建立的社会关系结构，而认知维度是指科研团队与企业之间的知识距离结构[75]。本书在借鉴现有研究基础上，结构维度从“点”“线”和“面”三个层次来刻画，其中，“点”是指科研团队在网络中的位置，通常使用位置中心度来衡量；“线”是指科研团队与企业之间的联结强度；“面”是指产学研合作网络整体特征，通常使用网络规模来刻画。此外，认知维度使用科研团队与企业之间的知识距离远近程度来刻画。知识距离是指知识提供方和接收方所拥有的知识结构在宽度与深度上的差异[349]。知识宽度是指双方所掌握知识类型的多样性，而知识深度是指双方所掌握某类型知识的水平高低程度。

（二）组织学习

组织学习是指组织为了谋取和保持竞争优势而对组织外部（网络）知识进行搜寻、利用、整合及创新等系列组织行为[29]。国内外研究对两种类型的组织学习（即探索性学习和开发性学习）展开了较为丰富的研究，普遍认为探索性学习是一种研究型活动，是创新组织进行探索、加工和创造新知识和新技术的过程；而开发性学习是一种开发利用型活动，即对现有的知识或资源做深入的挖掘与利用[29,47]。鉴于此，本书借鉴现有研究的基础之上，从探索性学习和开发性学习两个维度来刻画组织学习行为。

（三）学术绩效

至于学术绩效的刻画，邓颖翔和朱桂龙（2009）认为完全使用客观的成果性绩效并不能完全刻画学研机构参与产学研合作取得的学术绩效，应考虑将无形能力（竞争力）的提升纳入到学术绩效评估体系[84]。金芙蓉和罗守贵（2009）将产学研合作绩效划分为两个维度：成果性绩效和成长性绩效，其中成果性绩效使用成果性指标来衡量，例如，发表的学术论文、发明专利和国家奖项；而成长性绩效大部分以无形的能力或知识方式存在，包括竞争力的提升等，需要结合调研访谈等途径来获取主观判断数据来测量[85]。鉴于此，本书对学术绩效进行测度时综合考虑科研团队的成果性绩效和成长性绩效。

3.3.4　案例研究方法

本书的探索性案例研究分成两个阶段：案例内研究和跨案例研究。案例内研究将每个案例作为单独整体进行深入分析，而跨案例研究则是在案例内研究的基础上，对全部案例进行横向比较和统一归纳，有助于得到一般性理论模型[328]。

首先，进行案例内研究。在对各个案例进行系统研究后，对学研机构科研团队所处的产学研合作网络、组织学习及学术绩效等相关变量进行编码，并将这些编码结果展示出来，有助于便捷识别各个案例的产学研合作网络、组织学习及学术绩效等变量的特征，为后续跨案例分析奠定前期基础。

其次，进行跨案例研究。在案例内研究完成变量编码和制表的基础上，将全部案例所包括的主要变量集中在一起进行比较分析，归纳总结相关变量之间的相互关系，来揭示产学研合作网络、组织学习和学术绩效之间潜在影响机理，从而提炼出本研究初始命题和构建理论模型，为后续的实证研究做好前期铺垫。

实际上，案例内研究和跨案例研究是完整案例分析过程中不可或缺的两部分，这是一个分析、演绎、归纳的过程。首先，通过案例内研究，实现对变量之间关系的探索性分析；其次，通过跨案例分析，有助于将案例内分析得到的试探性发现演绎到另外一个案例；最后，通过对比归纳后，提升研究的效度和普适性。

3.3.5 案例内分析

本书首先对所收集的案例数据进行初步处理，分别对每个科研团队的产学研合作网络特征、组织学习和学术绩效进行详细分析，得到结构化的数据信息，为下一步的跨案例分析做准备。

（一）产学研合作网络

(1) 团队介绍

①A 科研团队

A 团队在造纸技术与装备领域具有一定的影响力，吸引产业界寻求与其合作来解决造纸工业核心技术问题。目前，A 团队与国内几十家具有一定科研实力的企业建立起合作关系，通过实践场所来检验理论研究的发现。总体上，A 团队平时与企业互动合作的次数并不算高，并没有建立起很强的联结关系。

②B 科研团队

B 团队在光纤器件领域取得了颇多的成就，近年来为了推进“单纵模光纤激光器”的产业化，仅与少数企业如深圳市飞米激光公司进行合作。在整体上，B 科研团队与企业合作互动不算紧密，也没有与产业界建立起宽泛的合作关系，所选择的合作伙伴不要求具有较强的科研实力，只需具备生产设施来满足产品产业化的生产要求。

③C 科研团队

C 团队在制冷系统节能技术领域具有较大的影响力，并实现了制冷系统节能技术产业化，与佛山海天、广东星联精密机械、东莞联通及佛山景兴纸业等企业建立起产学研合作关系，也为数百家中小企业提供节能咨询服务，很多合作伙伴（企业）的科研实力较为薄弱。

④D 科研团队

D 团队是一支专门从事生物质能生化转化技术开发利用的科研团队，取得关键性科研成果吸引了来自广东、广西、江苏、浙江、海南、河南及山东等地不同行业的企业来与其合作。不少合作伙伴是科研实力较为薄弱的中小企业。

⑤E 科研团队

E 团队在轨道交通技术领域具有一定的影响力，一些企业主动与 E 科

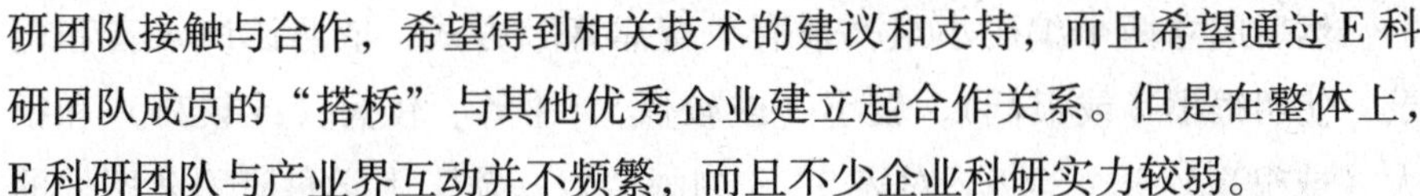

研团队接触与合作，希望得到相关技术的建议和支持，而且希望通过E科研团队成员的“搭桥”与其他优秀企业建立起合作关系。但是在整体上，E科研团队与产业界互动并不频繁，而且不少企业科研实力较弱。

⑥F科研团队

F团队在节能与新能源汽车研究领域颇有建树。尤其国家提出“2011”协同创新计划后，F科研团队在2014年联合北京汽车集团、国网北京市电力公司等企业申请了“北京电动车辆协同创新中心”，推动了F科研团队与产业界进行接触与合作。即使如此，F科研团队与企业合作的广泛程度与联结强度较为一般。

（2）数据编码

本节参考过去研究[56,66,350,351]所采用的较为成熟访谈提纲的基础之上，通过表3-3所列的提纲来对上述6个科研团队进行访谈并收集好它们在产学研合作网络的位置中心度数据。此外，网络规模是衡量网络整体层面的重要指标，反映活动主体和其他组织联结（包括间接联结）的多寡。现有研究主要通过测度与活动主体存在直接或间接合作关系的其他合作伙伴数量来实现网络规模的刻画[65,352,353]。本书在借鉴现有研究基础之上，通过表3-3所列的提纲来对上述6个科研团队进行访谈并收集好它们所嵌入的产学研合作网络规模。

表3-3　测度科研团队产学研合作网络的访谈提纲

变量	访谈提纲	参考文献
位置中心度	C1 与同行相比，该科研团队在产业界的知名度状况	Tsai（2001）[56]；林春培（2012）[66]；王晓娟（2007）[350]；刘璐（2009）[351]
	C2 产业界很多企业需要技术支持时，是否倾向与该科研团队建立科研合作关系（与同行相比）	
	C3 与同行相比，该科研团队是否倾向与企业建立合作关系来获取市场技术需求等相关信息资源与科研经费	
	C4 与同行相比，该科研团队与企业的直接科研项目联系是否多于间接联系	
网络规模	S1 与同行相比，该科研团队是否与很多企业在科研项目上存在合作联系	彭新敏（2009）[47]；Powell 等（1999）[65]；Capaldo（2007）[353]
	S2 与同行相比，该科研团队是否更倾向于通过直接合作伙伴来和很多企业建立起间接联系	
	S3 与同行相比，该科研团队是否经常被邀请参与产业界举办的技术论坛或技术联盟	

然后成立两个编码小组，采取“背靠背”方式，依照访谈录音和记录，使用很小（或很低）、较小（或较低）、中等、较大（或较高）和很大（或很高）五个等级，对表3－3刻画“双一流”大学科研团队所处的产学研合作网络特征的各个指标进行赋值编码，然后对编码结果进行比对。假若编码结果出现明显差异，需要通过小组会议反复讨论确认，最终结果见表3－4。

表3－4　科研团队的产学研合作网络特征

网络特征	A团队	B团队	C团队	D团队	E团队	F团队
位置中心度	中等	较低	很高	较高	较低	中等
网络规模	中等	较小	很大	较大	较小	中等

资料来源：根据访谈结果编码整理而成。

（二）组织学习

(1) 团队介绍

①A科研团队

A团队与制浆造纸厂和设备制造厂互动合作过程中，收集整合产业界遇到的技术问题，深入对纸浆纤维在高速流动状态下的分散机理及流体动力学等理论问题进行研究，为高速造纸机的研制奠定了坚实的理论基础。

②B科研团队

B团队与企业合作推动光纤材料产业化的过程中，遇到了如何将光纤材料与其他材料实现有效黏结问题，对黏胶的使用量及厚度背后的科学原理（力如何实现传递及极限?）进行了探究。通过两年多时间对上述工程遇到的问题进行理论化，B科研团队挖掘出很多科学问题，在理论层面为光纤材料技术开发与产业化扫除了障碍。

③C科研团队

与C科研团队合作的企业很多不是专门从事能源研究的企业，而是一些传统的制造业（如海尔集团），迫于国家对它们所生产产品能耗的硬性要求，它们主动上门与C科研团队合作，希望提供一套它们能够“拿来能直接用”的技术解决方案，所以C科研团队与企业合作过程中承担着较多应用研究与技术开发工作，而没有太多的精力投入到学术研究上。

④D 科研团队

D 科研团队与国内外的企业合作互动后，了解产业界在应用生物质能源现行技术存在的缺陷，为此针对现有技术的不足进行研究与完善。由于很多企业的科研能力非常薄弱，常常为合作企业提供较多的技术开发活动，而较少开展高水平学术研究。

⑤E 科研团队

E 团队参与产学研合作过程中，将高铁企业遇到的轨道交通技术问题进行科学化，企业在试验现场数据、工艺技术等方面给予积极配合与支持，它们成为 E 科研团队理论验证的“试验场”，对 E 科研团队的研发活动起到很大的帮助，并在 500km/h 条件下轮轨黏着理论上获得较多的突破，同时扫除了企业遇到的技术难题。

⑥F 科研团队

F 团队在与企业合作互动过程中，对市场技术需求状况不断有新的认识。例如，北京汽车集团希望 F 科研团队能够在新能源汽车上提供技术方案的帮助，它们的一些思想和观点被 F 科研团队吸纳后，激发出灵感，有助于 F 科研团队从企业技术需求中凝练出科学问题和未来的研究方向，申请一些国家自然基金委资助项目来支持 F 科研团队开展学术研究。

（2）数据编码

本书遵循现有研究[67,78,273]对组织学习的基本认识，认为探索性学习与突破创新紧密相连，是对新知识的寻求与发现，侧重于基础性共性技术的研究；开发性学习与渐进性创新紧密联系，偏重于对已有知识和技术范式的利用、提炼及拓展。本书在充分借鉴现有研究[260,348,354]所采用的成熟量表和访谈提纲基础之上，通过表 3－5 所列的提纲对上述 6 个科研团队访谈并收集好它们参与产学研合作所采取的组织学习相关数据。

表 3－5 测度科研团队组织学习的访谈提纲

变量	访谈提纲	参考文献
探索性学习	T1 该科研团队与企业合作以创造全新知识为目标	彭新敏（2011）[67]；March（1991）[78]；Gupta 等（2006）[273]
	T2 该科研团队经常从事攻关摸索从国外引进先进技术背后的科学原理	
	T3 该科研团队参与产学研合作是为了吸收来自不同技术领域的知识	

续表

变量	访谈提纲	参考文献
开发性学习	K1 该科研团队经常承担企业委托 R&D 下游技术开发任务	程强（2015）[260]；Sidhu 等（2007）[348]；Geiger 和 Makri（2006）[354]
	K2 该科研团队与企业合作以渐进性创新为目标	
	K3 该科研团队倾向于开发、利用、拓展与当前产品相关的知识与技术	

然后成立两个编码小组，采取“背靠背”方式，依照访谈录音和记录，使用很少、较少、中等、较多和很多五个等级，对表 3－5 测度组织学习的各个指标赋值。最后对编码结果进行比对，假如编码结果出现明显差异，需要通过小组会议反复讨论确认，最终结果见表 3－6。

表 3－6　科研团队的组织学习

组织学习特征	A 团队	B 团队	C 团队	D 团队	E 团队	F 团队
探索性学习	很多	很多	很少	较少	较多	很多
开发性学习	较少	中等	很多	较多	中等	很少

资料来源：根据访谈结果编码整理而成，

（三）学术绩效

（1）团队介绍

①A 科研团队

A 科研团队对中浓度纸浆流体化技术展开研究，并取得了丰硕的科研成果，先后在 2002 年获取“国家技术发明二等奖”，2010 年获“国家科技进步奖二等奖”等国家级奖项，并发表了大量的学术论文和申报了多项发明专利。

②B 科研团队

B 团队先后在国内外知名期刊发表了学术论文将近 300 篇，其中大部分被 SCI 收录，论文被引次数超过 1000 余次。此外，还申报了国家发明专利超过 30 项，先后获得国家科技进步奖一等奖、二等奖等诸多荣誉。

③C 科研团队

C 团队对制冷系统节能技术进行研究，先后申报专利 27 项，包括发明专利 15 项。C 团队主要专注于技术开发，发表学术论文相对较少。

④D 科研团队

D 团队聚焦于生物质热化学利用技术研究，先后申报各种类别科研项目 50 多项，申报专利 30 余项。D 团队主要专注于技术开发，发表的学术论文也相对较少。

⑤E 科研团队

E 团队承担国家及省部级科研项目 20 余项，发表的论文数量超过 200 余篇。通过对这些论文的内容进行检查，发现基本都是轮轨黏着理论问题的研究，而且多篇文章是 ESI 高被引论文。

⑥F 科研团队

F 团队针对产业界的技术需求，结合自身学科优势对技术背后的科学原理展开理论探索，也申请了国家自然基金项目来支撑这种以应用为导向的基础研究，取得了众多科研成果，包括 ESI 高被引论文和国际三方专利等。

(2) 数据编码

学术绩效是学研机构科研团队在参与产学研合作后取得的科研成就。本书借鉴现有研究[16,26,83-86,211,355]对学术绩效界定的基础上，然后通过表 3-7 所列的提纲对上述 6 个科研团队访谈并收集好它们学术绩效相关数据。

表 3-7 测度科研团队学术绩效的访谈提纲

变量	访谈提纲	参考文献
学术绩效	P1 与同行相比，该科研团队发表很多文章	Giuliani 等（2010）[16]；张艺等（2016）[26]；Fan 等（2015）[83]；邓颖翔和朱桂龙（2009）[84]；金芙蓉和罗守贵（2009）[85]；马莹莹（2011）[86]；Gonzalez-Brambila 等（2013）[211]；戚巍等（2010）[355]
	P2 与同行相比，该科研团队发表的文章质量很高	
	P3 与同行相比，该科研团队申请很多发明专利	
	P4 与同行相比，该科研团队申请的专利质量很高	
	P5 该科研团队铸造了一个良好科研平台	
	P6 该科研团队是一支有创新活力的研究团队	

然后成立两个编码小组，采取“背靠背”方式，依照访谈录音与记录，使用很差、较差、中等、较好和很好 5 个等级，对表 3-7 测度学术绩效的各指标进行赋值。最后对编码结果进行比对，假若编码结果出现明显差异，需要通过开小组会议反复讨论确认，最终结果见表 3-8。

表3-8 科研团队的学术绩效

学术绩效特征	A团队	B团队	C团队	D团队	E团队	F团队
学术绩效	很好	较好	很差	较差	较好	很好

资料来源：根据访谈结果编码整理而成。

3.3.6 跨案例比较研究

在上一节对各个案例的关键变量进行研究、编码的基础上，本节将所有案例的各个变量编码结果进行汇总，见表3-9，并进行对比分析，从而归纳出产学研合作网络、组织学习与学术绩效各变量之间的相关关系，并提出初始研究命题。

表3-9 科研团队的产学研合作网络、组织学习与学术绩效

变量	指标	A团队	B团队	C团队	D团队	E团队	F团队
产学研合作网络	位置中心度	中等	较低	很高	较高	较低	中等
	网络规模	中等	较小	很大	较大	较小	中等
组织学习	探索性学习	很多	较多	很少	较少	较多	很多
	开发性学习	较少	中等	很多	较多	中等	很少
学术绩效	–	较好	很差	较差	较好	很好	

资料来源：根据访谈结果编码整理而成。

（一）产学研合作网络与学术绩效

依据上述案例分析及表3-9的数据，可以获知A团队的产学研合作网络结构指标的数值处于中间值时，它取得的学术绩效比较好。相比之下，C团队的产学研合作网络结构指标的数值很高时，它取得的学术绩效相对较差。类似地，D团队的产学研合作网络结构指标的数据相对C团队稍低，它学术绩效也较差。而B团队产学研合作网络结构指标的数值很低时，它取得的学术绩效相对较好。E团队与B团队相类似，F团队与A团队一致。通过跨案例比较A、B、C、D、E和F团队，可以推断出产学研合作网络结构对学术绩效的影响是非线性的，更多呈现出“倒U型”影响关系。来自E团队和C团队的专家证实了这一点。例如，E团队的一名专家所言：“之前我们科研团队参与产学研合作并不算多，近年来与产业界合作才逐渐增多。随着我们科研团队在产业界的影响力不断增大，与我们合作的企业也不断增多，这有助于我们从产业界获取到很多的‘好处’，

包括科研经费、产业界信息、思想、国外引进的先进技术等，那么我们可以将企业遇到的工程技术问题进行理论化，使得我们的科学研究方向紧扣社会需求，扩大社会影响力……”。而C团队的一名专家所言：“一直以来我们科研团队在产业界就具有较大的影响力，也有很多企业与我们合作，但是过多陷入产学研合作反而占用了我们过多时间与精力，在自由科学探索方面的研究就变得更少了，我感觉与企业进行过泛、过多的合作并不利于学术研究的开展，高水平的科研成果更无从谈起”。

综合表3-9的数据及E团队、C团队专家的上述观点，可以发现产学研合作网络对科研团队学术绩效的影响存在“利”和“弊”两方面：一方面，产学研合作网络可以为学研机构科研团队提供更多的产业界资源，包括科研经费、市场信息、国外先进技术等，为开展科学研究创造了良好的条件，有利于学术绩效的提升[232,352]；另一方面，学研机构科研团队与产业界建立起合作网络关系需要付出时间与精力成本，当学研机构科研团队过于热衷参与产学研合作，可能会对其在本职高水平科学研究上的精力投入起到“挤出效应”，从而损害到学研机构科研团队的知识创造能力[356]。所以学研机构科研团队与产业界建立起合作网络关系对其学术绩效是一把“双刃剑”。即产学研合作网络关系过于紧密和松散均对学术绩效不利，而保持适度的产学研合作网络关系更有助于学术绩效提升。因此，本研究提出以下命题：

命题1：产学研合作网络对科研团队学术绩效起到“倒U型”影响。

（二）产学研合作网络与组织学习

依据上述案例分析及表3-9的数据，可以获知A团队的产学研合作网络结构指标的数值处于中间值时，它采取更多的探索性学习行为，而开发性学习却很少见。相比之下，C团队的产学研合作网络结构指标的数值很高时，它很少采取探索性学习，开展更多的开发性学习。类似地，D团队的产学研合作网络结构指标的数据相对C团队稍低，采取的探索性学习较少，开发性学习较多。B团队产学研合作网络结构指标的数值很低时，它较多采取探索性学习，较少开展开发性学习。E团队与B团队相类似，F团队与A团队一致。通过跨案例比较A、B、C、D、E和F团队，可以推断出产学研合作网络结构对组织学习具有重要影响，但是对这两种类型的组织学习行为存在差异。来自F团队和D团队的专家证实了这一点。例如，F 团队的一名专家所言："我们科研团队在过去并不那么热衷参与产学研合作，因为我们学校毕竟是国家重点大学，纵向项目经费很多，而产学研合作又不是老师评职称、'帽子'（杰青、长江学者、优青之类）及拿奖的硬性要求。近年来，受到国家协同创新政策的影响，我们科研团队参与产学研合作项目逐渐增多，很多企业与我们科研团队加强合作。通过与产业界接触后，有助于我们及时掌握市场的实际（技术）需求，尤其对那些企业花重金从国外引进先进技术后遇到的一些技术难题进行理论化后，可为我们学术研究开阔了视野……我觉得不应该和产业界走得太近，双方保持一定的距离可能对我们而言会更好"。而 D 团队的一名专家所言："我们科研团队在产业界具有较大的影响力，在广泛参与产学研合作的同时，我们热衷于搞技术开发，因为横向经费的支配使用要比纵向经费自由得多。相比之下，没有过多的精力去搞学术研究……"。

综合表 3－9 的数据及 F 团队、D 团队专家的上述观点，可以推断出产学研合作网络结构对组织学习具有重要影响，但是对这两种类型的组织学习行为存在差异。这是因为一方面，产学研合作网络能够为组织学习提供丰富的学习题材与机会[196]，有利于探索性学习和开发性学习的开展；另一方面，产学研合作网络本身是一种"场"，可能会对组织学习行为起到约束作用[357]。尤其"双一流"大学科研团队与产业界建立起紧密的合作网络关系，会牵引"双一流"大学科研团队开展更多开发性学习来满足产业界的技术开发需求，进而对探索性学习起到"挤出效应"。鉴于此，本研究提出以下命题：

命题 2：产学研合作网络对科研团队组织学习具有重要影响，但是对探索性学习和开发性学习的影响存在差异，其中对探索性学习起到"倒 U 型"影响，而对开发性学习起到正向影响。

（三）组织学习与学术绩效

依据上述案例分析及表 3－9 的数据，可以获知 A 团队采取很多的探索性学习，而较少采用开发性学习时，取得的学术绩效比较好。相比之下，C 团队很少采取探索性学习，开展更多的开发性学习，相应地，取得的学术绩效相对较差。类似地，D 团队采取的探索性学习较少，开发性学习较多，学术绩效也较差。而 B 团队较多采取探索性学习，而开展开发性学习较为一般，取得的学术绩效相对较好。E 团队与 B 团队相类似，F 团队与A团队一致。通过跨案例比较A、B、C、D、E和F团队，可以推断出学研机构开展组织学习对学术绩效具有重要影响，但是所采用不同类型组织学习对学术绩效的影响存在差异。来自F团队和C团队的专家证实了这一点。例如，F团队的一名专家所言："随着国际化日益加剧，国内一些企业将国外先进的前沿技术引进国内，由于企业自身科研能力很差，常常搞不清楚相关参数设置缘由，对所引进的先进技术认知停留在"知其然不知其所以然"水平。当国外技术人员离开后，所引进的技术有时出现"水土不服"，出现"停摆"现象，于是这些企业往往寻求与我们合作，希望我们给出技术解决方案。我们也因此有机会接触到国外最先进的前沿技术，这些技术成为了科研团队的研究素材，通过对前沿技术背后的科学原理进行摸索，摸清楚科学原理后，再对现有技术做进一步改进完善。所以，通过产学研合作，产业界一方面为我们研究提供了丰富的素材与多元的思路，另一方面提供了大量科研经费，这对于我们学术研究与学科建设具有一定的促进作用"。而D团队的一名专家所言："我们通过与企业合作互动后，了解产业界在应用生物质能源现行技术存在的缺陷，为此我们针对现有技术的不足进行研究与完善……由于很多合作企业并不是专门从事能源技术开发的企业，而且它们的科研能力很差，为此我们需要为它们定做一套能够'拿来能直接用'的技术解决方案，承担着较多应用研究与技术开发工作。囿于精力和时间的有限性，近年来我们投入学术研究的精力与时间明显减少，相应地发表的文章就较少"。

综合表3-9的数据及E团队、D团队专家的上述观点，可以推断出学研机构科研团队开展组织学习对学术绩效具有重要影响，但是所采用的不同类型组织学习对学术绩效的影响存在差异。探索性学习是为了整合产业界的资源来为科研团队开展学术研究服务，因而对学术绩效起到促进作用；开发性学习更多定位于为产业界提供技术开发服务，获取财务收益，因此对学术绩效的影响较为复杂。现有研究表明，当科研团队对产业界具体技术开发和商业化问题过多关注，耗费过多精力与资源为企业开展技术开发和商业化活动，虽然能够为科研团队带来短期的财务收益，有利于稳定研发队伍，但是会限制它的学术自由，削弱其知识创造能力[30,358]。所以，科研团队的开发性学习对其学术绩效的影响是一把"双刃剑"。鉴于此，本研究提出以下命题：

命题3：科研团队的组织学习对学术绩效具有重要影响，但是探索性学习和开发性学习对学术绩效的影响存在差异，其中，探索性学习对学术绩效起到正向影响作用，开发性学习对学术绩效呈现“倒U型”影响作用。

（四）产学研合作网络、组织学习与学术绩效

依据上述案例分析及表3-9的数据，可以获知A团队的产学研合作网络结构指标的数值处于中间值时，它采取很多的探索性学习，而开发性学习却很少见，相应地，取得的学术绩效比较好。相比之下，C团队的产学研合作网络结构指标的数值很高时，它很少采取探索性学习，开展更多的开发性学习，相应地，取得的学术绩效相对较差。类似地，D团队的产学研合作网络结构指标的数值相对C团队稍低，采取的探索性学习较少，开发性学习较多，学术绩效也较差。而B团队产学研合作网络结构指标的数值很低时，它较多采取探索性学习，较少开展开发性学习，相应地，取得的学术绩效相对较好。E团队与B团队相类似，F团队与A团队一致。通过跨案例比较A、B、C、D、E和F团队，可以推断科研团队所嵌入的产学研合作网络通过组织学习来对科研团队学术绩效产生影响。通过对A团队和B团队进行调研访谈，发现它们凭借与产业界所建立的广泛网络合作关系来获取产业界创新资源，包括从国外引进的最先进技术，企业界优秀研发人才、实践场所及研发经费等，通过整合来自不同领域的技术资源，为A团队和B团队探索性学习的开展创造了良好的条件和机会，避免从事过多开发性学习，为理想学术绩效的取得奠定了基础。鉴于此，本研究提出以下命题：

命题4：组织学习（探索性学习和开发性学习）在产学研合作网络与科研团队学术绩效之间存在中介作用。

3.4 本章小结

为了明晰产学研合作网络、组织学习与学术绩效之间的影响关系，本章严格遵循了案例研究方法论，以嵌入到产学研合作网络中的学研机构科研团队为研究样本进行探索性单案例或多案例研究，探讨科研团队的产学研合作网络、组织学习和学术绩效之间的影响关系，并从中提炼出以下初

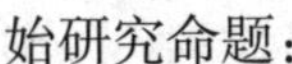

始研究命题：

命题1：产学研合作网络对科研团队学术绩效起到“倒U型”影响；

命题2：产学研合作网络对科研团队组织学习具有重要影响，但是对探索性学习和开发性学习的影响存在差异，其中对探索性学习起到“倒U型”影响，而对开发性学习起到正向影响；

命题3：科研团队的组织学习对学术绩效具有重要影响，但是探索性学习和开发性学习对学术绩效的影响存在差异，其中，探索性学习对学术绩效起到正向影响作用，开发性学习对学术绩效呈现“倒U型”影响作用；

命题4：组织学习（探索性学习和开发性学习）在产学研合作网络与科研团队学术绩效之间存在中介作用。

上述初始命题是基于探索性案例研究得到的发现，这为本书后续研究模型的构建和研究假设的提出提供了现实依据。

第 4 章

>>> 研究模型与假设

基于第三章的探索性案例研究，本书提出初始研究命题，初步推断出产学研合作网络对学研机构科研团队的组织学习产生重要影响，而组织学习会进一步对科研团队学术绩效带来重要影响。换言之，组织学习在产学研合作网络与学术绩效之间可能存在中介效应。由于上文提出的假设命题仅仅通过探索性案例研究得到的，需要进一步通过理论推演和实证分析来检验。鉴于此，本章在上一章探索性案例研究中得到的初始研究命题的基础上，将进一步探究产学研合作网络、组织学习和学术绩效之间的影响关系，揭示产学研合作网络对科研团队学术绩效的影响路径及作用机理。

虽然学术界已经对合作网络、组织学习与绩效之间的影响关系展开了较为丰富的研究，但是现有研究对“产学研合作对学术型组织学术绩效的影响关系”仍然存在着较大的争议，对它们之间的影响机理仍然缺乏深入的挖掘与剖析。对该议题进行研究不仅弥补现有研究的不足，还对指导学研机构参与产学研合作实践具有一定参考价值。鉴于此，本章在现有理论研究和实践案例的基础上，从学研机构科研团队的视角构建“产学研合作网络—组织学习—学术绩效”研究模型，并提出相关研究假设，为后文的实证研究奠定前期理论基础。

4.1 研究模型

早在 20 世纪 80 年代，Granovetter（1985）基于新古典经济学的比较研究，初步刻画出社会网络理论的总体轮廓，指出任何组织嵌入在特定社会网络中，组织间所建立的社会网络关系会影响组织行动；此外，组织在社会网络中的位置会影响到其对信息、知识等资源的获取，也会制约其行动的开展，进而对绩效产生影响[301]。

资源观理论指出，组织行为会受到外部环境的制约与影响。为了维持自身的生存与发展，组织要不断地从外部获取必要资源，然后采取相关措施，将资源转化成组织的绩效[359]。基于资源观视角的 Barnes（2002）提出的“资源—过程—绩效”三阶段模型，揭示了组织需要通过与外部社会网络建立有效渠道为其提供资源，从而推动资源要素向成果转化[302]。

魏江和郑小勇（2010）认为组织所嵌入的社会网络关系本质上是一种“场”，基本逻辑为组织之间的行为会受到所处“场”的制约或刺激，进而影响组织创新绩效的实现[357]。

在产学研合作网络中，作为知识创造者的学研机构科研团队要实现不断创新发展，就必须要突破自身创新资源不足，从网络获取自身所需的创新资源，了解所创造的科研成果市场价值及存在的不足等市场信息，而这些资源的获得往往受到自身所处网络结构特征的制约。所以，良好的产学研合作网络环境有助于促进科研团队与具有不同知识（技术）背景的企业接触与沟通，使科研团队获得更多的组织学习机会，掌握到更丰富的市场信息及其他创新资源，为下一步科学研究指明方向，创造出更多具有影响力的科研成果。显然，科研团队的组织学习受到自身所处产学研合作网络环境的影响，而组织学习可能会进一步对科研团队学术绩效产生影响。现有文献也证实了组织学习（探索性学习和开发性学习）在合作网络与组织创新绩效之间起到中介作用[255,293,360]。

本书基于上一章探索性分析学研机构科研团队参与产学研合作实践案例，以及综合考虑 Granovetter（1985）、Barnes（2002）、魏江和郑小勇（2010）所提及的理论逻辑的基础上，以嵌入到产学研合作网络中的学研机构科研团队为研究样本，围绕着“产学研合作网络与科研团队的学术绩效之间影响机理和作用路径”这一核心问题，从学研机构科研团队的角度建立起“产学研合作网络—组织学习—学术绩效”的研究框架，如图 4 - 1 所示。

产学研合作网络蕴藏着信息流、知识流及资金流等丰富创新资源，科研团队嵌入到网络中有利于获取创新资源，这也成为科研团队的社会资

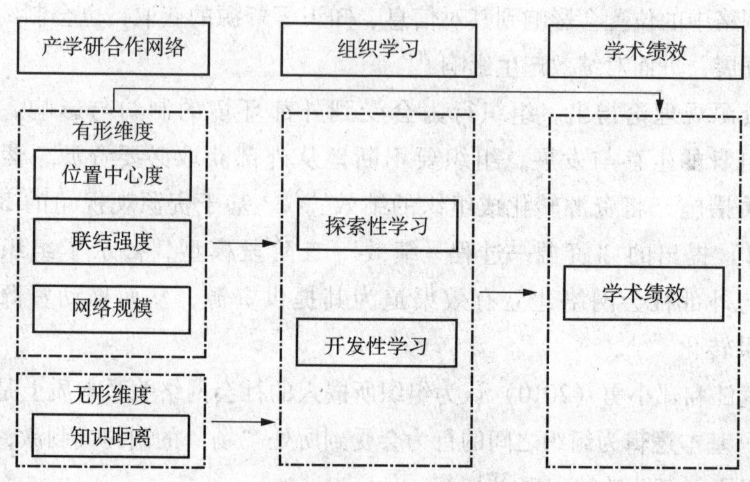

图4-1 本书研究框架

本。Nahapiet 和 Ghoshal（1998）曾经从结构维度、关系维度及认知维度来刻画社会资本结构特征[361]。Gnyawali 和 Madhavan（2001）认为合作网络具有多维度、多层次的结构特征[74]。Gilsing 等（2008）使用结构维度和认知维度来阐述企业间合作网络结构，认知维度用于衡量网络节点之间在知识、技术等认知水平方面的“无形”结构特征，而结构维度用于衡量网络节点之间“有形”网络关系结构[75]。本研究在借鉴上述学者观点的基础之上，为了避免与社会资本划分维度混淆，分别从有形维度与无形维度来对科研团队与企业所建立的合作网络关系进行刻画。其中，有形维度是从“点（科研团队的网络位置）、线（科研团队与企业之间的联结关系强度）和面（产学研合作网络规模）”三个层次来刻画；而无形维度使用科研团队与企业之间知识距离来刻画。

March（1991）基于学习策略的视角，将组织学习划分成探索性学习和开发性学习两种类型学习模式[78]。这两种类型组织学习的根本差异在于创新组织对待已有知识的态度，探索性学习是指组织倾向于开拓全新的知识领域，摆脱原来的知识路径，实现突破性创新；而开发性学习是指组织充分挖掘与利用知识库里面已有的知识，实现渐进性创新[231]。类似地，学研机构科研团队与企业合作过程中采取的组织学习类型同样可以划分为探索性学习和开发性学习两类。其中探索性学习位于 R&D 上游，偏重于基础性共性技术的研究，而开发性学习则处于知识链下游环节，更为侧重于专有技术的开发利用[260]。

学术绩效是指学研机构科研团队参与产学研合作取得的学术成就。现有文献[84-86]普遍认为完全使用客观的成果性绩效并不能完全刻画学术绩效，还应考虑将无形能力的提升纳入评估范围，依赖活动主体对自身绩效高低的主观判断。鉴于此，本书对学术绩效进行刻画时充分考虑科研团队的成果性绩效和成长性绩效。

4.2　研究假设

4.2.1　产学研合作网络对学术绩效的影响

资源观理论认为，任何组织都不可能拥有自身发展所需的一切知识和资源，需要不断地从组织外部获取新知识来提升绩效和保持竞争优势[23]。资源获取往往需要通过组织间的社会联结渠道来实现，而网络作为组织间社会联结的集合，为资源获取提供良好渠道和平台[255]。此外，合作网络蕴藏着信息、知识和资金等各种资源[351]，所以，组织嵌入到网络中有助于扩大创新资源来源，有利于组织绩效的提升。

现今学术界已经对合作网络如何影响组织绩效这个议题展开了较为丰富的研究[51,52,214,362,363]，现有研究主要以资源观或交易成本理论为理论基础，研究发现合作网络赋予组织从外部获取知识、技术、信息等资源的能力[9]，有助于激发创新火花，减少创新成本，对组织绩效的有效提升起到显著影响作用[364,365]。所以，组织绩效会受到其所处的网络结构特征的影响。

在产学研合作网络中，科研团队与企业之间知识距离的远近会影响知识能否有效顺畅地跨组织溢出，而双方建立起的合作关系成为知识实现跨组织溢出的主要路径[75]，所以，科研团队与企业之间知识距离的远近及双方所建立的网络结构特征均对科研团队学术绩效产生影响。当双方保持合适的知识距离，而且所建立的产学研合作网络结构特征有利于知识跨组织溢出时，那么科研团队可根据学术研究的需要，有针对性地吸收和整合来自产业界的信息、知识和技术等资源，增加自身知识存量，以推动科研创新活动的开展和学术绩效的提升[29]。所以，科研团队学术绩效受到产学研合作网络结构的影响。下文将分别从有形维度和无形维度依次理论推演产学研合作网络对科研团队学术绩效的影响机制和作用路径。

（一）有形维度

（1）位置中心度对学术绩效的影响

网络位置是否以及如何影响组织绩效已成为学术界关注的热点问题[47]。位置中心度是衡量组织在网络所占据位置重要程度的常用指标[214,230,366]，它通过刻画组织在网络中与其他节点之间的连接关系及分布状态，反映组织在合作网络中的权利集中程度和声望高低[16]。鉴于此，本书在借鉴过去研究[51,52,214,362,363]的基础上，使用位置中心度来测量学研机构科研团队在产学研合作网络中所占据的网络位置。

在产学研合作网络中，当学研机构科研团队的位置中心度越高，意味着它在网络中占据的位置越重要，与企业之间建立的沟通渠道和机会就越多，这有助于提升双方的信任和认同程度，进而消除学研机构科研团队从产业界调动互补性资源的障碍，并提升网络资源（尤其缄默性知识）转移效率，这对提升学研机构科研团队的学术绩效尤为关键。同时，随着学研机构科研团队与企业接触的机会增多，企业为了寻求技术改进方案，会及时地将从国外引进的先进技术提供给学研机构科研团队，希望它们通过攻关先进技术背后的科学原理为其提供技术解决方案，这为学研机构科研团队提供了丰富的研究题材和学习机会。例如，中国科学院力学研究所开展500km/h条件下基础力学原理的研究，就是产学研合作推动科研团队开展前瞻性前沿科技研究的典型例子。此外，学研机构科研团队可以利用企业的实践平台来对科学探索所获得的研究成果进行实践检验，有利于高水平科学研究的开展。例如，中国科学院力学研究所某科研团队对高铁技术背后的基础力学原理探索与验证过程中，高铁企业在试验现场数据、工艺技术等方面给予积极配合，成为研究机构对前沿产业技术科学理论验证的“试验场”。所以，拥有较高位置中心度的学研机构科研团队能够凭借它的网络位置优势来获取更多的互补性资源（认知、信息、知识、技术、实践场所以及研发经费等）[52,214,362,363,367,368]，甚至影响知识和信息等创新资源在网络中扩散转移方向来为学术研究服务[230,286,369,370]。

然而，拥有较高位置中心度是需要大量成本与精力投入。尤其在产学研合作网络中，学研机构科研团队与企业在价值认同与取向方面存在着本质差异，即学研机构科研团队以发现和创造知识为宗旨，注重学术成果的前沿性，而企业则以利用知识创造利润为宗旨，更注重科研成果的实用性和效益性[29]。那么，当学研机构科研团队的位置中心度过高时，意味着它需要耗费更多的精力和资源来协调与企业合作过程中双方价值观冲突问题。学研机构科研团队容易受到企业的牵引，从事过多的技术开发活动，可能会对学研机构科研团队在本职高水平科学研究上的精力投入起到“挤出效应”，从而损害到学研机构科研团队的知识创造能力[356]。第二，当学研机构科研团队的位置中心度过高时，它需要耗费更多的精力来应对和处理过多的信息和其他资源[52,371,372]，尤其是缄默性知识，这可能会对它的学术绩效带来不利影响。此外，过高的位置中心度可能给学研机构科研团队带来更多的同质化资源[373,374]，这对学研机构科研团队的学术绩效促进作用容易出现边际性递减现象。

由此可知，学研机构科研团队的位置中心度对其学术绩效的提升是一把“双刃剑”。最初位置中心度对学术绩效起到正向的影响。然而，随着位置中心度的不断提高并超出临界值时，学研机构科研团队维护较高位置中心度需要投入较大成本与精力，加上位置中心度对学术绩效的正向影响出现边际效应递减，最终导致位置中心度带来的收益超过了投入成本。鉴于此，本研究提出以下假设：

假设1a：学研机构科研团队的位置中心度对其学术绩效呈现出“倒U型”影响。

(2）联结强度对学术绩效的影响

联结强度是指组织间关系的强弱程度，常用组织间互动频繁程度来衡量[301]。按组织间互动频繁程度，可划分为强联结与弱联结两种类型。其中强联结是一种情感密切或互动频繁的联系，需要网络成员耗费较多时间与精力来维护；而弱联结是指网络成员无须耗费太多时间与精力去维护的松散联系[50,375]。现有研究发现组织间的联结强度对资源的获取产生影响，进而对组织绩效产生影响[255]。

弱联结的存在，意味着组织间互动频次较少，导致组织拥有资源彼此之间保持较大的差异性。在产学研合作网络中，广泛与企业建立起弱联结关系的学研机构科研团队容易占据网络中的结构洞位置，有利于它凭借在网络中扮演的“守门人”或“中介者”的角色，独家掌控着许多非冗余的创新资源[221,376]，在稀缺创新资源方面不受制于人[377-379]，而且可以凭借广泛与企业建立起弱联结关系来影响稀缺创新资源流动在网络中扩散，甚至截留这些非冗余资源为它所有[223,284]。过去研究表明获取和整合非冗余创新资源对提升绩效变得尤为重要[380,381]。Manjarrés-Henríquez et al.（2009）指出异质性资源是提升自身绩效的重要前提[382]。由此可知，在产学研合作网络中，与企业建立起弱联结关系的学研机构科研团队可以在网络中获得更多的互补性知识[52,221,362,383]，有助于学术绩效的提升。

值得关注的是，现有研究发现弱联结会降低信息、知识等资源跨组织转移的效率，不利于绩效的提升[384]。所以，弱联结也可能会成为学研机构科研团队从网络中顺畅地获取创新资源的障碍。尤其在中国国情背景下，学研机构科研团队与企业之间网络“关系”不够亲密时，双方信任机制尚未建立，企业的“私有属性”导致它们不愿意分享其拥有的资源，更不可能给学研机构科研团队提供它们所获得的宝贵创新资源（如花重金从国外引进前沿技术）。

随着学研机构科研团队与企业之间建立的联结强度逐渐增强，互动频率不断增加，这有利于增加双方的认同感和信任机制的建立[385]，那么企业就会愿意向学研机构科研团队分享和提供它们拥有的异质性资源，包括一线市场信息、实践检测设施等，这有利于学术研究的顺利开展以及学术绩效的提升。所以，在早期，学研机构科研团队与企业之间的联结强度不断增强有利于学术绩效的不断提升。

然而，联结关系的建立需要成本和精力投入。当学研机构科研团队与企业之间建立的联结关系强度超过一定的临界值，由原先的弱联结变成强联结，意味着学研机构科研团队需要耗费越来越多的精力和资源来维护与企业之间的强联结关系，这可能会成为学研机构科研团队开展探索式学习和学术研究的障碍。这是因为在精力和资源有限的条件下，当学研机构科研团队耗费较多精力与某些企业建立起强联结关系，容易导致学研机构科研团队难以再腾出足够精力与其他企业建立起联结关系，最终造成学研机构科研团队与产业界直接联系渠道数量减少，那么学研机构科研团队从产业界获取有用的信息资源数量也随之减少[66]，这不利于学研机构科研团队科学研究的开展和学术绩效的提升。此外，学研机构科研团队与企业来自不同的制度系统，双方的价值取向、行为、文化等方面存在较大的差异。

学研机构科研团队是学术界的主要活动主体，从事科学知识创造并将研究发现在第一时间公布扩散；而企业是商业界的经济型组织，倾向于将研究发现私下截留保密并想方设法榨取其经济价值以实现利益最大化[382,386,387]。由于强联结所固有的互惠性（即是将组织捆绑到互惠帮助关系当中），学研机构科研团队与企业的强联结关系容易致使学研机构科研团队为了迎合企业技术商业化要求，从事过多技术开发及商业化活动，会对学研机构科研团队开展高水平学术研究产生“挤出效应”，最终损害到学研机构科研团队的知识创造能力。

综上所述，可以获知：当学研机构科研团队与企业之间的联结强度较弱时，随着联结强度不断提高，学研机构科研团队的学术绩效就会得到不断改善；当双方的联结强度超过一定的临界值时，则可能会损害学研机构科研团队的学术绩效。鉴于此，本研究做出以下假设：

假设 1b：学研机构科研团队与企业之间网络联结关系强度对学研机构科研团队的学术绩效呈现出“倒 U 型”影响。

(3) 网络规模对学术绩效的影响

网络规模是指网络包含的节点数量。网络中活动主体数量越多，意味着网络规模越大，蕴藏着有利于组织成长的资源就越丰富[351]，可为创新组织提供多样化资源，就越有利于创新绩效的提升[388]。现有研究也证明了网络规模对活动主体的绩效具有重要影响作用[232,352]。

同样地，当产学研合作网络的规模越大，意味着学研机构科研团队所嵌入的网络包含的企业数量就越多，那么蕴藏的网络资源就越丰富[388]。这有利于学研机构科研团队从产学研合作网络中获取更多的市场信息、技术需求、科研经费等资源，从而有助于学研机构科研团队结合实践需求选择研究题材，开拓研究视野，进而推动学术研究的顺利开展，这对学术绩效的提升尤为重要。

网络规模越大，意味着学研机构科研团队需要投入更多的精力和资源去维护管理[385]。此外，网络规模越大，结构洞就可能会越多，那么可能会给学研机构科研团队如何有效地管理规模过大的合作网络带来极大的挑战[216]。同时，网络规模越大并不意味着有用的资源就越丰富，尤其是当网络由同质化程度很高的组织所组成时，规模很大的网络可能拥有的同质化资源就越多，这并不利于学研机构科研团队提升学术绩效。所以，当网络规模超过临界值时，容易造成学研机构科研团队的成本投入超过从合作网络中获得的资源收益，那么会对学研机构科研团队的学术绩效带来负面影响。

综上所述，可以获知：当网络规模较小时，随着网络规模不断增大，学研机构科研团队的学术绩效得到不断提升；当网络规模超过临界值时，则可能会损害科研团队的学术绩效。此外，过去研究也发现网络规模与组织绩效之间存在非线性影响关系[356,385]。鉴于此，本研究做出以下假设：

假设1c：产学研合作网络规模对科研团队学术绩效呈现出“倒U型”影响。

（二）无形维度

上一节理论推演科研团队与产业界之间“有形”网络结构关系与科研团队学术绩效之间的影响关系，本节将进一步理论推演网络节点（科研团队与企业）之间在知识距离方面的“无形”结构特征与科研团队学术绩效之间的影响关系。

本研究在借鉴现有研究[75,231]的基础上，使用学研机构科研团队与企业之间的知识距离来刻画双方认知距离的大小。依照 Cummings 和 Teng（2003）对知识距离的定义，知识距离是指知识供应方与接收方所拥有的知识差异程度[389]。在产学研合作网络中，学研机构科研团队和企业之间的知识距离主要体现为双方所拥有的知识在宽度与深度上的差异[349]。知识宽度是指组织所掌握知识的多样性，知识跨越的领域越大，表明知识宽度越大；而知识深度是指组织所掌握知识的水平程度，拥有某类知识存量越大，表明知识的深度越高。

现有研究认为，知识供应方与接收方之间所拥有知识的差距越大，表明双方拥有共同知识基础相对较少，那么知识接收方为了吸收和整合知识需要耗费较多的时间与精力，导致知识跨组织转移存在着较大障碍；而知识差距过小时，意味着双方拥有知识高度重叠，彼此获得的新鲜知识较少，互补效应大打折扣[390]。所以，组织间保持适度的知识差距是组织参与合作获得最佳绩效的保证[391]。合适的知识差距既确保组织间所拥有的成分、技术、知识、资源等方面存在一定的差异程度，避免缺乏差异而导致互补效应难以实现，又可避免知识差距过大而导致双方难以整合、吸收彼此的知识，不利于绩效的提升[390]。

同样地，在产学研合作网络中，当学研机构科研团队与企业之间的知识距离处于较低水平时，随着双方知识距离不断增大，所拥有知识的互补优势也就愈加明显，学研机构科研团队可从产业界获取到丰富非冗余的思想、信息和知识，有助于激发创新思想火花的发生，大大推动科研团队学术绩效的提升。然而，当学研机构科研团队与企业间的知识距离超过一定的临界值时，双方科研实力相差悬殊，那么学研机构科研团队与企业的合作就沦落成“门不当户不对”状态。学研机构科研团队在企业牵引下更可能在 R&D 下游从事更多的技术开发活动，对从事基础研究活动起到“挤出效应”，那么可能会对科研团队学术绩效带来负面影响。所以，学研机构科研团队与企业之间知识距离过小或过大均不利于学术绩效的提升，双方保持一个合适的知识距离能使学研机构科研团队获得最好的学术绩效。鉴于此，本研究做出以下假设：

假设 1d：学研机构科研团队与企业之间知识距离对学术绩效呈现出“倒 U 型”影响。

4.2.2　产学研合作网络对组织学习的影响

在倡导“开放式创新”的今天，随着组织间的合作日趋网络化，越来越多的创新组织嵌入到网络中，合作网络成为创新组织最为重要的外部环境[220]。组织学习不仅可以发生在组织内部，也可以在组织间进行。合作网络促进组织间互动交流，对组织学习起到显著的促进作用[45]。过去研究发现，合作网络是开展组织学习的潜在来源，促进信息、知识等资源跨组织转移[60]。从资源观的角度，组织从合作网络所获得的资源数量多寡和异质性程度高低，会影响组织学习的发生。此外，从交易成本理论视角及魏江和郑小勇（2010）所提及的“场”理论，网络成员之间的联结强度可能会对活动主体所从事的组织学习产生影响。例如，在产学研合作网络中，当学研机构科研团队与企业建立起具有较强互惠性“强联结”关系时，有利于增强它们之间的情感基础及信任感，有助于提升彼此之间的学习意愿，有利于组织学习的开展[60]。

由于学研机构科研团队在合作网络中的位置（点），它与企业之间的联结强度（线）、所处的合作网络规模（面）以及它与企业之间的知识距离均可能影响到学研机构科研团队从网络中获得的物质资源和知识、信息等无形资源数量的多寡及异质性程度的高低，同时也影响到学研机构科研团队为维护与企业之间合作网络关系而需要耗费成本、精力的高低，而这些可能对学研机构科研团队的组织学习产生一定的影响。过去研究也表明，合作网络影响知识的共享与转移，进而对组织学习产生显著影响[392]。

（一）有形维度

(1) 位置中心度对组织学习的影响

由于信息、知识等资源在合作网络中的分布通常是不均匀的。不同的网络位置代表了创新组织在网络中不同的获取资源的机会，反映该组织从外部获取信息和知识的能力大小。过去研究发现当网络节点的位置中心度越高，它越能够凭借它在网络中的位置优势获得更多的资源[52,214,362,363,367,368]，为组织学习提供丰富的学习题材，有助于创新组织开展更为有效的组织学习[56]。其实，从组织学习的视角出发，位置中心度高的组织由于能够接触到不同的信息或知识，有助于进一步增强组织学习的可能性[393]。现有研究也表明，位置中心度对组织学习具有显著影响[255]。

同样地，在产学研合作网络中，随着学研机构科研团队的位置中心度的不断增大，有助于学研机构科研团队凭借位置优势从产学研合作网络中获取更多的资源，可为它开展组织学习创造更多的机会和条件，包括探索性学习和开发性学习。现有研究表明，网络提供的异质性资源有利于探索性学习的开展，而提供同质化资源更有利于开发性学习的开展[9]。学研机构科研团队的位置中心度越高，越有助于获得大量的市场信息和技术资源，加深相关领域的理解，提升科研团队的洞察力和创造更多的学习机会，激发产生出新的研究问题[196]。除了认知的资源，学研机构科研团队可以从网络中获得财务资源为学术研究提供必要的科研经费支持。所以，位置中心度越高，越能够给学研机构科研团队带来更多的网络资源，包括认知、信息、知识、技术以及研发经费等，为它开展探索性学习和开发性学习提供了丰富的素材和创造良好的条件，促进组织学习的发生。

当位置中心度很高时，提升了组织间资源承诺，而高水平资源承诺进一步促使组织之间紧密合作，促进开发性学习的开展[255,281]。然而，当学研机构科研团队过多地参与产学研合作时，可能会占据了它本应投入到学术研究的时间、精力和科研资源，那么对科研团队开展探索性学习起到“挤出效应”。所以，当位置中心度过高时，学研机构科研团队为了迎合企业技术开发需要而开展过多的开发性学习，可能会对探索性学习的开展起到抑制作用。鉴于此，可以推断出位置中心度对学研机构科研团队的探索性学习和开发性学习的影响存在差异，即

假设2a：学研机构科研团队的位置中心度对探索性学习呈现出“倒U型”影响作用；

假设2b：学研机构科研团队的位置中心度对开发性学习起到正向影响作用。

（2）联结强度对组织学习的影响

联结强度是表征网络节点间互动关系的一个重要指标。依据Granovetter（1973）对联结强度的定义，强联结是指节点间互动频次密集的联结，反之，弱联结是指节点间互动频次较为零星的联结[219]。过去研究发现，联结强度高低对网络节点间传递的信息类型与质量产生直接影响[9]。一般而言，弱联结有助于创新主体从网络中获取异质性资源，而强联结有利于缄默性知识的传递。由于强、弱联结对资源跨组织转移的影响存在差异，进而对活动主体采取不同类型的组织学习产生影响[228]。

一方面，学研机构科研团队与企业保持较弱联结可能有利于探索性学习的开展，这是因为对于弱联结来说，学研机构科研团队与企业之间互动频率比较低，学研机构科研团队较少受到关系网络的约束和限制，易于保持自身从事学术研究的独立性，更容易脱离已有被广泛认可的常规知识去搜寻或试验全新的知识，从而有利于学研机构科研团队开展探索性学习[255]。同时，弱联结意味着学研机构科研团队无须耗费太多精力维护与企业紧密合作关系，可以腾出更多精力与不同的企业建立广泛的弱联结关系，扩大了新知识搜索的范围，可为学研机构科研团队开展探索性学习创造了更多的机会。

另一方面，学研机构科研团队与企业保持较弱联结也可能会成为探索性学习开展的障碍。这是因为弱联结的建立，伙伴之间的互惠性低，也不要求关系承诺。这不利于信任机制的建立，导致新鲜的信息及其他创新资源难以从产业界流入学研机构科研团队，进而阻碍学研机构科研团队开展探索性学习。

由此可知，弱联结对学研机构科研团队探索性学习具有两面性。在早期，随着学研机构科研团队与产业界之间的网络联结关系强度不断增强，

推动双方沟通渠道与信任机制的不断建立，那么弱联结对探索性学习的障碍不断减少，因此联结强度对探索性学习起到正面促进作用。然而，随着学研机构科研团队与企业之间的联结强度超过临界点，由原先的弱联结变成了强联结，可能会对探索性学习开展起到抑制作用。这是因为强联结是一种需要投入更多时间和精力来维护的双方联系非常紧密频繁的关系类型[219]。由于强联结的维持成本较高，牵制学研机构科研团队过多精力，在时间和资源有限的条件下，强联结关系不利于学研机构科研团队进入新的领域来开展探索性学习[60]。此外，由于强联结关系增强了双方的认同程度，逐渐走向同质化，不利于新观点或思想的产生[361]，也会成为探索性学习开展的阻碍。最后，强联结关系具有较强的互惠性，学研机构科研团队需要迎合企业要求，耗费更多的时间和资源为企业提供技术开发服务，限制了其学术自由探索研究，会对学研机构科研团队开展探索性学习起到抑制作用。由此可知，过强的联结关系会阻碍学研机构科研团队开展探索性学习。因此学研机构科研团队与企业之间的联结强度对探索性学习的开展是一把“双刃剑”。换言之，两者间是一种“倒 U 型”影响关系。

相比之下，联结强度对学研机构科研团队开展开发性学习更多是一种线性正向影响关系。在早期，学研机构科研团队与企业间较弱的联结关系可能不利于开发性学习的开展，这是因为双方信任机制尚未建立，不利于创新资源的跨组织流动，为开发性学习提供的学习素材和机会就相对较少。随着学研机构科研团队与企业之间联结强度不断增强，由原先的弱联结逐渐过渡到强联结，彼此之间交流频繁，拥有的资源相似性程度就会很高[219]。这一方面有助于缄默性隐性知识和高质量信息的传递[9]，学研机构科研团队充分挖掘合作网络内部的复杂信息和缄默性知识，为它开展开发性学习提供丰富素材和创造良好的条件；另一方面，强联结的互惠性要求学研机构科研团队为企业提供技术解决方案。在与企业的频繁接触过程中，学研机构科研团队容易受到产业界的技术开发及商业化思想的影响，迎合产业界要求而开展更多的开发性学习。因此，学研机构科研团队与企业之间的联结强度对开发性学习的开展是一种正向影响关系。

综上所述，学研机构科研团队与企业之间的联结强度会对不同类型组织学习行为产生重要的影响，其中对探索性学习是一种非线性影响关系，而对开发性学习则是一种线性的影响关系。鉴于此，本书提出以下假设：

假设2c：学研机构科研团队与企业之间联结强度对探索性学习呈现出“倒U型”影响；

假设2d：学研机构科研团队与企业之间联结强度对开发性学习起到正向影响作用。

(3) 网络规模对组织学习的影响

网络是组织间关系的集合，网络规模是指组织间存在关系数[351]。网络规模的大小，反映嵌入到合作网络中活动主体可利用的关系数目的多寡，进而影响到活动主体接近创新资源机会的多寡[48]。由于合作网络关系作为承载网络资源的重要载体，其本身代表组织间的一种关系资源，给创新组织提供接近资源的机会，所以，嵌入到大规模合作网络的创新组织获取创新资源的机会越多，为创新组织提供的资源就越丰富[363]，有助于其组织学习的开展，包括探索性学习和开发性学习。现有研究认为，组织嵌入在大规模网络中可以获得更多的机会接触到异质性信息或知识，促进探索性学习的开展[51]。

当产学研合作网络规模越大，意味着学研机构科研团队与更多数量的企业存在着宽泛的合作关系。这增加了学研机构科研团队获取网络资源来源的广度，学研机构科研团队有机会接触到大量的创新资源如一线市场信息、技术需求、科研经费，为其开展探索性学习和开发性学习提供丰富的素材和创造良好的条件，进而对组织学习起到促进作用[66]。

然而，如上文所言，网络规模越大，意味着学研机构科研团队需要投入更多的精力和资源去维护管理。为了维护与企业宽泛网络合作关系，学研机构科研团队需要过多地开展开发性学习来迎合产业界的技术开发需求，那么可能对学研机构科研团队的探索性学习的开展起到一定的束缚作用。所以，网络规模超过一定的临界值时，可能会对学研机构科研团队开展探索性学习起到负面影响，而对开发性学习仍然存在正面影响。

综上所述，网络规模会对不同类型组织学习产生重要的影响。其中对探索性学习是一种非线性影响关系，而对开发性学习则是一种线性影响关系。鉴于此，本书提出以下假设：

假设2e：网络规模对学研机构科研团队探索性学习呈现出“倒U型”影响；

假设2f：网络规模对学研机构科研团队开发性学习起到正向影响

作用。

（二）无形维度

学研机构科研团队、企业自身具有特定的知识结构，它们之间知识结构的差异程度会影响学研机构科研团队从产业界获取和吸收新鲜知识的多寡，进而影响到组织学习的开展[277]。现有研究发现，知识距离是组织学习开展的重要基础和前提[394]。这意味着组织间的知识距离对组织学习具有显著影响[395]。

当学研机构科研团队与企业之间知识距离比较小的时候，表明它们的知识结构较为相似，这有利于彼此之间对各自所拥有的知识进行有效吸收与编码[396]，从而有助于双方在相似的专业领域进行深入挖掘与利用现有的知识存量[397]。所以，当学研机构科研团队与企业在知识结构方面存在较高程度的重叠与交叉时，有利于开发性学习的开展。值得关注的是，随着知识距离增大，给学研机构科研团队开发性学习带来的影响具有两面性。一方面，当学研机构科研团队与来自不同领域的企业进行合作，意味着知识宽度不断增大，来自不同领域的知识日益增多，知识跨组织转移难度也随之上升，尤其黏滞性较高的缄默性知识容易出现传递脱节[398]，这对利用、挖掘现有知识库资源带来极大的挑战。所以，当学研机构科研团队与企业之间知识距离不断增大是因为知识宽度扩大而引起，可能对学研机构科研团队开发性学习的开展起到抑制作用；另一方面，当学研机构科研团队与科研实力相差较为悬殊的中小企业合作，由于双方掌握的知识水平程度相差较大，企业缺乏相似的知识基础来消化吸收学研机构科研团队在 R&D 上游科研成果，学研机构科研团队为了响应国家政策（详见附录 1）号召而参与产学研合作，这容易导致学研机构科研团队在科研能力水平低下企业的牵引下不断降低产学研合作层次，而从事过多的 R&D 下游技术开发活动。那么，学研机构科研团队与企业之间知识水平差距扩大而导致双方知识（认知）距离增大，可能会给开发性学习带来正面影响。由此可知，学研机构科研团队与企业之间知识距离对开发性学习的影响较为复杂，可能存在着“正 U 型”影响关系，即在早期随着知识距离不断扩大，而对学研机构科研团队的开发性学习开展起到抑制作用；当知识距离超过某一临界点，可能对学研机构科研团队的开发性学习开展起到促进作用。

同样地，学研机构科研团队与企业之间的知识距离对探索性学习开展的影响也存在非线性关系。在早期，当知识距离较小，双方高度重叠的知识结构不利于获取新鲜的知识，成为探索性学习开展的障碍[397]。随着知识距离不断增大，学研机构科研团队从产业界获取到多样化知识的机会也会不断增加，这有助于学研机构科研团队对不同类型产业的发展现状和技术需求有所了解，在市场实践中挖掘和提炼科学问题，并不断地将产业界的技术需求问题与科学研究相结合，促进新知识、新想法、新创意的产生，从而推动探索性学习的开展。然而，随着学研机构科研团队与企业间的知识距离进一步增大，意味着双方的科研实力和知识背景相差较为悬殊，这不利于知识的跨组织流动，而且容易导致产学研合作层次不断下移而从事过多开发性学习，对探索性学习起到“挤出效应”。所以，学研机构科研团队与企业之间知识距离对学研机构科研团队的探索性学习在早期起到促进作用，而到后期可能存在抑制作用。

综上所述，本研究提出以下假设：

假设 2g：学研机构科研团队与企业之间知识距离对学研机构科研团队的探索性学习呈现出“倒 U 型”影响；

假设 2h：学研机构科研团队与企业之间知识距离对学研机构科研团队的开发性学习呈现出“正 U 型”影响。

4.2.3　组织学习对学术绩效的影响

在当今竞争日益激烈的知识经济时代，许多组织发现自身拥有的知识、技术等创新资源难以应对外部环境的复杂性和不确定性，而加强组织学习成为各创新主体从组织外部获得创新资源最为有效的途径。March（1991）基于学习策略的视角，将组织学习划分成探索性学习和开发性学习两种类型。探索性学习的特征可用关键词如“探索、冒险、试验与创新”来描述，即是组织通过探索性研究和试验活动创造新的知识，实现原始创新；而开发性学习的特征可用关键词如“利用、筛选、提炼与执行”来描述，即是组织通过开发利用现有的知识与技术来实现渐进性创新。实际上，产学研合作过程是学研机构科研团队与企业之间进行双向的组织学习历程，即是企业通过组织学习从学研机构科研团队获得科学理论及技术知识来提高创新绩效，而学研机构科研团队通过组织学习从企业了解最新市场信息及技术需求，为科研选题提供思路[60]。学研机构科研团队与企业通过组织学习，实现组织绩效的提升，所以组织绩效的实现需要建立在组织学习的基础上[60]。

基于 March（1991）提出的探索与开发的概念内涵，本书将学研机构科研团队与企业合作过程中采取的组织学习同样划分为探索性和开发性两种类型，其中探索性学习与突破性创新紧密相连，偏重于对基础性共性技术开展探索性基础研究，以实现突破现有的技术范式和拓展现有的知识领域，因此探索性学习是处于知识链条上游环节的组织学习类型；而开发性学习与渐进性创新紧密联系，偏重于对专有技术的开发利用，对已有知识进行技术化和商业化，因此开发性学习是处于知识链条下游环节的组织学习类型[260]。

由于学研机构科研团队与企业合作采取的探索性学习和开发性学习在知识链条上位置迥然不同，可能会对学术绩效的影响也存在差异。当学研机构科研团队与企业合作过程中采取的组织学习类型是探索性学习，表明学研机构科研团队以突破性创新为导向，以基础性、前沿性和通用性知识为对象，与企业合作过程中通过组织学习来了解产业界的技术需求和行业发展趋势，并结合国内外科技前沿的发展动态，转变研究思路，调整研究方向，并不断将企业遇到的工程问题进行科学化，提出基础性科学问题并开展探索性研究，推动学科建设与发展。此外，许多企业与学研机构科研团队合作的目的往往是为了获得整体技术方案而不是单一技术方案，而整体技术方案的解决需要聚集起不同学科背景的专业人员在一块联结攻关，有助于激发新思想的产生，促进交叉学科的发展和新知识不断涌现[29]。鉴于此，本书提出以下假设：

假设 3a：学研机构科研团队的探索性学习对学术绩效起到正向影响作用。

当学研机构科研团队采取的是开发性学习，仅将组织学习当成为企业解决具体技术问题的途径或方式，对学研机构科研团队的学术绩效而言可能会带来两面性影响。一方面，学研机构科研团队在为企业解决具体技术问题的过程中，有机会接触到一线市场信息和技术需求，推动科研活动与社会生产更加接近，可以避免研究方向上的偏差，将理论研究应用于实际生产，验证理论研究的准确性，实现学术研究的价值；同时，开展开发性学习来迎合企业的技术开发需求，可以赢得更多产业界资金的支持，有利于学研机构科研团队财务绩效提升，提高研发人员收入，稳定研发队伍，为学研机构科研团队开展科学研究提供保障，因而对学研机构科研团队的学术绩效产生正向影响作用。但是另一方面，当学研机构科研团队参与产学研合作过程中过于迎合企业具体技术开发和商业化的需要时，往往热衷于开展技术开发活动，投入过多的精力与创新资源为企业解决现实技术问题。在精力和创新资源有限的情况下，学研机构科研团队为了满足企业实际需要而将过多的精力和创新资源投入到 R&D 下游的技术开发，可能会对学研机构科研团队在 R&D 上游从事基础探索性活动起到“挤出效应”。现有研究表明，当学研机构科研团队对产业界具体技术开发和商业化问题过多关注，耗费过多精力与资源为企业开展技术开发和商业化活动，虽然能够为学研机构科研团队带来短期的财务收益，但是会限制它的学术自由，削弱其知识创造能力[30,358]。所以，学研机构科研团队的开发性学习对其学术绩效的影响是一把“双刃剑”。在早期，学研机构科研团队适当地开展开发性学习，可能会对其学术绩效产生一定的正向影响；而在后期，学研机构科研团队陷入开发性学习，则会分散其开展高水平科学研究所需的精力和资源，进而对学研机构科研团队的学术绩效带来消极影响[30]。鉴于此，本书提出以下假设：

假设 3b：学研机构科研团队的开发性学习对学术绩效呈现“倒 U 型”影响作用。

4.2.4 组织学习的中介效应

组织学习在合作网络对创新绩效的影响机制和路径中发挥着什么样的作用？这个议题已经引起了学者的关注[255,293,324]。Gnyawali 和 Madhavan（2001）指出合作网络会影响到组织学习的发生与开展，进而对组织竞争优势的建立产生重要影响[74]。Koka 和 Prescott（2002）发现处于不同网络位置的组织从网络中获取到不同类型（冗余/非冗余或同质/异质）的信息和知识，进而对不同类型组织学习（探索性/开发性学习）产生影响[363]。窦红宾和王正斌（2011）研究表明，探索性学习和开发性学习在合作网络关系与企业绩效之间均起到完全中介的作用[255]。类似地，蔡彬清和陈国宏（2013）也发现组织学习在合作网络与组织绩效之间起到显著的中介效应[293]。

本质上，合作网络对组织绩效的影响过程是资源流入到组织内部，经转化后再流出的过程。产学研合作网络对学研机构科研团队学术绩效的影响也可能会通过这一路径来实现，这是因为学研机构科研团队与企业之间合作构成了一种典型的社会网络，知识流、技术流、资金流、信息流等创新资源在网络内流动和汇聚，嵌入到网络中的学研机构科研团队从网络中获取到相关资源，突破学研机构科研团队开展研究所需资源的瓶颈，并通过组织学习来整合利用互补性创新资源，最终影响自身的学术绩效。此外，产学研合作网络是学研机构科研团队最重要的外部环境，活动主体之间的知识差距会影响知识跨组织转移的效率和对新鲜知识的获得产生影响，进而对学研机构科研团队的组织学习行为及绩效的提升具有重要的影响。所以，产学研合作网络可为学研机构科研团队开展组织学习提供条件与机会，而组织学习又进一步对学术绩效产生影响。换言之，组织学习在产学研合作网络与组织绩效之间起着中介效应[259,357]。

（一）探索性学习在合作网络与学术绩效之间起到中介作用

(1) 有形维度

现有研究普遍认为社会网络关系纯粹是一种社会资本，个体或组织可以凭借网络关系来利用和占有创新资源，实现知识和其他资源跨界转移，进而提升创新绩效[399]。在产学研合作网络中，当学研机构科研团队的位置中心度越高，意味着它拥有的社会资本就越好，就越有利于学研机构科研团队能在更早时间和更短距离内获取到产业界信息和知识等资源，提高了知识转移的效率，为探索性学习提供丰富的研究题材及创造更多的机会。但是，过高的位置中心度会占用学研机构科研团队过多的精力与资源来维护与产业界之间关系，可能会成为学研机构科研团队开展探索性学习的障碍。所以位置中心度对学研机构科研团队探索性学习而言是一把“双刃剑”。由于探索性学习主要致力于 R&D 上游的研发，致力于学术研究的开展，对学术绩效的正向影响显而易见。综上所述，可以推断出学研机构科研团队的位置中心度通过探索性学习对学术绩效产生影响。

在联结强度方面，Granovetter（1985）指出，与组织间的强联结关系相比，弱联结关系更有利于新鲜信息和知识的跨组织转移，为探索性学习提供丰富的学习题材及创造更多的学习机会，进而对创新绩效产生影响。同样地，March（1991）发现组织间联结关系对探索性学习具有重要的影

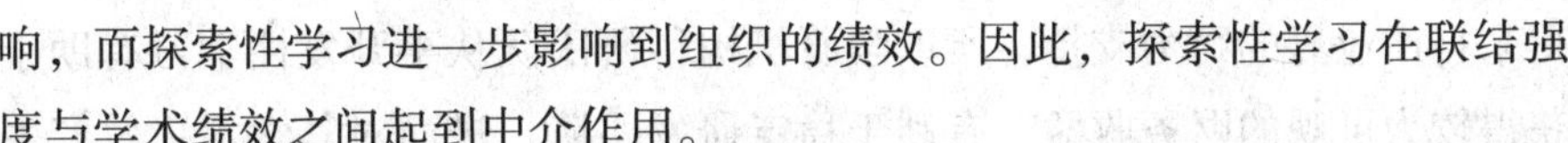

响，而探索性学习进一步影响到组织的绩效。因此，探索性学习在联结强度与学术绩效之间起到中介作用。

产学研合作网络规模会影响到学研机构科研团队从网络中获得创新资源的多寡，而网络资源的多寡会影响学研机构科研团队开展探索性学习所需创新资源的状况。同时，网络规模也会影响到学研机构科研团队为维护与企业间的网络关系而需要投入时间和精力成本的高低。所以，网络规模会约束或促进学研机构科研团队开展探索性学习，进而对学研机构科研团队的学术绩效产生重要影响。换言之，探索性学习在网络规模与学术绩效之间起到中介作用。

综上所述，本书提出以下假设：

假设4a：探索性学习在位置中心度与学术绩效之间起到中介作用；

假设4b：探索性学习在联结强度与学术绩效之间起到中介作用；

假设4c：探索性学习在网络规模与学术绩效之间起到中介作用。

（2）无形维度

现有研究表明，虽然知识距离对于组织的吸收能力而言具有负效应，但是对于组织所需的非冗余信息及新鲜知识而言却具有正效应[400]，从而对学研机构科研团队的探索性学习产生重要影响，而探索性学习进一步影响学研机构科研团队自身的学术绩效。当学研机构科研团队与企业之间的知识距离很小时，随着知识距离不断增大，学研机构科研团队通过探索性学习来吸收与整合产业界新鲜的信息、知识和思想等，为其学术研究的开展提供丰富的题材，进而提升其学术绩效；然而，随着知识距离的进一步增大，可能对探索性学习的开展起到抑制作用，进而对学术绩效的提升产生负面影响。所以，学研机构科研团队与企业之间的知识距离通过探索性学习来对学研机构科研团队的学术绩效产生影响。鉴于此，本书提出以下假设：

假设4d：探索性学习在知识距离与学术绩效之间起到中介作用。

（二）开发性学习在合作网络与学术绩效之间起中介作用

（1）有形维度

由于具有较高位置中心度的学研机构科研团队凭借其网络位置优势为开发性学习提供丰富的研究题材，而开发性学习由于主要致力于R&D下游的技术开发，与企业实践需求存在较大交集，可为学研机构科研团队赢得来自产业界的财力支持，所以学研机构科研团队从事开发性学习有助于获得较为可观的财务收益，有利于稳定研发团队，进而对其学术绩效产生正向影响。因此开发性学习在位置中心度与学术绩效之间起到中介作用。

在联结强度方面，Granovetter（1985）则认为联结关系程度越强，有助于建立起信任机制，使得企业与学研机构科研团队愿意分享一些私人信息和专有知识，有利于学研机构科研团队在已有的技术领域进行深度的知识挖掘，促进学研机构科研团队开展开发性学习，进而对组织绩效产生影响。同样地，March（1991）发现联结关系强弱会影响到复杂知识能否顺畅跨界传递，对组织开发性学习的开展起到促进或制约作用，进而影响组织绩效的实现。基于现有研究的认识，本书推断出在产学研合作网络中，学研机构科研团队的开发性学习行为在联结强度与学术绩效之间起到中介作用。

如上文所言，网络规模越大，意味着网络中蕴藏的有用资源就越丰富，为学研机构科研团队开发性学习的开展创造了有利的网络环境及条件，进而对学研机构科研团队的学术绩效产生影响。所以，网络规模对科研团队学术绩效的影响是通过开发性学习这一中间环节来实现。

综上所述，本书提出以下假设：

假设4e：开发性学习在位置中心度与学术绩效之间起到中介作用；

假设4f：开发性学习在联结强度与学术绩效之间起到中介作用；

假设4g：开发性学习在网络规模与学术绩效之间起到中介作用。

（2）无形维度

过去研究表明，组织学习的开展是建立在知识结构基础之上[277]。当组织间的知识距离较近时，由于彼此之间知识背景较为相似，拥有较多的“共同语言”，有利于缄默性知识的跨组织转移，有助于组织对现有知识库的充分挖掘与利用。换言之，知识距离是开发性学习的重要影响因素。同样地，在产学研合作网络中，当学研机构科研团队与企业之间的知识距离较近时，有助于双方耦合合作，这样知识传播过程遇到的阻碍更少，有利于对彼此的知识进行充分挖掘。所以，知识距离对学研机构科研团队开展开发性学习具有重要的影响作用，而开发性学习行为进一步对学研机构科研团队的学术绩效产生影响。所以，本书提出以下假设：

假设4h：开发性学习在知识距离与学术绩效之间起到中介作用。

4.3　研究假设汇总

本书基于以上的研究假设，构建了“产学研合作网络—组织学习—学术绩效”的理论模型，将研究假设进行汇总，见表 4－1。

表 4－1　研究假设汇总

维　度	研究假设
H1 产学研合作网络对学术绩效的影响	
有形维度	H1a. 学研机构科研团队的位置中心度对其学术绩效呈现出“倒 U 型”影响
	H1b. 学研机构科研团队与企业之间联结强度对学研机构科研团队的学术绩效呈现出“倒 U 型”影响
	H1c. 产学研合作网络规模对学研机构科研团队的学术绩效呈现出“倒 U 型”影响
无形维度	H1d. 学研机构科研团队与企业之间知识距离对学研机构科研团队的学术绩效呈现出“倒 U 型”影响
H2 产学研合作网络对组织学习的影响	
有形维度	H2a. 学研机构科研团队的位置中心度对探索性学习呈现出“倒 U 型”影响
	H2b. 学研机构科研团队的位置中心度对开发性学习具有正向影响
	H2c. 学研机构科研团队与企业之间联结强度对探索性学习呈现出“倒 U 型”影响
	H2d. 学研机构科研团队与企业之间联结强度对开发性学习具有正向影响
	H2e. 网络规模对学研机构科研团队的探索性学习呈现出“倒 U 型”影响
	H2f. 网络规模对学研机构科研团队的开发性学习具有正向影响
无形维度	H2g. 学研机构科研团队与企业之间知识距离对学研机构科研团队的探索性学习呈现出“倒 U 型”影响
	H2h. 学研机构科研团队与企业之间知识距离对学研机构科研团队的开发性学习呈现出“正 U 型”影响
H3 组织学习对学术绩效的影响	
探索性学习	H3a. 学研机构科研团队的探索性学习对学术绩效具有正向影响
开发性学习	H3b. 学研机构科研团队的开发性学习对学术绩效呈现出“倒 U 型”影响
H4 组织学习的中介作用	
探索性学习	H4a. 探索性学习在位置中心度与学术绩效之间起中介作用
	H4b. 探索性学习在联结强度与学术绩效之间起中介作用
	H4c. 探索性学习在网络规模与学术绩效之间起中介作用
	H4d. 探索性学习在知识距离与学术绩效之间起中介作用

续表

维 度	研究假设
开发性学习	H4e 开发性学习在位置中心度与学术绩效之间起中介作用
	H4f 开发性学习在联结强度与学术绩效之间起中介作用
	H4g 开发性学习在网络规模与学术绩效之间起中介作用
	H4h 开发性学习在知识距离与学术绩效之间起中介作用

4.4 本章小结

本章在上一章探索性案例研究的基础上，对相关命题进行理论推导与分析，从学研机构科研团队的角度构建出“产学研合作网络—组织学习—学术绩效”的研究模型，并提出相关的研究假设。

第 5 章

>>> 问卷设计与小样本测试

本书通过设计调查问卷和实地调研方式来获取实证研究所需要的相关数据。设计出高质量的调查问卷是准确、全面地获取有价值数据的重要前提，为此，本书设计调研问卷过程中严格遵循现有研究[401,402]所提出的调研问卷设计的原则。本书所设计的调研问卷初稿是基于对国内外文献广泛阅读的基础上，筛选出相关研究使用过的成熟量表，并结合我国产学研合作具体特点对测量量表做适当修正而成。为了提高调研问卷的信度与效度，本研究在正式启动问卷调研之前，对来自学研机构科研团队的 6 位具有产学研合作丰富经验的专家学者进行半结构访谈（访谈提纲详见附录 2），收集他们对调研问卷的测试题项在设计、内容、语言表述等方面的建议，以对初始问卷做进一步的修正。然后进行小范围预测试，检验调查问卷各个测试题项与因子是否具有良好的内部一致性和单一维度性，对不合适题项进行修正后形成问卷终稿。

5.1 问卷设计

5.1.1 问卷设计方法与内容

统计调查研究方法在社会学科领域得以广泛接受和使用，该方法主要包括问卷调查法和现场访谈法。为了收集学研机构科研团队的产学研合作网络、组织学习和学术绩效等相关实证研究数据，本研究主要通过调查问卷法来实现，这是因为：（1）在产学研合作网络中，学研机构科研团队的组织学习行为的相关数据尚未被公开二手数据库收录；（2）学研机构科研团队通过组织学习行为所取得的学术绩效高低需要学者对所处的科研团队学术绩效的主观判断，目前没有相关数据库能够提供这样的二手数据；（3）虽然有相关文献使用产学研合著论文或专利等客观数据来刻画产学研合作网络，但是合著论文和专利并不是产学研合作行为的主要产出，使用它们来刻画产学研合作行为可能存在较大的偏差，所以本书认为使用调研数据来刻画产学研合作网络可能更为合适。

本书研究目的是探究产学研合作网络对学研机构科研团队学术绩效的影响机理，设计出具有较强针对性的调查问卷（如附录3所示），问卷内容主要涉及以下几个方面：（1）科研团队所嵌入的产学研合作网络特征；（2）科研团队采取的不同组织学习类型；（3）科研团队采取不同类型组织学习后取得的学术绩效；（4）其他影响因素，包括科研团队的科研水平高低、组织氛围、国家相关政策等。

5.1.2 问卷设计过程

本书严格遵循 Dunn 等（1994）[401]、Churchill（1979）[402]所提出的调查问卷设计的原则，采取以下3个步骤来设计调查问卷：

（1）通过阅读现有关于产学研合作（网络）、组织学习和绩效的280多篇国内外文献，并借鉴其中权威研究所采取的理论构思及已经得到广泛引用的量表，同时结合本书实证研究需要，设计出本研究最初调查问卷。

（2）最初的调查问卷设计完毕后，紧接着对具有丰富产学研合作经验的科研团队专家学者进行调研和访谈，收集他们对调查问卷的题项设计形式和具体内容给予的宝贵建议，对初始问卷进行修改以适应本研究具体实际需要，形成预测试调查问卷。

（3）小范围地向学研机构科研团队发放预测试调查问卷，收集数据并检测初始量表的信度和效度，并依照预测试调查问卷的反馈结果作进一步修正、纯化和完善调查问卷，形成调查问卷最终稿。

为了确保通过调查问卷搜集的数据的准确性和客观性，本书在调查问卷发放和数据收集过程中采用以下几个措施：首先，确保调查问卷的发放范围符合本书研究要求，所选择的科研团队均来自那些视学术研究为己任的研究型大学、教学研究型大学和中国科学院下属研究所，确保调查样本的代表性。其次，调研对象务必是曾经或正在参与产学研合作

的学者或负责人。再次，调查问卷必须尽量采用学者容易理解的词语，在正式发放问卷之前务必进行征求业内专家的宝贵意见和预测试。最后，所发放的调查问卷要注明研究目的和相关承诺（例如，承诺对问卷填写者提供相关信息予以保密），以减少学者的内心戒备，最大限度地获取他们内心的真实感受。

5.2 变量测量

如上文所提及的，本书要测量的一些关键变量难以通过二手客观数据来获得，所以本书采用调查问卷的方法来收集一手调研数据。鉴于上述的变量主要依靠科研团队学者的主观判断，本书借鉴现有研究的基础上，采用主观判断的方法，即 Likert 五分量表法来收集相关学者对各个测量题型的主观评估：其中“1”表示“非常不符合”，“3”表示“适中”，“5”表示“非常符合”。

5.2.1 产学研合作网络量表

本书在借鉴现有研究[75,231]的基础之上，分别从有形维度和无形维度来对学研机构科研团队所处的产学研合作网络特征进行刻画。其中，有形维度依次通过“点（学研机构科研团队的网络位置：位置中心度），线（学研机构科研团队与企业之间的联结关系强度）和面（产学研合作网络规模）”三个层次来测度；而无形维度则使用学研机构科研团队与企业之间的知识距离来刻画。

现有研究主要采用两种得到广泛认同的测度方法来对网络结构特征进行测度。第一种方法通过“滚雪球”提名生成法来收集活动主体之间互动关系的相关数据，构建整体网络，并采用 Ucinet 软件测度网络指标[26,56,75]。这种测量方法往往要求相关调查对象具有相似背景，如同属于某一个社会“圈子”（群体）的个体，彼此之间存在着联系和互动等交集。假若调查对象彼此之间没有互动或者很少联系，那么通过“滚雪球”提名生成法所获得的测量指标就丧失了计算基本条件和意义。第二种方法是在充分把握和理解社会网络分析方法所使用的网络指标内涵前提下，开发出相关测量题项，使用 Likert 量表来对网络结构特征进行刻画[56,65]。这种基于 Likert 量表对网络结构特征进行测量的方法并不要求活动主体之间存在着互动关系，所以这种方法要比第一种方法应用更为广泛。但是这种网络结构特征测量方法主要源于活动主体对自身所处网络的主观判断，适用于自我中心网络的构建与刻画[66]。目前，国内外很多相关研究[67-69]均通过调查问卷量表的方式，采用 Likert 量表来测量与了解组织所处的网络特征。鉴于本研究所搜集样本数据的特征，决定采取第二种方法，即通过调查问卷途径，采用 Likert 量表来刻画学研机构科研团队在产学研合作中的网络位置、学研机构科研团队与企业之间的联结强度、产学研合作网络规模及学研机构科研团队与企业之间知识距离等特征。

（一）有形维度

（1）位置中心度

位置中心度主要描述活动主体在网络中的位置情况，衡量网络节点凭借与其他节点建立的网络关系及参与重要网络活动而占据重要位置的程度[366]。本书参考过去研究成果[56,66,350,351]所采用的较为成熟的量表，并结合本研究具体需要及访谈专家意见做适当修正后，通过 5 个题项来测量学研机构科研团队的位置中心度，具体见表 5－1。

表 5－1　位置中心度量表

维度	测量题项	题项依据或来源
位置中心度	C1 与同行相比，我们科研团队在产业界的知名度很高	Tsai（2001）[56]；林春培（2012）[66]；王晓娟（2007）[350]；刘璐（2009）[351]
	C2 企业间建立联系时经常需要我们科研团队出面“搭桥”	
	C3 产业界很多企业需要技术支持时，都非常倾向于与我们科研团队建立科研合作关系	
	C4 我们科研团队往往倾向于与企业建立合作关系来获取市场技术需求等相关信息资源与科研经费	
	C5 我们科研团队与企业的直接科研项目联系多于间接联系	

资料来源：整理现有文献和访谈修正后所得。

（2）联结强度

联结强度作为网络特征另外一个重要指标，现有研究给出多种测度方法。例如，Granovetter（1973）使用互动频次、合作长久、情感投入程度以及互惠性来刻画联结强度[219]。Capaldo（2007）从时间维、资源维和社会维3个方面对联结强度进行了测度[353]。本书在参考现有文献[66,219,353,403]所采用的较为成熟的量表，并结合本研究具体需要及访谈专家意见做适当的修正后，通过4个题项测量学研机构科研团队与企业在网络中的联结强度，具体见表5－2。

表5－2 联结强度量表

维度	测量题项	题项依据或来源
联结强度	L1 与同行相比，我们科研团队与企业联系互动非常频繁	林春培（2012）[66]；Granovetter（1973）[219]；Capaldo（2007）[353]；Levin和Cross（2004）[403]
	L2 我们科研团队与企业合作时倾向于签订正式协议来建立起互动关系	
	L3 我们科研团队与企业在科研项目合作中投入大量的人力、财力和物力	
	L4 我们科研团队倾向于与企业建立起长期合作关系	

资料来源：整理现有文献和访谈修正后所得。

（3）网络规模

网络规模是衡量网络层面特征的重要指标，反映活动主体和其他组织联结的多寡。现有研究主要通过测度与活动主体存在直接或间接合作关系的其他合作伙伴数量来实现网络规模的刻画[47,65,353]。本书对网络规模的测度主要采用和借鉴了现有研究[281,351,404]所开发的成熟量表，并结合本研究具体需要及访谈专家意见做适当的修正后，通过3个题项测量学研机构科研团队所处的网络规模大小，具体见表5－3。

表5－3 网络规模量表

维度	测量题项	题项依据或来源
网络规模	S1 我们科研团队与很多企业在科研项目上存在合作联系	Rowley等（2000）[281]；刘璐（2009）[351]；刘雪锋（2007）[404]
	S2 我们科研团队可以通过直接合作伙伴来和很多企业建立起间接联系	
	S3 我们科研团队经常被邀请参与产业界举办技术论坛或技术联盟	

资料来源：整理现有文献和访谈修正后所得。

（二）无形维度

在本研究中，知识距离是指学研机构科研团队与企业之间所拥有知识结构的差异程度，主要体现为双方所拥有的知识在宽度与深度上的差异[349]。本书对知识距离的测度主要借鉴现有研究[349,405,406]所采用的成熟量表，并结合本研究具体需要及访谈专家意见做适当的修正后，通过4个题项来测量学研机构科研团队与企业之间知识距离，具体见表5-4。

表5-4 知识距离量表

维度	测量题项	题项依据或来源
知识距离	V1 与我们科研团队有直接合作关系的企业自身科研能力水平差异很大	戴勇和胡明溥(2016)[349]；Lee (2001)[405]；张莉和和金生(2009)[406]
	V2 与我们科研团队有直接合作关系的企业所处技术领域（知识背景）差异程度很大	
	V3 与我们科研团队有间接合作关系的企业自身科研能力水平差异很大	
	V4 与我们科研团队有间接合作关系的企业所处技术领域（知识背景）差异程度很大	

资料来源：整理现有文献和访谈修正后所得。

5.2.2 组织学习量表

自从March (1991) 将组织学习的类型划分成探索性学习和开发性学习两种类型以来，学术界对这两种类型的组织学习展开了较为充分的研究[67]。根据上文理论论述，学研机构科研团队参与产学研合作过程中采取的组织学习同样可以划分成探索性学习和开发性学习两大类。本书遵循现有研究[67,78,273]的基本认识，认为探索性学习与突破创新紧密相连，是对新知识的寻求与发现，侧重于基础性共性技术的研究；开发性学习与渐进性创新紧密联系，偏重于已有知识和技术范式的利用、提炼及拓展。本书对学研机构科研团队在参与产学研合作过程中所采取的组织学习的测度主要借鉴了现有研究[260,348,354]开发的成熟量表，并结合本研究具体需要及访谈专家意见做适当的修正后，通过6个题项测量学研机构科研团队所采取的组织学习，具体见表5-5。

表 5-5　组织学习量表

维度	测量题项	题项依据或来源
探索性学习	T1 我们科研团队与企业合作以创造全新知识为目标	程强（2015）[260]；Sidhu 等（2007）[348]；Geiger 和 Makri（2006）[354]
	T2 我们科研团队经常从事攻关摸索从国外引进先进技术背后的科学原理	
	T3 我们科研团队参与产学研合作是为了吸收来自不同技术领域的知识	
开发性学习	K1 我们科研团队经常承担企业委托 R&D 下游技术开发任务	
	K2 我们科研团队与企业合作以渐进性创新为目标	
	K3 我们科研团队倾向于开发、利用、拓展与当前产品相关的知识与技术	

资料来源：整理现有文献和访谈修正后所得。

5.2.3　学术绩效量表

依照字典的定义，绩效是指组织过去以及现在所获得各种业绩表现[283]。本研究中的学术绩效是指学研机构科研团队在产学研合作网络中经过组织学习后取得的科研成就。本文在借鉴现有研究[16,26,83~86,211,355]的基础上，并结合本研究具体需要和访谈学者给予的建议，通过 8 个题项来测量学研机构科研团队的学术绩效，见表 5-6。

表 5-6　学术绩效量表

维度	测量题项	题项来源或依据
学术绩效	P1 与同行相比，我们科研团队发表很多文章	Giuliani 等（2010）[16]；张艺等（2016）[26]；Fan 等（2015）[83]；邓颖翔和朱桂龙（2009）[84]；金芙蓉和罗守贵（2009）[85]；马莹莹（2011）[86]；Gonzalez-Brambila 等（2013）[211]；戚巍等（2010）[355]
	P2 与同行相比，我们科研团队发表的文章质量很高	
	P3 与同行相比，我们科研团队申请很多发明专利	
	P4 与同行相比，我们科研团队申请的专利质量很高	
	P5 与同行相比，我们科研团队培育很多对社会有用的人才	
	P6 我们科研团队经常获得政府颁发的科技奖项	
	P7 我们科研团队铸造了一个良好科研平台	
	P8 我们科研团队是一支有创新活力的研究团队	

资料来源：整理现有文献和访谈修正后所得。

5.2.4 控制变量量表

组织学习和绩效除了受到网络特征维度变量影响外，还有一些潜在变量也可能对其造成显著的影响，因此本书需要控制这些变量，分别是学研机构科研团队的科研实力、团队氛围、政府政策等。

首先，学研机构科研团队的科研实力。由于不同学研机构科研团队的科研实力强弱存在差异，这可能对学研机构科研团队在与企业的合作过程中组织学习的开展和绩效产生影响。鉴于此，本书采用 Likert 五分量表进行评估科研团队的科研实力大小，其中“1”表示“科研实力非常薄弱”，“3”表示“适中”，“5”表示“科研实力非常强大”。

其次，团队氛围也可能会对学研机构科研团队与企业合作过程中组织学习的开展及绩效产生影响。例如，一个充满鼓励探索创新氛围的科研团队可能更倾向于采取探索性学习，相应地创造出更多探索性研究成果，因此学术绩效可能会更好。相反，一个追求短期财务收益的科研团队可能过多参与企业具体技术开发和商业化活动，进而对学术绩效产生不利影响。本书采用 Likert 五分量表来评估科研团队是否具有鼓励探索创新的团队氛围，其中“1”表示“非常不符合”，“3”表示“适中”，“5”表示“非常符合”。

最后，政府颁布创新政策也可能影响到学研机构科研团队组织学习的开展及学术绩效的取得，所以政府创新政策也应该纳入到控制变量当中。同样地，本书采用 Likert 五分量表进行主观评估政府颁布的创新政策对学研机构科研团队在参与产学研合作过程中采取的组织学习及取得学术绩效的影响程度，其中“1”表示“非常不符合”，“3”表示“适中”，“5”表示“非常符合”。

5.3 小样本测试

本书调查问卷所使用的测量题项均是在充分参考现有国内外研究基础之上，并结合访谈学者的宝贵意见制作而成，因此调查问卷不仅具有较为坚实的理论基础做支撑，而且结合了我国现实情景。即使如此，本书制作变量的测量题项仍有可能会遗漏一些被忽视的问题[407]，因此有必要对初始问卷的可靠性进行检测。由于小样本预测试有助于对初始问卷进行分析和评估，并根据预测试的结果对初始问卷进行修订和调整，所以，进行小样本测试是最终调查问卷形成之前必不可少的一道程序[408]。

本书主要选取来自中国科学院下属研究机构、985/211院校等学研机构的科研团队进行预测试。利用专家参会期间，向那些来自学研机构科研团队而且曾经参与或正在参与产学研合作的63位专家学者发放初始调查问卷63份，回收有效调查问卷44份，整体有效回收率为69.84%。

5.3.1 小样本预测试方法

为检验量表测量题项的可靠性，本书分别从信度和效度两个方面展开预测试分析。

（一）信度分析

信度分析主要对初始问卷量表所获得结果的一致性和稳定性进行分析与评估。“Cronbach's α系数”适用于评估与分析Likert量表定距数值，是目前定距数值信度分析较为常用的指标[409]。鉴于此，本书使用“Cronbach's α系数”来评估和检验量表题项内部的一致性。

此外，题项—总体相关系数（CITC）常被用于净化量表的测量题项。CITC系数通过评估某测量题项与其他全部测量题项总得分之间的相关性以判断该题项是否合适。学者李怀祖（2004）[304]认为题项的CITC系数的阈值为0.35，低于0.35的题项应该要做删除处理。鉴于此，本书全部删除净化那些低于阈值0.35的测量题项。

对量表净化后，紧接着计算量表Cronbach's α系数。过去研究认为，当量表Cronbach's α系数≥0.5，表明量表信度达到了可接受水平[200]。一般而言，Cronbach's α系数最好大于0.7[411]。鉴于此，本书将量表的Cronbach's α系数的阈值定为0.7来判断量表的信度是否达到要求。

（二）效度分析

效度分析是指对所制作量表的准确性进行评估。首先进行内容效度分析。内容效度是指评估测量题型对相关行为和内容进行取样时的适当性，用于判断测量题型是否达到代表性取样[411]。本书所使用的量表是在充分借鉴现有国内外研究的基础上，并经过本研究领域学者的评价与鉴定，因此本书使用的量表在内容效度上较好。

然后对量表开展探索性因子分析。首先，检验变量之间的相关性，主要通过 KMO 和 Bartlett 球来检验。当存在很高的相关性时，表明比较适合进行因子分析[408]。KMO 阈值为 0.7，当 KMO 值大于 0.7，表明变量具有较高的相关性，意味着较为适合开展因子分析。Bartlett 球检验用于分析变量之间的相关系数矩阵与单位矩阵之间的差异性。当 Bartlett 球检验显著，表明因子分析有效。所以，当 KMO 值超过阈值 0.7，并且 Bartlett 球检验显著，表明量表适宜开展探索性因子分析。

5.3.2 小样本预测试结果

（一）产学研合作网络量表的信度和效度分析

（1）描述性统计分析

本书为了刻画产学研合作网络结构特征，使用学研机构科研团队的位置中心度、学研机构科研团队与企业之间的联结强度、产学研合作网络规模及学研机构科研团队与企业之间的知识距离 4 个指标来度量。其中位置中心度包括 5 个题型，联结强度包括 4 个题型，网络规模包括 3 个题型，知识距离包括 4 个题型。对小样本预测试的统计分析，结果见表 5-7，可以发现位置中心度各个题项的均值介于 3.657 ~ 4.101，标准差 0.507 ~ 0.962；联结强度各个题项的均值介于 3.539 ~ 4.123，标准差 0.580 ~ 1.147；网络规模各个题项的均值介于 3.412 ~ 3.732，标准差 0.697 ~ 1.102；知识距离各个题项的均值介于 3.563 ~ 4.136，标准差 0.517 ~ 1.111。

表5-7　产学研合作网络量表测量题项描述性统计分析

变量	维度	题项代码	均值	标准差
产学研合作网络	位置中心度	C1	4.023	0.507
		C2	3.842	0.775
		C3	3.657	0.962
		C4	3.759	0.808
		C5	4.101	0.630
	联结强度	L1	3.621	0.886
		L2	3.957	0.623
		L3	3.539	1.147
		L4	4.123	0.580
	网络规模	S1	3.732	0.697
		S2	3.412	1.102
		S3	3.628	0.741
	知识距离	V1	4.136	0.675
		V2	3.940	0.517
		V3	3.563	1.111
		V4	3.650	0.708

资料来源：根据数据分析结果整理所得。

（2）信度分析

信度是指问卷测量结果的稳定性和有效性，对信度进行分析有助于把握调查问卷的一致性程度。信度的检验往往通过 Cronbach's α 系数及各个题项的 CITC 系数来评价[351]。鉴于此，本书使用 SPSS 软件计算刻画产学研合作网络结构特征的各个维度的 Cronbach's α 系数及各个题项的 CITC 系数，结果见表5-8。发现位置中心度维度的5个题型中，C2 题型的 CITC 系数为0.286，低于阈值0.35，故将该题型删除。将该题型删除后，位置中心度维度方面的 Cronbach's α 系数由最初的0.789提升到0.814，这表明删除 C2 题型后，位置中心度的分量表信度得到进一步增强。联结强度维度的 Cronbach's α 系数为0.801，4个题项的 CITC 系数分别为0.566、0.736、0.608和0.762，均大于阈值0.35，所以都给予保留。网络规模维度的 Cronbach's α 系数为0.757，3个题项的 CITC 系数分别为0.513、0.762和0.640，表明网络规模各个题型的 CITC 系数均大于阈值0.35，所以同样给予保留。知识距离维度的 Cronbach's α 系数为 0.725，4 个题项的 CITC 系数分别为 0.608、0.613、0.588 和 0.601，表明知识距离各个题型的 CITC 系数均大于阈值 0.35，同样给予保留。此外，修正后量表的各个维度的 Cronbach's α 系数及整体的 Cronbach's α 系数均大于阈值 0.7，反映所使用的量表具有较高可靠性，达到信度要求。

表 5-8　产学研合作网络量表各题项 CITC 系数与信度分析

变量	维度	Item Code	CITC	Alpha if Item deleted	维度 Cronbach's α	Cronbach's α
产学研合作网络	位置中心度	C1	0.693	0.702	初始：0.789 净化后：0.814	0.883
		C2（删除）	0.286	0.308		
		C3	0.502	0.763		
		C4	0.520	0.598		
		C5	0.513	0.601		
	联结强度	L1	0.566	0.675	0.801	
		L2	0.736	0.762		
		L3	0.608	0.770		
		L4	0.762	0.894		
	网络规模	S1	0.513	0.650	0.757	
		S2	0.762	0.802		
		S3	0.640	0.698		
	知识距离	V1	0.608	0.703	0.725	
		V2	0.613	0.685		
		V3	0.588	0.672		
		V4	0.601	0.726		

资料来源：根据数据分析结果整理所得。

（3）效度分析

在上一节通过对产学研合作网络结构特征量表进行信度分析，发现位置中心度的 C2 题型 CITC 系数低于阈值 0.35，将其删除净化后，整个量表信度较为理想。为了进一步检验量表的结构效度，本研究将剩余的 14 个题型展开探索性因子分析，见表 5-9。量表 KMO 值为 0.867，高于阈值 0.7，Bartlett 球检验值为 1116.638，显著性概率为 0.000，表明适合开展因子分析。

表5-9 产学研合作网络量表的KMO和Bartlett球检验

KMO取样适当性度量值		0.867
Bartlett球检验	检验卡方值（Approx. Chi-Square）	1116.638
	自由度（df）	78
	显著性概率（Sig）	0.000

资料来源：根据数据分析结果整理所得。

然后，本书采用主成分分析法对剩下的14个题型开展因子提取，一共获得特征值超过1的4个因子，累计可解释的方差比例为79.991%，高于阈值（50%）。从表5-10中可获知，位置中心度在因子1上的因子载荷分别为0.843、0.836、0.749和0.750；联合强度在因子2上的因子载荷分别为0.831、0.798、0.772和0.786；网络规模在因子3上的因子载荷分别为0.734、0.708和0.726；知识距离在因子4上的因子载荷分别为0.803、0.827、0.826和0.812，均大于阈值0.5[408]，这表明了超过一半的方差可被所在潜变量来解释，所以测量具有较好的聚集效度；此外，与其他一阶潜变量相比，因子负载差距都在0.2以上，所以测量也具有较好的区分效度[22]。由此可以推断出所提取出来的4个因子符合上文对产学研合作网络结构特征4个指标的设定，分别是位置中心度、联结强度、网络规模和知识距离，符合理论假设。

表5-10 产学研合作网络量表的探索性因子分析

测量题项	因子1	因子2	因子3	因子4
C1	0.843	0.132	0.108	0.108
C3	0.836	0.217	0.117	0.087
C4	0.749	0.160	0.123	0.113
C5	0.750	0.128	0.186	0.087
L1	0.117	0.831	0.160	0.050
L2	0.203	0.798	0.178	0.092
L3	0.050	0.772	0.163	0.148
L4	0.114	0.786	0.137	0.202
S1	0.206	0.221	0.734	0.186
S2	0.053	0.147	0.708	0.202
S3	0.102	0.115	0.726	0.098
V1	0.150	0.136	0.196	0.803

续表

测量题项	因子1	因子2	因子3	因子4
V2	0.257	0.220	0.163	0.827
V3	0.169	0.208	0.170	0.826
V4	0.203	0.197	0.163	0.812
可解释的方差比例（%）	19.635	22.479	16.351	21.526
累计的可解释方差比例（%）	19.635	42.114	58.465	79.991

资料来源：根据数据分析结果整理所得。

（二）组织学习量表的信度和效度分析

（1）描述性统计分析

基于 March（1991）提出的探索与开发的概念内涵，本书将学研机构科研团队与企业合作过程中所开展的组织学习类型同样划分为探索性和开发性两类，均包括3个题型。表5－11显示了描述性统计结果，可以发现探索性学习各个题项的均值介于3.716～3.869，标准差从0.763～0.986；开发性学习各个题项的均值介于4.108～4.427，标准差从0.306～0.517。

表5－11　组织学习量表各测量题项描述性统计分析

变量	维度	题项代码	均值	标准差
组织学习	探索性学习	T1	3.813	0.986
		T2	3.716	0.763
		T3	3.869	0.768
	开发性学习	K1	4.427	0.306
		K2	4.229	0.413
		K3	4.108	0.517

资料来源：根据数据分析结果整理所得。

（2）信度分析

组织学习两个维度的 Cronbach's α 系数及各个题项 CITC 系数见表5－12。发现探索性学习维度的 Cronbach's α 系数为0.824，3个题项的 CITC 系数分别为0.717、0.783和0.665，表明探索性学习各个题型的 CITC 系数均大于阈值0.35，所以给予保留。开发性学习维度的 Cronbach's α 系数为0.755，3个题项的CITC系数分别为0.789、0.734和0.671，表明开发性学习各个题型的CITC系数均大于阈值0.35，所以同样给予保留。

表5-12　组织学习量表各题项CITC系数与信度分析

变量	维度	Item Code	CITC	Alpha if Item deleted	维度 Cronbach's α	Cronbach's α
组织学习	探索性学习	T1	0.717	0.745	0.824	0.873
		T2	0.783	0.790		
		T3	0.665	0.746		
	开发性学习	K1	0.789	0.810	0.755	
		K2	0.734	0.828		
		K3	0.671	0.729		

资料来源：根据数据分析结果整理所得。

（3）效度分析

在上一节通过对组织学习量表进行信度分析，发现整个量表信度较为理想。为了检验量表的结构效度，本研究对6个题型展开探索性因子分析。见表5-13，量表KMO值为0.865，高于阈值0.7，Bartlett球检验值为1033.487，显著性概率为0.000，表明适合进行因子分析。

表5-13　组织学习量表的KMO和Bartlett球检验

KMO取样适当性度量值		0.865
Bartlett球检验	检验卡方值（Approx. Chi-Square）	1033.487
	自由度（df）	72
	显著性概率（Sig）	0.000

资料来源：根据数据分析结果整理所得。

然后采用主成分分析法对6个题项开展因子提取，一共获得特征值超过1的2个因子，累计的可解释的方差比例为72.292%，高于阈值（50%）。从表5-14中获知，探索性学习维度的3个题项在因子1上的因子载荷分别为0.763、0.808和0.819；开发性学习维度的3个题项在因子2上的因子载荷分别为0.810、0.832和0.815；这6个题型在相应因子上的因子载荷均大于阈值0.5[408]，这表明超过一半的方差被所在潜变量得以解释，所以测量具有较好的聚集效度；此外，与其他一阶潜变量相比，因子负载差距都在0.2以上，所以测量也具有较好的区分效度[22]。由此可以推断出所提取出来的2个因子符合上文对组织学习2个维度的界定，分别是探索性学习和开发性学习，符合理论假设。

表5-14　组织学习量表探索性因子分析

测量题项	因子1	因子2
T1	0.763	0.175
T2	0.808	0.206
T3	0.819	0.148
K1	0.106	0.810
K2	0.084	0.832
K3	0.117	0.815
可解释的方差比例（%）	33.659	38.633
累计的可解释方差比例（%）	33.659	72.292

资料来源：根据数据分析结果整理所得。

（三）学术绩效量表的信度和效度分析

(1) 描述性统计分析

测量学研机构科研团队参与产学研合作取得的学术绩效一共包括8个题型。表5-15显示了描述性分析结果，可以发现学术绩效各个题项的均值介于1.837~4.139，标准差从0.323~1.238。

表5-15　学术绩效量表各变量测量题项描述性统计分析

变量	题项代码	均值	标准差
学术绩效	P1	3.025	1.047
	P2	3.138	1.165
	P3	4.017	0.323
	P4	4.139	0.408
	P5	1.837	1.216
	P6	2.639	1.238
	P7	3.560	1.013
	P8	3.123	0.563

资料来源：根据数据分析结果整理所得。

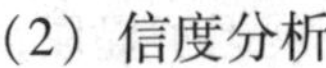

（2）信度分析

本书计算学术绩效的 Cronbach's α 系数及各个题项 CITC 系数，结果见表 5－16。发现学术绩效的 8 个题型中，P5 题型的 CITC 系数为 0.303，P6 题型的 CITC 系数为 0.284，均低于阈值 0.35，故将这两个题型删除。将 P5 和 P6 题型删除后，学术绩效的 Cronbach's α 系数由最初的 0.665 提升到 0.722，这表明删除 P5 和 P6 题型后，测度学研机构科研团队的学术绩效量表信度得到进一步增强。此外，修正后量表的 Cronbach's α 系数为 0.722，大于阈值 0.7，反映了该量表的数值达到信度要求。

表 5－16　学术绩效量表各题项 CITC 系数与信度分析

变量	Item Code	CITC	Alpha if Item deleted	Cronbach's α
学术绩效	P1	0.686	0.755	初始：0.665 净化后：0.722
	P2	0.601	0.740	
	P3	0.646	0.673	
	P4	0.617	0.810	
	P5（删除）	0.303	0.325	
	P6（删除）	0.284	0.297	
	P7	0.698	0.802	
	P8	0.563	0.670	

资料来源：根据数据分析结果整理所得。

（3）效度分析

在上一节通过学术绩效量表信度分析，发现 P5 和 P6 题型的 CITC 系数低于阈值 0.35，将其删除和净化后，整个量表信度较为理想。为了检验量表的结构效度，本书将剩余的 6 个题型展开探索性因子分析，见表 5－17。量表 KMO 值为 0.782，高于阈值 0.7，Bartlett 球检验值为 791.638，显著性概率为 0.000，表明适合进行因子分析。

表 5－17　学术绩效量表的 KMO 和 Bartlett 球检验

KMO 取样适当性度量值		0.782
Bartlett 球检验	检验卡方值（Approx. Chi-Square）	791.638
	自由度（df）	33
	显著性概率（Sig）	0.000

资料来源：根据数据分析结果整理所得。

然后，本书采用主成分分析法对剩下的6个题项开展因子提取，一共获得特征值超过1的1个因子，可解释的方差比例为73.655%，高于阈值(50%)。从表5-18中获知，学术绩效的6个题项在因子1上的因子载荷分别为0.735、0.782、0.763、0.785、0.751和0.722，均大于0.5[408]。所以，学术绩效量表具有较高的建构效度。

表5-18　学术绩效量表探索性因子分析

测量题项	因子1
P1	0.735
P2	0.782
P3	0.763
P4	0.785
P7	0.751
P8	0.722
可解释的方差比例（%）	73.655

资料来源：根据数据分析结果整理所得。

上文通过小样本预测试对初始量表进行信度和效度检测，删除那些不符合要求的题项，使得净化后的调查问卷拥有较好的信度和效度，从而确保后续正式调研所使用的测量工具更加科学可靠。

5.4　本章小结

为下一章的实证研究做前期准备，本章主要设计调查问卷和开展小样本测试。首先，阐释调查问卷的设计基本原则及步骤；其次，依照现有相关研究来设计调查问卷。最后，对初始调查问卷开展小样本测试检验，净化那些不符合要求的题项，确保最终调查问卷具有良好的信度和效度，为下一章的实证研究提供科学严谨的测试工具。

第 6 章

>>> 假设检验与讨论

本章为了验证上文所提出的研究假设，通过多元层次回归分析来探究以下几个问题：产学研合作网络对科研团队学术绩效的影响机理和作用路径是什么？产学研合作网络对科研团队的组织学习存在哪些影响？科研团队采取不同类型的组织学习对其学术绩效带来什么样的影响？为此，本研究正式开展问卷调查，对所收集的数据依次进行统计分析、信度和效度检验及回归分析；最后，根据实证分析结果，开展理论分析与讨论，并从中归纳出研究发现。

6.1 数据收集与描述性统计

6.1.1 数据收集

选择合适的研究样本是确保获得普适性研究结论的关键一环[410]。所以调查问卷的投放过程中，对所投放的区域和采取的渠道都进行有效控制来确保研究样本的质量。由于本研究调查问卷设置的题项都与产学研合作网络、组织学习和学术绩效相关，所以调查问卷的填写者务必是具有参与产学研合作经历的科研团队学者或负责人。选择的调查样本是来自我国东部地区（广东、上海和北京）的研究型大学、教学研究型大学和中国科学院下属研究院所的科研团队，以避免地域经济和技术环境差异可能给本实证研究带来干扰。调研采取的渠道包括以下几个方面：（1）到驻扎在广州/深圳的中国科学院下属科研院所的科研团队实地调研获得的数据；（2）借助本人在学术年会上所认识的大学老师的关系网，向曾经参与过产学研合作的985/211 研究型大学科研团队学者或负责人发放调查问卷；（3）借助本人所认识的朋友或同学的关系网，向曾经参与过产学研合作的教学研究型大学科研团队学者或负责人发放调查问卷；（4）通过搜寻学研机构与企业合著论文的通信作者 Email 来有针对性地发放电子调查问卷。各个渠道发放的问卷数量见表 6－1。

表 6－1　问卷发放和数据收集的数据统计

问卷发放渠道	实地拜访发放	委托朋友发放	委托老师发放	电子问卷发放	合计
问卷发放数量	76	205	86	613	980
问卷回收数量	67	80	62	72	281
有效问卷数量	61	56	48	58	223
问卷回收率（%）	88.16	39.02	72.09	11.75	28.67
有效问卷回收率（%）	80.26	27.32	55.81	9.46	22.76

资料来源：根据问卷调查数据整理所得。

本研究在 2017 年 2 月至 2017 年 4 月，历时将近 3 个月共发放调查问卷 980 份（含电子调查问卷 613 份）。为了确保有效率地回收调查问卷，问卷发出 1 个星期后，通过电话、微信、E-mail 等方式提醒，最终回收调查问卷 281 份，问卷回收率为 28.67%，结果见表 6－1。为了尽量确保问卷数据的可靠性，笔者对回收的调查问卷进行检查，随机抽查出 25 个问卷填写者进行电话回访或上门回访，通过访谈的形式来检查确认问卷所收集数据的质量。此外，排除那些明显不合格的调查问卷，包括：填写不完整，填写人并没有参与产学研合作的经历，问卷填写明显很随意（即对各个题项的回答基本一致）。通过以上措施一共排除不合格调查问卷 58 份，最终获得有效问卷 223 份。

6.1.2　描述性统计

对研究样本的基本特征使用数据语言的方式进行描述和解释，即是描述性统计分析，有助于在整体上把握数据的分布状态[410]。描述性统计及后续信度分析、效度分析和回归分析均是实证分析不可缺少的一环。本书对研究样本进行描述性统计分析的内容包括：填写问卷学者的基本信息，科研团队基本信息、产学研合作网络结构特征、组织学习类型及学术绩效状况。

（一）调查问卷填写人基本信息描述

表 6－2 中的数据显示，调查样本数量为 223 个，其中来自大学的样本数量为 115 个，来自中国科学院的样本数量为 108 个，分布较为均衡；被调查学者的职称主要是副高层次以上，占比为 76. 68%；年龄层次主要集中在 40～50 岁和 50～60 岁两个区间（占 77. 13%），男性学者占比高达 84. 75%。

表 6－2　调查问卷填写人基本信息描述性统计

分类内容及标准		数量（个）	百分比（%）
所属的单位类别	大学	115	51. 57
	中国科学院	108	48. 43
职称	初级	13	5. 83
	中级	39	17. 49
	副高级	62	27. 80
	高级	109	48. 88
年龄	<30	15	6. 73
	30～40	31	13. 90
	40～50	83	37. 22
	50～60	89	39. 91
	>60	5	2. 24
性别	男	189	84. 75
	女	34	15. 25
合计		223	100

资料来源：根据调研数据整理所得。

（二）调查样本数量与占比描述

由表 6－3 可以获知，被调研的学研机构科研团队共有 158 个，其中组建时间在 3～5 年的科研团队数量最多，共有 61 个；被调研科研团队的科研人员数量大多数在 5 人以下，共有 71 个；此外，大多数科研团队均拥有校（所）级及以上的科研平台，详见表 6－3。

表 6-3 科研团队基本信息描述性统计

科研团队信息		个数	百分比（%）
成立时间	<3 年	38	24.05
	3~5 年	61	38.61
	6~10 年	35	22.15
	>10 年	24	15.19
科研人员数量（不含学生）	<5 人	71	44.94
	5~10 人	49	31.01
	11~15 人	33	20.89
	>15 人	5	3.16
科研平台级别（实验室或工程中心）	国家级	22	13.92
	省部（院）级	43	27.22
	校（所）级	75	47.47
	无	18	11.39
合计		158	100

资料来源：根据调研数据结果整理所得。

（三）产学研合作网络的整体描述

本研究采用 Likert 五分制量表对产学研合作网络的有形维度：“点（学研机构科研团队的位置中心度）、线（学研机构科研团队与企业之间的联结强度）和面（产学研合作网络规模）”三个层次网络指标以及无形维度指标（学研机构科研团队与企业之间知识距离）进行刻画，题项的平均值和标准差结果见表 6-4。可以发现，在位置中心度维度包括的题项中，C1 题项“与同行相比，我们科研团队在产业界的知名度很高”的均值最大；在联结强度包括的题项中，L1 题项“与同行相比，我们科研团队与企业联系互动非常频繁”的均值最大；在网络规模维度包括的题项中，S2 题项“我们科研团队可以通过直接合作伙伴来和其他很多企业建立起间接联系”均值最大；在知识距离维度包括的题项中，V2 题项“与我们科研团队有直接合作关系的企业所处技术领域（知识背景）差异程度很大”均值最大。

表6-4 产学研合作网络的整体描述

变量	维度	题项代码	均值	标准差
产学研合作网络	位置中心度	C1	4.268	0.336
		C3	3.052	0.892
		C4	3.765	0.413
		C5	3.428	0.722
	联结强度	L1	4.381	0.597
		L2	3.750	0.689
		L3	4.117	0.640
		L4	3.638	1.152
	网络规模	S1	3.717	0.521
		S2	4.123	0.539
		S3	3.861	0.608
	知识距离	V1	3.412	1.120
		V2	4.426	0.208
		V3	3.856	0.414
		V4	3.719	0.520

资料来源：根据数据分析结果整理所得。

（四）组织学习的整体描述

本研究采用 Likert 五分制量表对学研机构科研团队与企业合作过程中采取的组织学习类型（探索性和开发性学习）进行刻画，题项的平均值和标准差结果见表6-5。可以发现，在探索性学习维度包括的题项中，T2 题项“我们科研团队经常从事攻关摸索从国外引进先进技术背后的科学原理”的均值最大；在开发性学习维度包括的题项中，K2 题项“我们科研团队与企业合作以渐进性创新为目标”的均值最大。

表6-5 组织学习的整体描述

变量	维度	题项代码	均值	标准差
组织学习	探索性学习	T1	3.728	0.968
		T2	4.124	0.623
		T3	3.902	0.841
	开发性学习	K1	4.326	0.316
		K2	4.521	0.212
		K3	4.025	0.367

资料来源：根据数据分析结果整理所得。

（五）学术绩效的整体描述

本研究采用 Likert 五分制量表对嵌入在产学研合作网络中学研机构科研团队的学术绩效进行刻画，题项的平均值和标准差结果见表 6－6。可以发现，在学术绩效包括的题项中，P3 题项“与同行相比，我们科研团队申请很多发明专利”的均值最大。

表 6－6　学术绩效的整体描述

变量	题项代码	均值	标准差
学术绩效	P1	3.127	0.875
	P2	3.210	0.706
	P3	4.368	0.318
	P4	3.842	0.634
	P7	3.415	0.639
	P8	3.186	1.120

资料来源：根据数据分析结果整理所得。

6.2　信度与效度分析

本研究正式调研所采用的调查问卷主要参考权威实证研究所采用的问卷设计，并且结合专家意见和小样本测试结果，对不合适的部分题项做了修正。即使如此，为了确保实证研究的质量和严谨性，本研究需要检验数据的信度和效度。只有信度和效度达到要求，才表明研究结果具有较高的可信度和说服力。

6.2.1　信度分析

信度是衡量问卷检测结果质量高低的重要指标，对问卷检测结果进行信度分析是为了确保数据的稳定性和可靠性[351]。虽然在小样本预测试时已经对初始的调查问卷的信度进行分析并修正，但是为了确保实证研究的严谨性，对正式问卷调查时仍然有必要重新验证，通过计算 CITC 系数和 Cronbach's α 系数两个指标来对量表的信度进行评估。

（一）产学研合作网络的信度分析

产学研合作网络量表经过小样本预测试和修正后得到的调查问卷剩下

了15个测量题型。其中，位置中心度和联结强度均有4个测量题项，网络规模有3个测量题项，知识距离有4个测量题项，见表6－7。位置中心度的Cronbach's α系数为0.870，联结强度的Cronbach's α系数为0.802，网络规模的Cronbach's α系数为0.906，知识距离的Cronbach's α系数为0.782，均大于阈值0.7，表明测量网络结构特征的各题项之间具有较好的内部一致性[45]。此外，测量位置中心度，联结强度、网络规模和知识距离的各个题型CITC系数均远远大于阈值0.35，表明量表均符合信度要求。与小样本预测试结果相比较，发现正式实证调研的产学研合作网络量表信度系数在整体上明显得到改善。

表6－7 产学研合作网络量表各题项CITC系数与信度分析

变量	维度	Item Code	CITC	Alpha if Item deleted	维度 Cronbach's α	Cronbach's α
产学研合作网络	位置中心度	C1	0.769	0.867	0.870	0.923
		C3	0.715	0.802		
		C4	0.610	0.789		
		C5	0.579	0.622		
	联结强度	L1	0.531	0.615	0.802	
		L2	0.623	0.729		
		L3	0.788	0.825		
		L4	0.686	0.806		
	网络规模	S1	0.791	0.902	0.906	
		S2	0.753	0.828		
		S3	0.777	0.856		
	知识距离	V1	0.765	0.848	0.782	
		V2	0.693	0.744		
		V3	0.622	0.670		
		V4	0.641	0.736		

资料来源：根据数据分析结果整理所得。

（二）组织学习的信度分析

组织学习量表包括6个题型，见表6－8。通过信度分析可知，探索性学习量表Cronbach's α系数为0.852，CITC系数远远大于阈值0.35；开发性学习量表Cronbach's α系数为0.817，CITC系数远大于阈值0.35。最后，整体进行信度分析，发现它们 CITC 系数均大于阈值 0.35，而且 Cronbach's α 系数为 0.895，表明测试组织学习所有题项符合信度要求。与小样本预测试的结果相比，发现本次正式实证调研所使用的组织学习量表信度系数在整体上明显得到改善。

表 6－8　组织学习量表各题项 CITC 系数与信度分析

变量	维度	Item Code	CITC	Alpha if Item deleted	维度 Cronbach's α	Cronbach's α
组织学习	探索性学习	T1	0.746	0.752	0.852	0.895
		T2	0.799	0.806		
		T3	0.752	0.801		
	开发性学习	K1	0.713	0.750	0.817	
		K2	0.724	0.733		
		K3	0.708	0.746		

资料来源：根据数据分析整理所得。

（三）学术绩效信度分析

学研机构科研团队学术绩效量表经过小样本预测试和修正后，剩下了 6 个题型，见表 6－9。学术绩效量表 Cronbach's α 系数为 0.802，CITC 系数均大于阈值 0.35，表明测试学术绩效所有题项符合信度要求。与小样本预测试的结果相比，发现实证调研的学术绩效量表信度系数在整体上明显得到改善。

表 6－9　学术绩效量表各题项 CITC 系数与信度分析

变量	Item Code	CITC	Alpha if Item deleted	Cronbach's α
学术绩效	P1	0.658	0.727	0.802
	P2	0.563	0.715	
	P3	0.717	0.729	
	P4	0.624	0.842	
	P7	0.560	0.712	
	P8	0.613	0.688	

资料来源：根据数据分析整理所得。

6.2.2　效度分析

效度分析的目的是对所开发的量表测量构念的正确程度进行评价。效度程度越高，表明所开发的量表工具对构念的测量就越准确[412]。效度分析一般划分为内容效度分析、聚合效度分析和辨别（区分）效度分析三类[410]。

（一）内容效度分析

内容效度是指所制定的量表题项与被测量的构念之间逻辑关系的紧密程度。当它们之间的逻辑关系程度越高，表明所制定的量表能够对被测量的构念进行有效测度，那么所制定的量表内容效度就越高[409]。

本书的测量量表是建立在现有研究的基础之上，并请教具有丰富产学研合作经验的科研团队专家对所制定量表题项进行评审，对不合适的题项进行修改和净化，使得所制定的调查问卷除了具有坚实的理论基础支撑，还符合中国实践情景，确保所制定量表的内容效度良好。

（二）聚合效度分析

聚合效度分析是指对量表多个测量题项能否有效地测度某一潜在构念进行评估[327]，分析测度某一构念所使用的多个测量题项之间是否存在一致性，有助于消除测量题项存在多因子的状况，达到提升测量指标解释力的目的[407]。验证性因子分析（Comfirmary Factor Analysis，CFA）被学术界广泛使用于测量聚合效度[411]。鉴于此，本书使用CFA来检验测量题项的聚合效度。

CFA包含两个步骤：第一，检验测量模型的整体拟合系数；第二，对平均提取方差值（Average Variance Extracted，AVE）进行检验。本书在借鉴现有研究的基础之上，使用几个常用的指标来对聚合效度进行分析，见表6－10。

表6－10　聚合效度测度指标

指标	数值范围	判别标准
卡方自由度比（CMIN/DF）	>0	<3良好，<5可以接受
近似误差均方根（RMSEA）	>0	<0.05良好，<0.1可以接受
增值适配指标（IFI）	0～1	>0.9

续表

指标	数值范围	判别标准
非规准适配指标（TLI）	0~1	>0.9
比较适配指数（CFI）	0~1	>0.9
平均提取方差值（AVE）	>0	≥0.5
标准化因子载荷系数（λ）	0~1	>0.5

资料来源：李梓涵昕（2016）[407]；刁丽琳（2013）[413]。

（1）产学研合作网络的聚合效度分析

由表6-11可以看出，产学研合作网络的位置中心度、联结强度、网络规模和知识距离4个维度的CMIN/DF分别为2.324、2.138、1.516和2.273，均小于阈值3；它们的RMSEA值分别为0.029、0.033、0.028和0.041，均小于阈值0.05；此外，相对适配三个指标IFI、TLI和CFI也均大于阈值0.9，说明产学研合作网络各维度测量题项的拟合效果很好。各测量题项对最初的理论假设4个变量的标准化因子载荷均大于阈值0.7，而且都达到显著水平（$p<0.01$）。此外，4个潜变量的AVE值均大于阈值0.5。由此可知，产学研合作网络的4个维度均具有很好的聚合效度。

表6-11　产学研合作网络验证性因子分析

变量	测量题项	标准化因子载荷	标准误差（S.E.）	临界比（C.R.）	AVE
位置中心度	C1	0.813***	—	—	0.563
	C3	0.785***	0.063	13.951	
	C4	0.776***	0.059	14.327	
	C5	0.801***	0.071	14.113	
适配度指标	CMIN/DF=2.324，RMSEA=0.029，IFI=0.913，TLI=0.936，CFI=0.942				
联结强度	L1	0.723***	—	—	0.589
	L2	0.757***	0.071	14.631	
	L3	0.760***	0.065	14.352	
	L4	0.772***	0.063	14.128	
适配度指标	CMIN/DF=2.138，RMSEA=0.033，IFI=0.927，TLI=0.933，CFI=0.956				
网络规模	S1	0.816***	—	—	0.517
	S2	0.774***	0.132	9.821	
	S3	0.808***	0.113	9.782	

续表

变量	测量题项	标准化因子载荷	标准误差（S. E.）	临界比（C. R.）	AVE
适配度指标	CMIN/DF = 1.516，RMSEA = 0.028，IFI = 0.934，TLI = 0.913，CFI = 0.930				
知识距离	V1	0.752***	—	—	0.531
	V2	0.760***	0.079	12.238	
	V3	0.788***	0.062	13.082	
	V4	0.735***	0.081	12.235	
适配度指标	CMIN/DF = 2.273，RMSEA = 0.041，IFI = 0.954，TLI = 0.957，CFI = 0.935				

注：***表示 $p<0.01$。

（2）组织学习的聚合效度分析

由表 6 - 12 可以看出，组织学习量表的探索性学习和开发性学习两个维度的 CMIN/DF 分别为 0.960 和 1.009，均小于阈值 3；它们的 RMSEA 值分别为 0.021 和 0.028，均小于阈值 0.05；此外，相对适配三个指标 IFI、TLI 和 CFI 也均大于阈值 0.9，说明测量题项的拟合效果很好。各测量题项对最初的理论假设 2 个变量的标准化因子载荷均人于阈值 0.7，而且都达到显著水平（$p<0.01$）。此外，2 个潜变量的 AVE 值均大于阈值 0.5。由此可知，组织学习的两个维度均具有很好的聚合效度。

表 6 - 12　组织学习验证性因子分析

变量	测量题项	标准化因子载荷	标准误差（S. E.）	临界比（C. R.）	AVE
探索性学习	T1	0.741***	—	—	0.533
	T2	0.789***	0.060	16.323	
	T3	0.775***	0.071	14.321	
适配度指标	CMIN/DF = 0.960，RMSEA = 0.021，IFI = 0.933，TLI = 0.908，CFI = 0.924				
开发性学习	K1	0.767***	—	—	0.620
	K2	0.718***	0.098	11.336	
	K3	0.723***	0.089	10.217	
适配度指标	CMIN/DF = 1.009，RMSEA = 0.028，IFI = 0.973，TLI = 0.954，CFI = 0.960				

注：***表示 $p<0.01$。

(3) 学术绩效的聚合效度分析

由表6-13可以看出，学术绩效 CMIN/DF 为2.521，小于阈值3；它的 RMSEA 值为0.039，小于阈值0.05；此外，相对适配三个指标 IFI、TLI 和 CFI 也均大于阈值0.9，说明各维度测量题项的拟合效果很好。各测量题项对最初的理论假设变量的标准化因子载荷均大于阈值0.7，而且都达到显著水平（$p<0.01$）。此外，潜变量的 AVE 值大于阈值0.5。由此可知，学术绩效具有很好的聚合效度。

表6-13 学术绩效验证性因子分析

变量	测量题项	标准化因子载荷	标准误差 (S.E.)	临界比 (C.R.)	AVE
学术绩效	P1	0.737***	—	—	0.736
	P2	0.725***	0.096	12.680	
	P3	0.742***	0.098	10.168	
	P4	0.831***	0.097	12.677	
	P7	0.759***	0.103	11.363	
	P8	0.771***	0.115	10.302	
适配度指标	CMIN/DF=2.521，RMSEA=0.039，IFI=0.923，TLI=0.954，CFI=0.938				

注：***表示 $p<0.01$。

（三）判别（区分）效度分析

判别效度分析是用于探究各个潜在变量之间差异的显著性[327]，反映潜在变量的各个测量题项彼此之间的差异性及不相关性。可以通过对潜在变量彼此之间标准化系数与各个潜在变量 AVE 平方根进行比较来判别效度。假若潜在变量 AVE 平方根均高过该变量与其他潜在变量的相关系数时，则表明潜在变量相互之间的判别效度较好[414]。

(1) 产学研合作网络的判别效度分析。产学研合作网络测量模型共包括位置中心度、联结强度、网络规模和知识距离4个潜在变量，经过对产学研合作网络4个潜在变量进行验证性因子分析，见表6-14。其中，CMIN/DF 值为2.638，小于阈值3；RMSEA 值为0.042，小于阈值0.05。相对适配三个指标 IFI、TLI 和 CFI 均大于0.9，表明测量模型的拟合较为理想。

表 6-14 产学研合作网络验证性因子分析

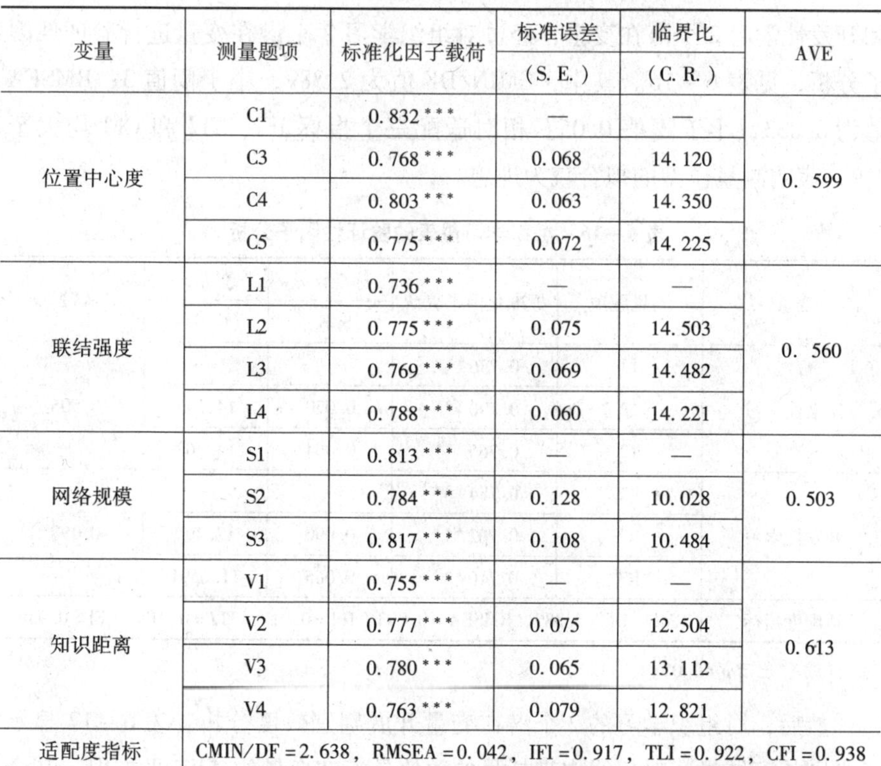

变量	测量题项	标准化因子载荷	标准误差（S. E.）	临界比（C. R.）	AVE
位置中心度	C1	0.832***	—	—	0.599
	C3	0.768***	0.068	14.120	
	C4	0.803***	0.063	14.350	
	C5	0.775***	0.072	14.225	
联结强度	L1	0.736***	—	—	0.560
	L2	0.775***	0.075	14.503	
	L3	0.769***	0.069	14.482	
	L4	0.788***	0.060	14.221	
网络规模	S1	0.813***	—	—	0.503
	S2	0.784***	0.128	10.028	
	S3	0.817***	0.108	10.484	
知识距离	V1	0.755***	—	—	0.613
	V2	0.777***	0.075	12.504	
	V3	0.780***	0.065	13.112	
	V4	0.763***	0.079	12.821	
适配度指标	CMIN/DF = 2.638，RMSEA = 0.042，IFI = 0.917，TLI = 0.922，CFI = 0.938				

注：***表示 $p<0.01$。

然后，对产学研合作网络的 4 个潜在变量开展判别效度分析，表 6-15 显示了判别效度结果，对角线内带括号的数值是潜在变量的 AVE 平方根，其余数值为潜在变量之间相关系数。可以发现，位置中心度、联结强度、网络规模和知识距离 4 个潜在变量的 AVE 平方根均高过它与其他潜在变量的相关系数，表明产学研合作网络测度模型具有较好判别效度。

表 6-15 产学研合作网络判别效度检验

潜变量名称	1	2	3	4
1 位置中心度	(0.774)			
2 联结强度	0.056	(0.748)		
3 网络规模	0.104	-0.128	(0.709)	
4 知识距离	0.062	-0.209	0.113	(0.783)

（2）组织学习的判别效度分析。组织学习测量模型共包括探索性学习和开发性学习 2 个潜在变量，经过对组织学习 2 个潜在变量进行验证性因子分析，见表 6－16。其中，CMIN/DF 值为 2.389，小于阈值 3；RMSEA 值为 0.033，小于阈值 0.05。相对适配三个指标 IFI、TLI 和 CFI 均大于 0.9，表明测量模型的拟合较为理想。

表 6－16　组织学习量表的验证性因子分析

变量	测量题项	标准化因子载荷	标准误差（S. E.）	临界比（C. R.）	AVE
探索性学习	T1	0.736***	—	—	0.506
	T2	0.790***	0.070	14.893	
	T3	0.765***	0.064	14.362	
开发性学习	K1	0.784***	—	—	0.497
	K2	0.702***	0.090	12.490	
	K3	0.710***	0.085	11.6591	
适配度指标	CMIN/DF = 2.389，RMSEA = 0.033，IFI = 0.912，TLI = 0.917，CFI = 0.930				

注：***表示 $p<0.01$。

然后，对组织学习的 2 个潜在变量开展判别效度分析，表 6－17 显示了判别效度结果，对角线内带括号的数值是潜在变量的 AVE 平方根，其余数值为潜在变量之间相关系数。可以发现，探索性学习和开发性学习 2 个潜在变量各自的 AVE 平方根均高过它们之间的相关系数，表明组织学习测度模型具有较好判别效度。

表 6－17　组织学习量表的判别效度检验

潜变量名称	1	2	3	4
1 探索性学习	（0.711）			
2 开发性学习	−0.162*	（0.705）		

注：*表示 $p<0.1$。

（3）整体判别效度分析。通过对整体测度模型进行验证性因子分析，显示所包含的 7 个潜在变量的拟合结果比较好。其中 CMIN/DF 值为 2.218，小于阈值 3；RMSEA 值为 0.035，小于阈值 0.05。IFI 值为 0.923，TLI 值为 0.933，CFI 值为 0.940，均大于阈值 0.9，说明整体测度模型是有效的。整体测度模型区分效度的检验结果见表 6－18，对角线内带括号的数值是潜在变量的AVE平方根，可以发现各个潜在变量的AVE平方根均高过它与其他潜在变量之间的相关系数，反映了所有潜在变量具有良好的判别效度。

表6-18 整体判别效度检验

变 量	1	2	3	4	5	6	7
1. 位置中心度	(0.774)						
2. 联结强度	0.056	(0.748)					
3. 网络规模	0.104	-0.128	(0.709)				
4. 知识距离	0.062	-0.209	0.113	(0.783)			
5. 探索性学习	-0.057	0.102	0.068	0.084	(0.711)		
6. 开发性学习	0.225**	0.186**	0.257*	-0.046	-0.162*	(0.705)	
7. 学术绩效	0.146	-0.062	0.034	-0.108	0.358***	-0.053	(0.783)

注：***表示$p<0.01$；**表示$p<0.05$；*表示$p<0.1$

6.3 回归分析

为了确保回归分析的严谨性，在回归之前务必对变量之间的共线性问题进行验证，发现本书所构建的回归模型变量之间没有存在严重的共线性，因为所构建的所有回归模型的膨胀因子最大为4.986，最小为2.681，均在阈值10以下。一般而言，当回归模型中的膨胀因子大于阈值10时，才表明所构建的回归模型变量之间存在严重的多重共线性问题。同时，对一些变量（如位置中心度、联结强度等网络指标和开发性学习）及其平方项同时放进回归模型可能引起共线性问题，为此对这些变量在放入回归模型之前进行中心化处理。鉴于此，本书所构建的回归模型并不存在严重的多重共线性问题。

此外，为了检验样本回归模型的数据变量是否存在系列相关问题，本书对样本数据残差独立性程度进行验证。即计算样本数据的Durbin—Watson（DW）值，发现回归模型的DW数值接近2，这表明回归模型的数据变量没有存在自相关问题。

为了验证本研究在第四章所构建的理论模型和假设，本书通过多元层次回归分析，一共设置4个回归模型。其中，模型1用于验证产学研合作网络对科研团队学术绩效的影响；模型2用于验证产学研合作网络对科研团队组织学习的影响；模型3用于验证科研团队组织学习对学术绩效的影响；模型4主要检验产学研合作网络、组织学习及学术绩效之间的影响关系，以确认组织学习是否在产学研合作网络和学术绩效之间起到中介作用。

（一）产学研合作网络对学术绩效影响的回归分析

本书通过层次回归方法来分析产学研合作网络对科研团队学术绩效的影响关系，见表6-19。首先，将控制变量放入回归模型，如模型1；然后分别将自变量及其平方项放入回归模型以验证上文所提出假设，如模型2~5；最后，将所有变量及自变量平方项全部放入回归模型以验证稳健性，如模型6。回归结果见表6-19。

表6-19 产学研合作网络对学术绩效影响的回归分析

	模型1	模型2	模型3	模型4	模型5	模型6
	学术绩效	学术绩效	学术绩效	学术绩效	学术绩效	学术绩效
控制变量						
团队科研实力	0.223**	0.214**	0.202*	0.205*	0.192**	0.183**
团队创新氛围	0.183*	0.176*	0.181*	0.177*	0.179*	0.168*
政府创新政策	0.069	0.054	0.057	0.046	0.043	0.038
自变量						
位置中心度		0.641				0.634
位置中心度平方项		-0.702***				-0.686**
联结强度			1.683			1.596
联结强度平方项			-1.310**			-1.195**
网络规模				1.372		1.312
网络规模平方项				-1.623*		-1.517*
知识距离					1.364	1.295
知识距离平方项					-1.035**	-0.934**
R^2	0.036	0.269	0.225	0.149	0.138	0.610
Adj R^2	0.024	0.176	0.160	0.093	0.087	0.369
$\triangle R^2$		0.233	0.189	0.113	0.102	0.574
F值	5.058*	28.413***	25.464***	19.237**	18.607**	65.365***

注：***表示 $p<0.01$；**表示 $p<0.05$；*表示 $p<0.1$。

表6-19的模型1分析了控制变量对学研机构科研团队的学术绩效影

响，即团队科研实力、团队创新氛围及政府颁布的创新政策等潜在影响变量对学研机构科研团队与企业合作取得的学术绩效的影响，回归结果分别显示F值为5.058，而且这3个控制变量对学研机构科研团队参与产学研合作取得学术绩效的解释程度较低（$R^2=0.036$）。

模型2分析了位置中心度对学术绩效的影响。回归结果显示F值为28.413，回归方程显著，R^2值为0.269，意味着位置中心度及控制变量一共解释了学研机构科研团队与企业合作取得的学术绩效26.9%的差异。与模型1相比，模型2对学研机构科研团队与企业合作取得学术绩效的解释力度大幅增加，解释力度提升了23.3%，即位置中心度这个变量解释学研机构科研团队参与产学研合作取得学术绩效的变异。具体而言，位置中心度平方项系数是显著性负数（$\beta=-0.702$，$p<0.01$），表明位置中心度对学研机构科研团队的学术绩效产生显著“倒U型”影响。因此假设1a得以证实。

模型3分析了联结强度对学术绩效的影响。回归结果显示F值为25.464，回归方程显著，R^2值为0.225，意味着联结强度及控制变量一共解释了学研机构科研团队参与产学研合作取得的学术绩效22.5%的差异。与模型1相比，模型3对学研机构科研团队参与产学研合作取得学术绩效的解释力度明显增加，解释力度提升了18.9%，即联结强度这个变量解释学研机构科研团队与企业合作取得学术绩效的变异。具体而言，联结强度平方项系数是显著性负数（$\beta=-1.310$，$p<0.05$），表明联结强度对学研机构科研团队的学术绩效产生显著“倒U型”影响，因此假设1b得以证实。

模型4分析了网络规模对学术绩效的影响。回归结果显示F值为19.237，回归方程显著，R^2值为0.149，意味着网络规模及控制变量一共解释了学研机构科研团队参与产学研合作取得的学术绩效14.9%的差异。与模型1相比，模型4对学研机构科研团队与企业合作取得学术绩效的解释力度有明显增加，解释力度提升11.3%。具体而言，网络规模平方项系数是显著性负数（$\beta=-1.623$，$p<0.1$），表明网络规模对学研机构科研团队的学术绩效产生显著“倒U型”影响，因此假设1c得到证实。

模型5分析了知识距离对学术绩效的影响。回归结果显示F值为18.607，回归方程显著，R^2值为0.138，意味着知识距离及控制变量一共解释了学研机构科研团队参与产学研合作取得的学术绩效13.8%的差异。与模型1相比，模型5对学研机构科研团队与企业合作取得学术绩效的解释力度明显增加，解释力度提升了10.2%，即知识距离这个变量解释学研机构科研团队与企业合作取得学术绩效的变异。具体而言，知识距离平方项系数是显著性负数（$\beta = -1.035$，$p < 0.05$），表明知识距离对学研机构科研团队的学术绩效产生显著“倒U型”影响，因此假设1d得到证实。

模型6同时纳入控制变量和刻画产学研合作网络结构各个变量及其平方项以检验回归结果的稳健性，发现各个变量的系数及显著性没有较为显著的变化。回归结果显示F值为65.365，回归方程显著，R^2值为0.610，意味着网络结构各个变量及控制变量一共解释了学研机构科研团队与企业合作取得的学术绩效61%的差异，解释力度提升了57.4%。这充分表明了产学研合作网络对学研机构科研团队的学术绩效具有重要的影响作用。

（二）产学研合作网络对组织学习影响的回归分析

为了进一步明确产学研合作网络结构对学研机构科研团队的组织学习行为的影响关系，本书采取层级回归分析。首先，将控制变量放入回归模型，如模型7a和7b；然后分别将自变量及其平方项放入回归模型以验证上文所提出假设，如模型8a（b）~11a（b）；最后，将所有变量全部放入回归模型12a（b）以验证稳健性。回归结果见表6-20、表6-21。

表6-20　产学研合作网络对探索性学习影响的回归分析

	模型7a	模型8a	模型9a	模型10a	模型11a	模型12a
	探索性学习	探索性学习	探索性学习	探索性学习	探索性学习	探索性学习
控制变量						
团队科研实力	0.204**	0.195*	0.169**	0.159**	0.172*	0.153*
团队创新氛围	0.166*	0.151*	0.123*	0.108*	0.111*	0.105*
政府创新政策	0.060	0.052	0.047	0.043	0.050	0.038
自变量						
位置中心度		1.548				1.520
位置中心度平方项		-1.728**				-1.692*
联结强度			0.866			0.748
联结强度平方项			-0.956***			-0.849**
网络规模				1.140		1.125

续表

	模型7a	模型8a	模型9a	模型10a	模型11a	模型12a
	探索性学习	探索性学习	探索性学习	探索性学习	探索性学习	探索性学习
网络规模平方项				-1.022**		-1.014**
知识距离					1.280	1.219
知识距离平方项					-1.035**	-1.022*
R^2	0.048	0.232	0.205	0.168	0.180	0.650
Adj R^2	0.036	0.187	0.161	0.109	0.131	0.568
$\triangle R^2$		0.184	0.157	0.120	0.132	0.602
F值	4.682*	21.237**	19.034**	16.530*	17.459*	59.034**

注：***表示 $p<0.01$；**表示 $p<0.05$；*表示 $p<0.1$。

表6-21 产学研合作网络对开发性学习影响的回归分析

	模型7b	模型8b	模型9b	模型10b	模型11b	模型12b
	开发性学习	开发性学习	开发性学习	开发性学习	开发性学习	开发性学习
控制变量						
团队科研实力	0.096	0.083	0.088	0.079	0.085	0.073
团队创新氛围	-0.213	-0.206	-0.194	-0.201	-0.197	-0.173
政府创新政策	0.032*	0.029*	0.026*	0.028*	0.026*	0.019*
自变量						
位置中心度		0.205**				0.197*
联结强度			0.161**			0.152**
网络规模				0.223*		0.205*
知识距离					-1.342	-1.230
知识距离平方项					1.428*	1.321*
R^2	0.033	0.208	0.235	0.164	0.197	0.602
Adj R^2	0.021	0.154	0.170	0.113	0.156	0.496
$\triangle R^2$		0.175	0.202	0.131	0.164	0.569
F值	2.925	16.223**	19.360**	14.331**	15.567*	54.334**

注：***表示 $p<0.01$；**表示 $p<0.05$；*表示 $p<0.1$。

表6-20的模型7a和表6-21的模型7b分析了控制变量对组织学习的影响，即团队科研实力、团队创新氛围及政府颁布的相关创新政策潜在影响变量对学研机构科研团队所采取探索性学习和开发性学习行为的影响，回归结果显示F值分别为4.682和2.925，而且这3个控制变量对学

研机构科研团队所采取的组织学习类型的解释程度较低（R^2 分别为 0.048 和 0.033）。

模型 8a 分析位置中心度对探索性学习的影响。回归结果显示 F 值为 21.237，回归方程显著，R^2 值为 0.232，意味着位置中心度及控制变量一共解释了学研机构科研团队采取探索性学习行为的 23.2% 差异。与模型 7a 相比，模型 8a 对学研机构科研团队采取探索性学习行为的解释力度大幅增加，增幅为 18.4%，即位置中心度这个变量解释学研机构科研团队采取探索性学习行为的变异。具体而言，位置中心度平方项系数是显著性负数（$\beta = -1.728$，$p < 0.05$），表明位置中心度对学研机构科研团队所采取的探索性学习行为产生显著"倒 U 型"影响，因此假设 2a 得以证实。

模型 8b 分析位置中心度对开发性学习的影响。回归结果显示 F 值为 16.223，回归方程显著，R^2 值为 0.208，意味着位置中心度及控制变量一共解释了学研机构科研团队采取开发性学习行为的 20.8% 差异。与模型 7b 相比，模型 8b 对学研机构科研团队采取开发性学习行为的解释力度大幅增加，增幅为 17.5%，即位置中心度这个变量解释学研机构科研团队采取开发性学习行为的变异。具体而言，位置中心度系数是显著性正数（$\beta = 0.205$，$p < 0.05$），表明位置中心度对学研机构科研团队采取开发性学习行为产生显著的正向影响，因此假设 2b 得以证实。

模型 9a 分析联结强度对探索性学习的影响。回归结果显示 F 值为 19.034，回归方程显著，R^2 值为 0.205，意味着联结强度及控制变量一共解释了学研机构科研团队采取探索性学习行为的 20.5% 差异。与模型 7a 相比，模型 9a 对学研机构科研团队采取探索性学习行为的解释力度大幅增加，增幅为 15.7%，即联结强度这个变量解释学研机构科研团队采取探索性学习行为的变异。具体而言，联结强度平方项系数是显著性负数（$\beta = -0.956$，$p < 0.01$），表明联结强度对学研机构科研团队所采取的探索性学习行为产生显著"倒 U 型"影响，因此假设 2c 得以证实。

模型 9b 分析联结强度对开发性学习的影响。回归结果显示 F 值为 19.360，回归方程显著，R^2 值为 0.235，意味着联结强度及控制变量一共解释了学研机构科研团队采取开发性学习行为的 23.5% 差异。与模型 7b 相比，模型 9b 对学研机构科研团队采取开发性学习行为的解释力度大幅增加，增幅为 20.2%，即联结强度这个变量解释学研机构科研团队采取开发性学习行为的变异。具体而言，联结强度系数是显著性正数（$\beta = 0.161$，$p < 0.05$），表明联结强度对学研机构科研团队采取开发性学习行为产生显著的正向影响，因此假设2d得以证实。

模型10a分析网络规模对探索性学习的影响。回归结果显示F值为16.530，回归方程显著，R^2值为0.168，意味着网络规模及控制变量一共解释了学研机构科研团队采取探索性学习行为的16.8%差异。与模型7a相比，模型10a对学研机构科研团队采取探索性学习行为的解释力度有所增加，增幅为12%，即网络规模这个变量解释学研机构科研团队采取探索性学习行为的变异。具体而言，网络规模平方项系数是显著性负数（$\beta = -1.022$，$p < 0.05$），表明网络规模对学研机构科研团队所采取的探索性学习行为产生显著“倒U型”影响，因此假设2e得以证实。

模型10b分析网络规模对开发性学习的影响。回归结果显示F值为14.331，回归方程显著，R^2值为0.164，意味着网络规模及控制变量一共解释了学研机构科研团队采取开发性学习行为的16.4%差异。与模型7b相比，模型10b对学研机构科研团队采取开发性学习行为的解释力度明显增加，增幅为13.1%，即网络规模这个变量解释学研机构科研团队采取开发性学习行为的变异。具体而言，网络规模系数是显著性正数（$\beta = 0.223$，$p < 0.1$），表明网络规模对学研机构科研团队采取开发性学习行为产生显著的正向影响。因此假设2f得以证实。

模型11a分析知识距离对探索性学习的影响。回归结果显示F值为17.459，回归方程显著，R^2值为0.180，意味着知识距离及控制变量一共解释了学研机构科研团队采取探索性学习行为的18%差异。与模型7a相比，模型11a对学研机构科研团队采取探索性学习行为的解释力度明显增加，增幅为13.2%，即知识距离这个变量解释学研机构科研团队采取探索性学习行为的变异。具体而言，知识距离平方项系数是显著性负数（$\beta = -1.035$，$p < 0.05$），表明知识距离对学研机构科研团队所采取的探索性学习行为产生显著的“倒U型”影响，因此假设2g得以证实。

模型11b分析知识距离对开发性学习的影响。回归结果显示F值为15.567，回归方程不显著，R^2值为0.197，意味着知识距离及控制变量一共解释了学研机构科研团队采取开发性学习行为的19.7%差异。与模型7b

相比，模型 11b 对学研机构科研团队采取开发性学习行为的解释力度明显增加，增幅为 16.4%，即知识距离这个变量解释学研机构科研团队采取开发性学习行为的变异。具体而言，知识距离平方项系数是显著性正数（β = 1.428，$p<0.1$），表明知识距离对学研机构科研团队所采取的开发性学习行为产生显著的“正 U 型”影响，因此假设 2h 得以证实。

模型 12a 和 12b 同时纳入产学研合作网络各个变量和控制变量以验证回归结果的稳健性，发现各个变量的系数及显著性没有较为显著的变化。模型 12a 回归结果显示 F 值为 59.034，回归方程显著，R^2 值为 0.650，意味着网络结构各个变量及控制变量一共解释了学研机构科研团队采取的探索性学习行为 65% 的差异，增幅为 60.2%。模型 12b 回归结果显示 F 值为 54.334，回归方程显著，R^2 值为 0.602，意味着网络结构各个变量及控制变量一共解释了学研机构科研团队采取的开发性学习行为 60.2% 的差异，增幅 56.9%。综上所述，可以发现产学研合作网络对学研机构科研团队的组织学习具有重要影响。

（三）组织学习对学术绩效影响的回归分析

为了分析在产学研合作过程中，学研机构科研团队所开展的组织学习对其学术绩效的影响关系，同样采取层级回归分析。首先，将控制变量放入回归模型，如模型 13；然后分别将自变量放入回归模型以验证上文所提出假设，如模型 14 ~ 15；最后，将所有变量全部放入回归模型 16 以验证回归结果的稳健性，见表 6 – 22。

表 6 – 22　组织学习对学术绩效影响的回归分析

	模型 13 学术绩效	模型 14 学术绩效	模型 15 学术绩效	模型 16 学术绩效
控制变量				
团队科研实力	0.122**	0.118**	0.110**	0.107**
团队创新氛围	0.078*	0.069*	0.070*	0.060*
政府创新政策	0.017	0.013	0.011	0.009
自变量				
探索性学习		0.324***		0.301**
开发性学习			1.328	1.203
开发性学习平方项			–1.428**	–1.317**

续表

	模型 13	模型 14	模型 15	模型 16
	学术绩效	学术绩效	学术绩效	学术绩效
R^2	0.088	0.376	0.232	0.573
Adj R^2	0.056	0.258	0.184	0.514
$\triangle R^2$		0.288	0.144	0.485
F 值	7.625**	21.365***	15.689*	28.664**

注：***表示 $p<0.01$；**表示 $p<0.05$；*表示 $p<0.1$。

资料来源：根据回归结果整理。

表 6－22 的模型 13 分析了控制变量对学研机构科研团队的学术绩效影响，即团队科研实力、团队创新氛围及政府颁布的相关创新政策等潜在影响变量对学研机构科研团队与企业合作取得的学术绩效的影响，回归结果分别显示 F 值为 7.625，而且这 3 个控制变量对学研机构科研团队参与产学研合作取得学术绩效的解释程度不高（$R^2=0.088$）。

模型 14 分析了探索性学习对学术绩效的影响。回归结果显示 F 值为 21.365，回归方程显著，R^2 值为 0.376，意味着探索性学习及控制变量一共解释了学研机构科研团队参与产学研合作取得的学术绩效 37.6% 的差异。与模型 13 相比，模型 14 对学研机构科研团队与企业合作取得学术绩效的解释力度大幅增加，增幅高达 28.8%，即探索性学习这个变量解释学研机构科研团队参与产学研合作取得学术绩效的变异。具体而言，探索性学习系数是显著性正数（$\beta=0.324$，$p<0.01$），表明探索性学习对学研机构科研团队的学术绩效产生显著性正向影响，因此假设 3a 得以证实。

模型 15 分析了开发性学习对学术绩效的影响。回归结果显示 F 值为 15.689，回归方程显著，R^2 值为 0.232，意味着开发性学习及控制变量一共解释了学研机构科研团队参与产学研合作取得的学术绩效 23.2% 的差异。与模型 13 相比，模型 15 对学研机构科研团队与企业合作取得学术绩效的解释力度明显增加，增幅为 14.4%。具体而言，开发性学习平方项系数是显著性负数（$\beta=-1.428$，$p<0.05$），表明开发性学习对学研机构科研团队的学术绩效产生显著性“倒 U 型”影响，因此假设 3b 得以证实。

模型 16 同时纳入两种类型的组织学习变量和控制变量以检验回归结果的稳健性，发现各个变量的系数及显著性没有较为显著的变化。回归结果显示 F 值为 28.664，回归方程显著，R^2 值为 0.573，意味着两种类型的组织学习变量及控制变量一共解释了学研机构科研团队参与产学研合作取得的学术绩效 57.3% 的差异，增幅为 48.5%。这证实了嵌入在产学研合作网络中的学研机构科研团队采取的组织学习类型对其学术绩效产生重要影响。

（四）科研团队组织学习的中介效应分析

为了进一步检验科研团队组织学习在产学研合作网络与学术绩效之间是否存在中介效应，需要进行中介效应检验。至于中介效应的检验，目前应用最广的一种是由 Baron 和 Kenny（1986）[415] 提出的检验方法，指出某一个变量在自变量与因变量之间是否存在中介效应需要同时达到以下 4 个标准：①该变量与自变量同时放在一个回归模型中，两者之间存在显著的回归关系，即自变量的回归系数达到显著水平；②因变量与该变量同时放在一个回归模型中，双边同样是显著的回归关系；③因变量与自变量同时放在一个回归模型中，双边关系达到显著水平；④因变量、自变量与该变量同时放在一个回归模型中，该变量的回归系数仍然达到显著水平，而自变量的系数和显著程度明显降低。

值得关注的是，Baron 和 Kenny（1986）[415] 所提出的中介效应检验思路适用于变量间影响路径为线性的。当影响路径存在非线性（如"倒 U 型"或"正 U 型"）关系时，采取上述的中介检测方法可能会歪曲变量间潜在的非线性关系[416]。鉴于此，Hayes 和 Preacher（2010）[416] 认为除了结合上述的中介效应检验思路外，还建议结合瞬时中介效应值来判断。根据 Stolzenberg（1980）[417] 对瞬时中介效应值的定义，如果自变量（X）——中介变量（M）——因变量（Y）这条路径存在有非线性关系，那么 X 变化所导致 M 的变化而造成 Y 的间接变化率称为瞬时中介效应值。通过计算瞬时中介效应值及其对应的 Bootstrap 检验 95% 置信区间，并结合 Baron 和 Kenny（1986）[415] 所提出的中介效应检验思路，综合判断出某变量在某非线性影响路径上是否扮演着中介变量的角色。

鉴于产学研合作网络和学研机构科研团队的学术绩效之间存在非线性"倒 U 型"关系，所以本书借鉴 Hayes 和 Preacher（2010）[416] 所提出的中介效应检验思路来检验学研机构科研团队采取的组织学习行为在产学研合作网络和学术绩效之间是否发挥着中介作用。

根据 Baron 和 Kenny（1986）[415]所提出的中介效应检验思路，表6-23模型17分析了产学研合作网络对学研机构科研团队学术绩效的影响，模型18~19分析了产学研合作网络对学研机构科研团队组织学习的影响。模型20~21同时加入产学研合作网络和组织学习变量，探究它们共同对科研团队学术绩效的影响。

表6-23 组织学习中介效应的回归检验

	模型17	模型18	模型19	模型20	模型21
	学术绩效	探索性学习	开发性学习	学术绩效	学术绩效
控制变量					
团队科研实力	0.183**	0.153*	0.073	0.167**	0.172**
团队创新氛围	0.168*	0.105*	-0.173	0.153*	0.149*
政府创新政策	0.038	0.038	0.019*	0.031	0.027
自变量和中介变量					
位置中心度	0.634	1.520	0.197*	0.448	0.556
位置中心度平方项	-0.686**	-1.692*		-0.527*	-0.604*
联结强度	1.596	0.748	0.152**	1.364	1.490
联结强度平方项	-1.195**	-0.849**		-0.978*	-1.048*
网络规模	1.312	1.125	0.205*	1.062	0.993
网络规模平方项	-1.517*	-1.014**		-1.062*	-1.364*
知识距离	1.295	1.219	-1.230	0.995	1.283
知识距离平方项	-0.934**	-1.022*	1.321*	-0.708*	-0.932**
探索性学习				0.217**	
开发性学习					0.763
开发性学习平方项					-1.034**
R^2	0.610	0.650	0.602	0.683	0.652
Adj R^2	0.369	0.568	0.496	0.512	0.471
F值	65.365***	59.034**	54.334**	70.521*	67.658**

注：***表示 $p<0.01$；**表示 $p<0.05$；*表示 $p<0.1$。

随后，计算变量的瞬时中介效应值显著性。依照 Preacher 和 Hayes（2008）所提供的检测步骤及通过 SPSS 软件 Macro 程序，可计算出变量的瞬时中介效应，以及1000次 Bootstrap 重复抽样检验时得到的95%置信区间，结果见表6-24。

表 6－24 组织学习的瞬时中介效应显著性检验结果

中介效应	自变量	自变量取值	置信区间		瞬时中介效应
			下限	上限	
探索性学习	位置中心度	3.128	0.125	0.570	0.337
		3.623	0.066	0.413	0.218
		4.125	0.021	0.224	0.113
	联结强度	2.268	0.115	0.216	0.135
		3.025	0.056	0.194	0.099
		3.813	0.026	0.138	0.068
	网络规模	2.954	0.245	0.670	0.368
		3.317	0.184	0.445	0.272
		3.750	0.128	0.271	0.184
	知识距离	2.752	0.095	0.173	0.115
		3.413	0.062	0.128	0.099
		4.215	0.038	0.096	0.057
开发性学习	位置中心度	3.128	0.103	0.250	0.162
		3.623	0.067	0.189	0.135
		4.125	0.020	0.093	0.061
	联结强度	2.268	0.028	0.202	0.135
		3.025	0.016	0.157	0.081
		3.813	0.004	0.038	0.028
	网络规模	2.954	0.076	0.492	0.337
		3.317	0.031	0.304	0.173
		3.750	0.009	0.150	0.067
	知识距离	2.752	0.088	0.289	0.164
		3.413	－0.022	0.110	0.063
		4.215	－0.071	－0.033	－0.050

资料来源：根据实证结果整理。

表6－23各个模型的F值分别为65.365、59.034、54.334、70.521和67.658，回归模型的效果显著，所以上述各个回归模型的设定是合理的。由模型17可以获知，刻画产学研合作网络有形维度的3个网络指标对学研机构科研团队的学术绩效均呈现出显著的“倒U型”影响；无形维度的知识距离指标也对学研机构科研团队的学术绩效呈现出显著的“倒U型”影

响。由模型 18 和模型 19 可以获知，刻画产学研合作网络的两个维度共 4 个指标均对学研机构科研团队两种类型组织学习——探索性学习和开发性学习产生显著影响。由模型 20 得知，当回归模型加入中介变量探索性学习变量后，产学研合作网络各个变量及其平方项的系数及显著性均明显减少但仍然达到显著水平。由表 6－24 可以获知，1000 次 Bootstrap 重复抽样结果显示，探索性学习正面瞬时中介效应随着网络变量取值上升而不断下降。此外，探索性学习对应的置信区间均不包括零，说明了探索性学习在产学研合作网络和学术绩效之间的中介效应是显著的。综合上述结果，可以获知产学研合作网络通过探索性学习来对学术绩效产生影响，所以假设 4a、4b、4c 和 4d 得到证实。

由表 6－23 模型 21 可以获知，当回归模型加入中介变量开发性学习变量后，开发性学习平方项系数是显著性负数（$\beta = -1.034$，$p < 0.05$），表明开发性学习对学研机构科研团队的学术绩效产生显著“倒 U 型”影响。与模型 17 相比，除了知识距离外，产学研合作网络各个变量及其平方项的系数及显著性均明显减少但仍然达到显著水平。由表 6－24 可以获知，1000 次 Bootstrap 重复抽样检验结果显示，开发性学习正面瞬时中介效应随着网络变量取值上升而不断下降。值得关注的是，除了知识距离，开发性学习对应的置信区间均不包括零，说明了开发性学习在产学研合作网络（除了知识距离）和学术绩效之间的中介效应是显著的。综合上述结果，产学研合作网络通过开发性学习来对学术绩效产生影响，所以假设 4e、4f、4g 得到证实，而 4h 没有得到证实。

6.4　结果讨论

本章主要对学研机构科研团队的产学研合作网络、组织学习和学术绩效三个变量之间的关系进行探究，以揭开产学研合作网络对科研团队学术绩效的影响机理和作用路径，为我国产学研合作理论研究和实践提供一定的参考与借鉴。

6.4.1　假设检验结果

本章通过实证分析对研究假设进行了验证，具体验证结果见表6－25。

表6-25 假设检验结果汇总

维度	研究假设	检验结果
H1 产学研合作网络对学术绩效的影响		
有形维度	H1a. 学研机构科研团队的位置中心度对其学术绩效呈现出“倒U型”影响	支持
	H1b. 学研机构科研团队与企业之间联结强度对学研机构科研团队的学术绩效呈现出“倒U型”影响	支持
	H1c. 产学研合作网络规模对学研机构科研团队的学术绩效呈现出“倒U型”影响	支持
无形维度	H1d. 学研机构科研团队与企业之间知识距离对学研机构科研团队的学术绩效呈现出“倒U型”影响	支持
H2 产学研合作网络对组织学习的影响		
有形维度	H2a. 学研机构科研团队的位置中心度对探索性学习呈现出“倒U型”影响	支持
	H2b. 学研机构科研团队的位置中心度对开发性学习具有正向影响	支持
	H2c. 学研机构科研团队与企业之间联结强度对探索性学习呈现出“倒U型”影响	支持
	H2d. 学研机构科研团队与企业之间联结强度对开发性学习具有正向影响	支持
	H2e. 网络规模对学研机构科研团队的探索性学习呈现出“倒U型”影响	支持
	H2f. 网络规模对学研机构科研团队的开发性学习具有正向影响	支持
无形维度	H2g. 学研机构科研团队与企业之间知识距离对学研机构科研团队的探索性学习呈现出“倒U型”影响	支持
	H2h. 学研机构科研团队与企业之间知识距离对学研机构科研团队的开发性学习呈现出“正U型”影响	支持
H3 组织学习对学术绩效的影响		
探索性学习	H3a. 学研机构科研团队的探索性学习对学术绩效具有正向影响	支持
开发性学习	H3b. 学研机构科研团队的开发性学习对学术绩效呈现出“倒U型”影响	支持

续表

维度	研究假设	检验结果
H4 组织学习的中介作用		
探索性学习	H4a. 探索性学习在位置中心度与学术绩效之间起到中介作用	支持
	H4b. 探索性学习在联结强度与学术绩效之间起到中介作用	支持
	H4c. 探索性学习在网络规模与学术绩效之间起到中介作用	支持
	H4d. 探索性学习在知识距离与学术绩效之间起到中介作用	支持
开发性学习	H4e. 开发性学习在位置中心度与学术绩效之间起到中介作用	支持
	H4f. 开发性学习在联结强度与学术绩效之间起到中介作用	支持
	H4g. 开发性学习在网络规模与学术绩效之间起到中介作用	支持
	H4h. 开发性学习在知识距离与学术绩效之间起到中介作用	不支持

6.4.2 产学研合作网络对学术绩效的影响

本书证实产学研合作网络有形维度的三个变量（科研团队的位置中心度、与企业之间的联结强度及网络规模）及无形维度的变量（科研团队与企业之间的知识距离）均对科研团队在参与产学研合作过程中取得的学术绩效产生显著性影响，这也证实了资源观理论所提及的观点：任何组织不可能拥有自身发展所需要的一切知识和资源，需要不断地从组织外部获取新知识来提升组织绩效，而产学研合作网络就是企业、大学和科研机构联结的集合，能够为学研机构科研团队提供丰富的知识和资源，因此对其学术绩效带来显著的影响。

本书研究发现学研机构科研团队的位置中心度对其学术绩效影响是“倒 U 型”的，这表明在早期，随着学研机构科研团队在网络中位置中心度日益增大，有助于学研机构科研团队从网络中获取到各种创新资源（如实验室设备、劳动力、数据库以及其他设施）[63]，从而有利于基础研究活动的开展和学术绩效的提升[26]。然而，随着学研机构科研团队网络位置中心度的不断增加，学研机构科研团队从网络中获得的信息和资源的冗余程度也不断增加，这对学研机构科研团队的学术研究和绩效提升的边际影响也不断减弱。此外，学研机构科研团队的网络位置中心度不断增加，也意味着它需要耗费较多精力和资源来维护与企业之间合作网络关系来维持在网络中的位置，这对学研机构科研团队在本职高水平科学研究上的精力投入起到“挤出效应”，进而对学术绩效的提升产生不利影响。所以，学研机构科研团队在合作网络的位置中心度保持适中程度对其学术绩效提升更为有利。

学研机构科研团队与企业之间的联结强度对学术绩效起到“倒U型”影响作用，这意味着双方之间联结关系对学术绩效是一把“双刃剑”[38]。联结过弱、过强均对学研机构科研团队的学术绩效不利。这与过去一些研究结果存在差异。过去研究认为，组织之间联结关系越紧密，就越有助于促进双方信任机制的建立，降低协调沟通与交易成本[220]，进而有利于创新资源的转移和绩效的提升。其实不能仅仅留意联结强度有利于资源转移的“利”一面，还要关注到其“弊”的一面。随着联结强度的不断增加，意味着合作更为频繁，双方关系更为紧密，这虽然有利于资源的跨组织流动，但是彼此之间信息、知识等资源频繁流动容易导致双方知识结构同质化程度会不断上升，这不利于学研机构科研团队从产业界获取到各种有价值的异质性资源。此外，与产业界建立过强联结关系所固有的互惠性（即将组织捆绑到互惠帮助关系当中），容易致使学研机构科研团队从事过多技术开发及商业化活动，会对学研机构科研团队在前沿科技探索活动的精力投入上产生“挤出效应”，进而损害学术绩效的实现。所以，联结强度在没有超过临界点之前，联结强度越高，对绩效的提升越有利，当超过临界点时，则可能给绩效带来不利影响。

本书还发现产学研合作网络规模对学研机构科研团队的学术绩效起到“倒U型”影响作用，这与既有研究发现[388]不符，这也可能是因为现有研究仅关注网络规模给组织绩效带来的“利”一面，没有过多关注其潜在“弊”的一面。本书认为网络规模对学研机构科研团队的学术绩效影响不是简单的线性关系。网络规模大小能反映出组织能从网络中获取创新资源的多寡[48]。当网络规模太小时，给学研机构科研团队提供的网络资源就非常有限，这不利于学研机构科研团队开展学术研究以提升学术绩效；当网络规模过大时，仅表明能提供的资源数量越多，并不代表能提供资源的价值性越高，可能存在较多冗余的资源，这对学研机构科研团队的学术绩效提升并不一定有利。此外，随着网络规模越大，学研机构科研团队需要投入更多的精力与资源来维护与其他网络成员之间的网络关系，这可能会占用学研机构科研团队从事学术研究的大量时间，因此可能会损害到学研机

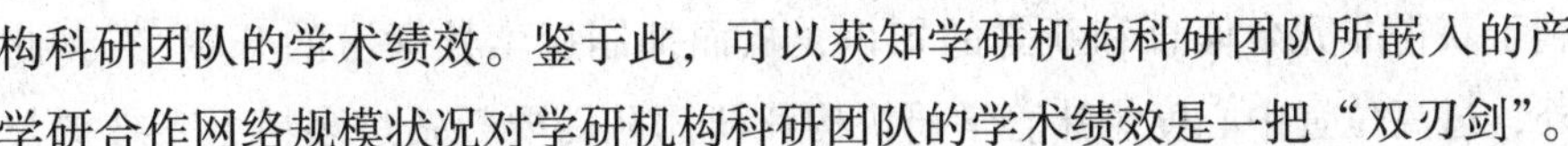

构科研团队的学术绩效。鉴于此，可以获知学研机构科研团队所嵌入的产学研合作网络规模状况对学研机构科研团队的学术绩效是一把“双刃剑”。

最后，本书发现学研机构科研团队与企业之间的知识距离对学术绩效起到“倒 U 型”影响作用，这一研究发现与现有文献[390,419-421]的研究结论较为一致，也符合本研究的理论预期。当学研机构科研团队与企业之间的知识距离较小时，随着知识距离不断扩大，有利于学研机构科研团队从网络中获取和整合非冗余资源。过去研究表明获取和整合非冗余创新资源对提升绩效变得尤为重要[380,381]。Manjarrés-Henríquez 等（2009）指出异质性资源（如认知、技术和财务支持）是绩效提升的重要基础[382]。所以，在早期学研机构科研团队与企业相互间形成“知识势差”有利于学术绩效的提升；然而，随着学研机构科研团队与企业之间的知识距离进一步扩大，双方的知识背景与科研实力相差悬殊成为知识转移与合作创新的障碍[391,422]，从而对学研机构科研团队的学术绩效带来不利影响。所以，学研机构科研团队与企业之间保持合适的“知识距离”有利于获得最佳的学术绩效。

6.4.3　产学研合作网络对组织学习的影响

本书证实产学研合作网络的有形维度三个变量（学研机构科研团队的位置中心度、与企业之间的联结强度及网络规模）及无形维度变量（学研机构科研团队与企业之间的知识距离）均对学研机构科研团队在参与产学研合作过程中组织学习带来显著性影响，这证实了 Granovetter（1985）所提及的组织所嵌入的社会网络会影响组织活动的观点[301]。本书研究发现学研机构科研团队的位置中心度对其采取探索性学习和开发性学习均有重要影响，其中对探索性学习呈现“倒 U 型”影响，而对开发性学习起到正向影响作用。该研究发现与现有研究[255,423]的一些观点较为一致，即是位置中心度有助于促进合作伙伴间的资源承诺，提升创新资源获取能力和组织学习的质量。换言之，位置中心度对组织学习具有重要的影响。但是现有研究较为忽视位置中心度可能给组织学习带来的负面影响。当位置中心度进一步增大并超过临界值时，位置中心度为探索性学习提供有价值的资源可能会出现边际性递减，而且位置中心度过高导致学研机构科研团队更容易受到网络内部规则的束缚，难以打破与合作伙伴原有的网络联结，不利于获得非冗余信息和新鲜的知识，从而抑制探索性学习的开展[397]。此外，过高位置中心度意味着学研机构科研团队需要耗费过多精力来维护与企业之间的网络关系，开展更多的开发性学习来迎合产业界的技术开发需求，这对探索性学习的开展可能出现“挤出效应”。所以，位置中心度超过临界点后，对两种类型组织学习的影响在方向上出现了差异。

虽然学研机构科研团队与企业之间的联结强度对探索性学习和开发性学习均产生重要影响，但是影响方向存在差异。其中，联结强度对探索性学习呈现出“倒U型”影响，而对开发性学习是正向影响。该研究发现与现有文献[255,424]的部分观点相符，即组织间的联结强度对信息的传递质量与类型产生直接影响，进而对不同类型的组织学习产生重要影响。本书研究发现，联结强度对探索性学习的影响更多呈现出非线性模式，而不是简单的线性模式，这与现有研究有所不同，但是符合本研究的理论预期。最初学研机构科研团队与企业之间的联结强度对探索性学习和开发性学习均产生正向影响，这是因为在早期联结关系强度不断增强，就越有助于提高学研机构科研团队与企业之间的信任程度，缩短双方的知识认知距离，从而有利于信息、知识等资源的跨组织流动，为组织学习提供了丰富的素材和创造了更多的机会[425]。然而，随着联结强度的进一步加强并超过临界值，“强联结关系”的维持与管理需要大量创新资源的投入，不利于探索性学习的开展和突破性创新的实现[424]。此外，由于“强联结关系”的互惠性，容易导致学研机构科研团队耗费太多资源和精力从事开发性学习为企业提供技术开发服务，甚至成为企业的“技术开发部门”，进而对学研机构科研团队开展探索性学习起到“挤出效应”。所以，联结强度超过临界点后，对两种类型组织学习的影响在方向上出现了差异。

本书还发现产学研合作网络规模对探索性学习和开发性学习均产生显著性影响。该研究发现与现有文献[255]的观点颇为一致，即网络规模影响到创新资源的多寡，进而对组织学习的开展产生重要影响。本书实证结果显示，网络规模对这两种类型组织学习行为的影响存在差异，其中对探索性学习呈现出“倒U型”影响，而对开发性学习是正向影响。这是因为在早期，网络规模大小还没有超过临界点时，网络规模越大，就表明网络蕴藏的资源就越丰富，可以为组织提供越多的创新资源[388]。同样地，在产学研合作网络中，当网络规模越大，越可为学研机构科研团队开展探索性和开发性学习提供了更多的素材与机会，那么在早期网络规模对这两种类型组织学习均起到正向的影响。然而，随着网络规模不断增大并超过临界值，嵌入在网络中的学研机构科研团队需要耗费过多的精力与资源去维持与管理规模庞大的产学研合作网络，这可能对学研机构科研团队开展探索性学习起到“挤出效应”。此外，随着网络规模进一步扩大，并不意味着蕴藏着网络资源的质量也得到同步提升，可能会出现网络规模很大，而冗余资源却很多的状况，这并不利于探索性学习的开展，反而有利于开发性学习。所以，网络规模超过临界点后，对两种类型组织学习行为的影响在方向上出现了差异。

最后，本书发现学研机构科研团队与企业之间的知识距离对探索性学习和开发性学习均产生非线性影响，其中对探索性学习呈现出“倒 U 型”影响，而对开发性学习呈现出“正 U 型”影响，这表明知识距离对这两类型学习的影响存在较大的差异。这一研究发现与既有研究结论并不完全吻合[397,419]，但是符合本书的理论预期。现有研究仅认为知识距离与组织学习之间是一种线性影响关系，但是本书发现它们之间更多是一种非线性、较为复杂的影响关系。当学研机构科研团队与企业之间的知识距离较小，双方所具有的高度重叠的知识结构，有助于克服知识的缄默性与专用性所造成的知识跨组织转移时呈现出来的黏性特征[426]，这有利于活动主体在相似的专业领域进行深入挖掘、利用现有的知识存量[397]，因此对开发性学习的开展创造良好的条件。然而，较小的知识距离不利于获取新鲜的知识，这可能会成为探索性学习开展的障碍[397]。随着学研机构科研团队与企业之间的知识距离不断扩大，对学研机构科研团队利用挖掘现有知识库资源带来极大的挑战，同时从产业界获取到多样化知识的机会也不断增加，包括一线市场信息和技术信息等，这有助于开拓学研机构科研团队的研究视野，激发新的思想火花，所以有利于探索性学习的开展，反而对开发性学习起到抑制作用。值得关注的是，随着学研机构科研团队与企业之间的知识距离进一步扩大并超过临界值时，双方科研能力水平相差悬殊容易导致学研机构科研团队在科研实力较差的企业牵引下从事更多的技术开发活动，从而对其探索性学习起到“挤出效应”。换言之，当学研机构科研团队与企业之间的知识距离超过临界值并不断扩大，最终导致学研机构科研团队的探索性学习受到抑制，而从事更多的开发性学习。显然，知识距离对学研机构科研团队的开发性学习和探索性学习的影响方向存在着明显的差异。

6.4.4 组织学习对学术绩效的影响

本书证实学研机构科研团队参与产学研合作过程中采取组织学习对其取得学术绩效产生影响，其中探索性学习对学术绩效产生显著性的正向影响，而开发性学习对学术绩效呈现出“倒U型”影响，这表明了学研机构科研团队采取不同类型组织学习对其学术绩效带来的影响存在明显的差异。

其中，学研机构科研团队与企业合作过程中探索性学习对其学术绩效带来了显著性正向影响，这是因为探索性学习侧重于将产业界相关资源整合与学习后，用于基础性共性技术的探索性研究，攻关前沿技术背后的科学原理，所以探索性学习属于知识链条上游环节的组织学习类型。当学研机构科研团队开展探索性学习时，有助于把握在相关学科研究最前沿的技术发展动态和最新的研究成果，那么学研机构科研团队可以有的放矢，集中力量地在某个科学领域取得新突破，为开辟新学科领域、交叉学科创造了新的发展机遇，从而有助于优势学科的建设和学术研究水平的提升。此外，在技术需求上，企业往往需要的是整体解决方案而不是单一技术方案，在客观上需要聚集不同学科背景的专业人员开展探索性学习，从而推动交叉学科的发展和新知识的涌现[29]。所以，学研机构科研团队开展探索性学习有利于学术绩效的提升。

然而，本书发现学研机构科研团队进行开发性学习对其学术绩效呈现出“倒U型”影响，这意味着开发性学习是一把“双刃剑”。一方面，学研机构科研团队参与产学研合作过程中开发性学习有利于科学研究与社会生产实践更加接近，避免研究方向上的偏差，将理论研究应用于实践生产当中，验证研究发现的准确性，实现研究的价值；同时通过开发性学习容易赢得产业界资金的支持，有助于学研机构科研团队的财务绩效提升，稳定科研队伍，为科学研究的开展提供保障，因此对学术绩效的提升可能会带来正向影响；另一方面，当学研机构科研团队参与产学研合作过程中过多从事开发性学习，意味着它需要投入较多的精力和资源到技术开发与商业化等活动中。过去研究表明，过多从事知识链下游的技术开发利用及商业化活动会分散学研机构科研团队从事基础学术研究的精力[91,92]，会对知识生产活动起到“挤出效应”，从而损害学研机构科研团队的学术绩效[203]。所以，当学研机构科研团队过多从事开发性学习，虽然可以取得较好的财务绩效，但是会对学研机构科研团队优势学科的建设和学术绩效的提升较为不利。鉴于学研机构科研团队开发性学习会对其学术绩效带来影响具有两面性，所以，开发性学习对学术绩效的影响关系并不是简单线性正向或负向关系，而是较为复杂的非线性关系。

6.4.5　组织学习的中介作用

本书证实了学研机构科研团队与企业合作过程中，组织学习在产学研合作网络和学术绩效之间起到部分中介作用，这表明产学研合作网络通过组织学习来对学研机构科研团队的学术绩效产生影响，因此本书证实了“产学研合作网络—组织学习—学术绩效”影响路径的存在。该研究发现与现有文献[255,424]得到发现相一致，只不过现有大多数研究是以企业间合作网络作为研究样本，从企业的角度来探究该议题，而本书是以产学研合作网络为研究情景来探究合作网络、组织学习及绩效之间的影响关系。

组织学习在产学研合作网络与学术绩效之间起到中介作用，这是因为产学研合作网络会影响到学研机构科研团队从网络中获取物质资源和知识资源的多寡，进而影响到学研机构科研团队的组织学习，从而对其学术绩效产生影响。具体而言，当学研机构科研团队在网络占据合适的网络位置，与企业建立合适的联结关系以及嵌入到一个网络规模较为合适的产学研合作网络中，并且学研机构科研团队与企业间存在着合适的知识距离，那么产学研合作网络为学研机构科研团队提供丰富的研究题材和创造更多组织学习机会，而学研机构科研团队通过组织学习来整合利用网络资源，包括有价值的市场信息、技术需求、科研经费等，用于基础学术研究，有利于建立起优势学科，提升学术绩效。

值得关注的是，本书发现开发性学习在知识距离与学术绩效之间没有起到中介效应。其实从前面的实证结果可以发现，知识距离对开发性学习呈现出“正 U 型”影响，而开发性学习对学术绩效呈现出“倒 U 型”影响。假若知识距离通过开发性学习对学术绩效产生影响，那么知识距离与学术绩效之间是什么样的影响关系呢？这过程显然非常复杂，结果难以判断。然而，本研究显示知识距离对学术绩效呈现出“倒 U 型”影响，而探索性学习在知识距离与学术绩效之间起到中介效应，这表明了知识距离对学术绩效的影响路径是：知识距离先以“倒U型”方式作用于探索性学习，而探索性学习再进一步以正向方式作用于学术绩效，使得知识距离与学术绩效之间呈现出“倒U型”影响关系。

尤为重要的是，本研究证实了产学研合作网络对学研机构科研团队的学术绩效存在两条影响路径，即“产学研合作网络—探索性学习—学术绩效”和“产学研合作网络—开发性学习—学术绩效”。虽然产学研合作网络对学研机构科研团队的学术绩效呈现出“倒U型”影响关系，但是它们之间的影响机理在这两条作用路径中存在明显差异。其中第一条路径是：首先产学研合作网络通过非线性（“倒U型”）方式作用于探索性学习，然后探索性学习再以线性（正向）方式作用于学研机构科研团队的学术绩效，从而实现产学研合作网络以“倒U型”方式作用于学术绩效；第二条路径是：首先产学研合作网络（除了知识距离）通过线性（正向）方式作用于开发性学习，然后开发性学习再以非线性（“倒U型”）方式作用于学研机构科研团队的学术绩效，从而实现产学研合作网络以“倒U型”方式作用于学术绩效。由此可知，虽然在整体上产学研合作网络对学研机构科研团队的学术绩效呈现出“倒U型”影响关系，但是它们在两条作用路径上的影响机理不同。

6.5 本章小结

本章正式开展问卷调查收集数据，对上文所提出的理论假设及研究模型进行了实证检验，并对研究发现进行了分析与讨论。具体内容如下：首先，对调研所收集的数据进行描述性统计分析，初步掌握研究样本的整体概况；然后利用计量分析软件对数据进行信度与效度检验；紧接着通过多元层次回归分析来验证上文所提出的理论假设；最后，对研究发现进行分析与讨论。

第7章

>>> 结论与展望

本书以参与产学研合作的学研机构科研团队为研究对象，通过案例分析、理论推演与实证分析等方法来对产学研合作网络、组织学习和学术绩效的影响关系进行了较为系统地分析。在此，本章将对研究发现进行归纳总结，并阐述本研究的理论意义和管理启示，最后对本研究存在的局限性进行阐述，同时指出未来研究方向。

7.1 研究发现

本书主要基于产学研合作创新理论、社会网络理论及资源观等相关理论和产学研合作实践案例，推演产学研合作网络、组织学习及学术绩效内在逻辑关系，从学研机构科研团队的角度来构建“产学研合作网络—组织学习—学术绩效”理论分析框架，并系统地研究了产学研合作网络对科研团队学术绩效的影响路径和作用机制，得到以下研究发现：

第一，本书发现产学研合作网络有形维度的3个变量（学研机构科研团队的位置中心度、与企业之间的联结强度及网络规模）及无形维度的变量（学研机构科研团队与企业之间的知识距离）均对学研机构科研团队的学术绩效呈现出“倒U型”影响。这表明了学研机构科研团队嵌入在产学研合作网络后，与产业界建立起的合作网络关系对其学术绩效的影响并不是简单的正向或负向影响，而是较为复杂的非线性影响。一方面，学研机构科研团队与企业建立起合作网络关系有助于获得产业界信息、知识、资金等资源，有利于开拓研究视野，为学术研究提供丰富的素材和资金保障，促进学术绩效提升；但是另一方面，假若学研机构科研团队过于热衷参与产学研合作，可能会对科研机构在高水平科学研究上的精力投入起到

“挤出效应”，从而损害到科研团队的知识创造能力。

第二，本书发现产学研合作网络有形维度的3个变量（学研机构科研团队的位置中心度、与企业之间的联结强度及网络规模）及无形维度的变量（学研机构科研团队与企业之间的知识距离）均对学研机构科研团队在参与产学研合作过程中开展的组织学习产生显著性影响，其中有形维度3个变量对探索性学习产生“倒U型”影响，而对开发性学习产生线性影响；无形维度的变量（学研机构科研团队与企业之间的知识距离）对探索性学习产生“倒U型”影响，而对开发性学习产生“正U型”影响。这表明学研机构科研团队与产业界所建立的合作网络关系对组织学习的影响是比较复杂的。一方面学研机构科研团队与企业之间的合作网络关系会影响到创新资源获取的数量及质量状况，进而对组织学习的开展起到促进或者约束作用；另一方面，产学研合作网络本身也是一种“场”，也会对组织学习的开展产生显著性影响。

第三，本书还发现了学研机构科研团队的不同类型组织学习对其学术绩效的影响存在明显差异，其中探索性学习以正向方式作用于学术绩效，而开发性学习对学术绩效产生“倒U型”影响。这可能是因为探索性学习和开发性学习的目标导向存在差异，探索性学习以创造新知识为目标，将产业界创新资源整合与学习后，用于探索性研究，因此对学术绩效的正向影响是显而易见的；而开发性学习定位于技术开发利用和商业化，谋取财务收益，对学术绩效的影响比较复杂。一方面，从事开发性学习来迎合企业的技术开发需求，可以赢得更多产业界资金的支持，有助于提升学研机构科研团队的财务绩效，提高研发人员收入，稳定研发队伍，为科学研究的开展提供保障；同时，在为企业解决具体技术问题的过程中，有助于掌握一线市场信息，推动科研活动与社会生产更加接近，可以避免研究方向上的偏差，将理论研究应用于实际生产，验证理论研究的准确性，实现学术研究的价值；但是另一方面，当学研机构科研团队过于热衷于技术开发活动，可能会对它在知识链上游从事基础探索性活动起到“挤出效应”，削弱其知识创造能力。所以，相比探索性学习，开发性学习对学术绩效并不是简单的正向或负向影响关系，而是较为复杂的非线性影响关系。

总体上，本书证实了学研机构科研团队产学研合作网络对学术绩效存在两条影响路径，即“产学研合作网络—探索性学习—学术绩效”和“产学研合作网络—开发性学习—学术绩效”。其中，第一条路径是：首先产学研合作网络通过非线性（“倒U型”）方式作用于探索性学习，然后探索性学习再以线性（正向）方式作用于学术绩效，从而实现产学研合作网络以“倒U型”方式作用于学术绩效；第二条路径是：首先产学研合作网络（除了知识距离）通过线性（正向）方式作用于开发性学习，然后开发性学习再以非线性（“倒U型”）方式作用于学术绩效，从而实现产学研合作网络以“倒U型”方式作用于学术绩效。显然，产学研合作网络对科研团队学术绩效的两条影响路径及机制存在明显差异。

7.2　理论研究启示

本书对产学研合作创新理论、社会网络理论及组织学习理论研究具有以下几点理论启示：

第一，本书从学研机构科研团队角度来探究学术型组织或团队参与产学研合作对其学术绩效的影响，对未来产学研合作理论创新研究具有一定的理论启示。现有产学研合作研究主要从企业的角度来研究产学研合作模式、动因及效应等议题[39,40,42,427]。相比之下，从学研机构的角度来探究产学研合作的相关研究仍然较为缺乏[35]。实际上，产学研合作并不仅仅对企业绩效产生影响，也可能会对学研机构学术绩效产生影响。那么学研机构参与产学研合作对其绩效究竟带来什么样的影响，现有研究对该议题仍然有较大的争论[30]。鉴于此，本研究从学研机构科研团队角度出发，探究学研机构科研团队与企业之间合作网络关系对学术绩效的影响路径及机制，为未来进一步从学研机构的视角来研究产学研合作相关议题（如模式、动因及效应等）提供一些理论启示。

第二，本书从社会网络的视角来探究产学研合作对科研团队学术绩效的影响，为未来进一步探究产学研合作对创新组织或团队绩效的影响路径及机制提供一些启发。随着产学研合作已由早期的点对点模式逐步向合作网络模式转变，已有学者从社会网络的视角来考究产学研合作与活动主体绩效之间的影响关系[30,36,90]，但是现有研究仍然缺乏对产学研合作网络与活动主体绩效之间的影响路径做进一步的剖析。鉴于此，本书从学研机构科研团队的角度来构建和验证“产学研合作网络—组织学习—学术绩效”

的理论模型，为打开产学研合作网络与组织绩效之间的影响“黑箱”做一些有益的实证探索，也启发未来学者对相关议题做进一步研究。

第三，本书探究组织学习对学研机构科研团队的学术绩效影响，为未来从学研机构科研团队的视角来丰富组织学习理论研究提供理论启示。现有文献对“组织学习给组织绩效所带来的影响”这个议题已经展开了较为丰富的研究[58-61]。然而，绝大多数文献主要从企业的视角来关注组织学习议题，较少文献从学研机构的视角来研究组织学习对学术绩效的影响。鉴于此，本书从学研机构科研团队的视角出发，探究学研机构科研团队参与产学研合作过程中采取两种不同类型的组织学习（探索性学习和开发性学习）对其学术绩效的影响，为未来研究进一步分析学术型组织或团队所开展的组织学习模式、动因及效应提供一些理论指导。

7.3 管理实践启示

本书除了给理论研究带来新的启示，还为我国创新组织参与产学研合作实践提供以下管理实践启示和政策启示。

第一，本书发现产学研合作网络对科研团队学术绩效的影响是通过组织学习来实现的，证实了在当今日益网络化时代，创新组织或团队嵌入到合作网络中有助于整合利用各方所提供的创新资源，以促进组织高效地开展组织学习，从而提升组织绩效。显然，如何有效地管理和配置与其他组织间的合作网络关系是创新组织或团队提高学习能力和取得良好绩效的关键。所以，在充满挑战和机遇的网络化时代，任何一个组织或团队要维持竞争优势，就必须充分利用与其他成员之间的合作网络关系以提升网络资源的获取能力，并通过组织学习来对网络资源加以整合与利用，以不断实现创新发展。同样地，对于学研机构科研团队而言，在参与产学研合作过程中要充分利用与产业界间所建立的网络关系来为组织学习服务，为建设优势学科和提升学术绩效创造条件。

第二，本书发现在学研机构科研团队与企业合作过程中采取不同类型的组织学习对学研机构科研团队的学术绩效带来的影响存在差异，其中探索性学习有利于学术绩效的提升，而开发性学习对学术绩效而言是一把“双刃剑”。鉴于此，学研机构科研团队在参与产学研合作过程中要明确自身的定位与角色。假若自身要建设成为一支在国内外具有一定影响力的科研团队，采取的组织学习应该定位在瞄准国家战略需求，探究科学前沿，开展高水平科学研究，创造出具有重大原始创新的科研成果，以出色完成国家所交付的关系到国家安全或国计民生的重大科研任务，而不是为了谋取短期的财务绩效而完全沉浸在为企业提供具体的技术解决方案，进行简单的技术开发。所以，本书的研究结论对政策制定者在未来产学研合作政策制定方面具有一定的启示意义，同时对学研机构科研团队在参与产学研合作过程中的组织学习实践也有一定的指导作用。

第三，本书发现学研机构科研团队与企业之间联结强度对科研团队学术绩效呈现出“倒U型”影响。换言之，过弱的联结关系和过强的联结关系均不利于科研团队学术绩效的提升。这是因为过弱联结关系会影响到信任机制的建立，导致资源流动不顺畅；而过强的联结关系则需要耗费学研机构科研团队过多的资源和精力，这是因为“强联结”关系的互惠性容易牵引学研机构科研团队为产业界从事过多的技术开发活动。所以，学研机构科研团队在参与产学研合作时，要与企业建立起适度的合作互动关系，确保双方所建立起的联结关系一方面有助于学研机构科研团队顺畅地从产业界获取到有价值的创新资源；另一方面避免过多受到产业界的技术开发和商业化思想的干扰，投入更多的精力和资源到高水平科学研究当中，使得所创造的知识能够“顶天立地”。所以，本书的研究结论对学研机构科研团队参与产学研合作过程中，如何与产业界建立起适当的联结关系具有一定的实践参考意义。

第四，本书发现学研机构科研团队与企业之间知识距离对学术绩效呈现出“倒U型”影响。换言之，知识距离过小或过大均不利于学术绩效的提升。这是因为过小的距离知识会影响新鲜知识的获取，而过大的知识距离则影响知识在组织间顺畅流动。所以，学研机构科研团队在参与产学研合作时，选择合作伙伴时要充分考虑对方的知识（技术）能力结构，确保双方存在合适的“知识势差”，使得彼此之间能够顺畅地获得互补性知识来提升学术绩效。

7.4 研究局限性与未来展望

虽然本书从学研机构科研团队的视角来构建“产学研合作网络—组织

学习—学术绩效”的研究模型，深入探究了学研机构科研团队所嵌入的产学研合作网络对学术绩效的影响机理，给理论研究和管理实践带来了一些新的启示，但是本研究仍然存在一些局限性有待未来研究进一步克服。

第一，本书囿于人力、时间、数据可获得性等主客观因素的影响，通过调研所获得的数据仅适用于自我中心网络的构建与分析，即以受访的学研机构科研团队为焦点来构建产学研合作网络，来分析产学研合作网络对科研团队学术绩效的影响。未来可考虑选择客观数据或大范围调研收集大样本数据，采取提名生成法（滚雪球法）来构建整体合作网络，从整体网络的视角来关注网络成员之间的互动及整体网络的运行状况。

第二，本书从学研机构科研团队的角度来研究产学研合作网络对学术绩效的影响。值得注意的是，学术绩效仅是科研团队的一个重要绩效指标，还存在技术转化绩效、财务绩效等，这些绩效可能对于那些具有行业背景的科研团队或来自新型研发机构的科研团队而言可能也非常重要，但是本书并没有做进一步研究。未来研究可进一步针对不同类型的科研团队，增加不同类型的绩效指标来探究产学研合作网络对科研团队不同绩效的影响。

参考文献

[1] Adegbesan JA, Higgins MJ. The intra-alliance division of value created through collaboration [J]. *Strategic Management Journal*, 2011, 32 (2): 187-211.

[2] Baba Y, Shichijo N, Sedita SR. How do collaborations with universities affect firms'innovative performance? The role of "Pasteur scientists" in the advanced materials field [J]. *Research Policy*, 2009, 38 (5): 756-764.

[3] Chesbrough H, Vanhaverbeke W, West JE. *Open Innovation: Researching a New Paradigm* [M]. Oxford, UK: Oxford University Press, 2006.

[4] Dahlander L, Gann DM. How open is innovation? [J]. *Research Policy*, 2010, 39 (6): 699-709.

[5] Lei XP, Zhao ZY, Zhang X, Chen DZ, Huang MH, Zhao YH. The inventive activities and collaboration pattern of university-industry-government in China based on patent analysis [J]. *Scientometrics*, 2012, 90 (1): 231-251.

[6] McKelvey M, Zaring O, Ljungberg D. Creating innovative opportunities through research collaboration: An evolutionary framework and empirical illustration in engineering [J]. *Technovation*, 2015, 39-40: 26-36.

[7] West J, Bogers M. Leveraging External Sources of Innovation: A Review of Research on Open Innovation [J]. *Journal of Product Innovation Management*, 2014, 31 (4): 814-831.

[8] 朱桂龙，张艺，陈凯华．产学研合作国际研究的演化 [J]．科学学研究，2015，33 (11)：1669-1686.

[9] 蔡宁，潘松挺．网络关系强度与企业技术创新模式的耦合性及其协同演化——以海正药业技术创新网络为例 [J]．中国工业经济，2008 (4)：137-144.

[10] 徐蕾，魏江，石俊娜．双重社会资本、组织学习与突破式创新关系研究 [J]．科研管理，2013，34 (5)：39-47.

［11］Teece DJ. Profiting from technological innovation-implications for integration, collaboration, licensing and public-policy［J］. *Research Policy*, 1986, 15 (6): 285–305.

［12］Cassiman B, Veugelers R. R&D cooperation and spillovers: Some empirical evidence from Belgium［J］. *American Economic Review*, 2002, 92 (4): 1169–1184.

［13］刘凤朝，姜滨滨．中国区域科研合作网络结构对绩效作用效果分析——以燃料电池领域为例［J］. 科学学与科学技术管理，2012，33（1）：109–115.

［14］Cohen WM, Nelson RR, Walsh JP. Links and impacts: The influence of public research on industrial R&D［J］. *Management Science*, 2002, 48 (1): 1–23.

［15］Dutrenit G, Arza V. Channels and benefits of interactions between public research organisations and industry: comparing four Latin American countries［J］. *Science and Public Policy*, 2010, 37 (7): 541–553.

［16］Giuliani E, Morrison A, Pietrobelli C, Rabellotti R. Who are the researchers that are collaborating with industry? An analysis of the wine sectors in Chile, South Africa and Italy［J］. *Research Policy*, 2010, 39 (6): 748–761.

［17］Haeussler C, Colyvas JA. Breaking the ivory tower: Academic entrepreneurship in the life sciences in UK and Germany［J］. *Research Policy*, 2011, 40 (1): 41–54.

［18］Mowery DC, Nelson RR, Sampat BN, Ziedonis AA. The growth of patenting and licensing by US universities: an assessment of the effects of the Bayh-Dole act of 1980［J］. *Research Policy*, 2001, 30 (1): 99–119.

［19］Rentocchini F, D'Este P, Manjarres-Henriquez L, Grimaldi R. The relationship between academic consulting and research performance: Evidence from five Spanish universities［J］. *International Journal of Industrial Organization*, 2014, 32: 70–83.

［20］Van Looy B, Debackere K, Andries P. Policies to stimulate regional innovation capabilities via university-industry collaboration: an analysis and an assessment［J］. *R & D Management*, 2003, 33 (2): 209–229.

［21］何郁冰．产学研协同创新的理论模式［J］．科学学研究，2012，30（2）：165－174.

［22］刘芳．社会资本对产学研合作知识转移绩效影响的实证研究［J］．研究与发展管理，2012，24（1）：103－111.

［23］王利敏，袁庆宏．产学研合作中双元性学习的平衡机制研究［J］．研究与发展管理，2014，26（2）：17－24.

［24］张艺，朱桂龙，陈凯华．产学研合作国际研究：研究现状与知识基础［J］．科学学与科学技术管理，2015（9）：62－70.

［25］李健．产学研协同创新是产学研合作的新发展［J］．中国科技产业，2014（1）：42－44.

［26］张艺，陈凯华，朱桂龙．中国科学院产学研合作网络特征与影响［J］．科学学研究，2016，34（3）：404－417.

［27］陈劲．协同创新［M］．杭州：浙江大学出版社，2012.

［28］王毅，吴贵生．产学研合作中黏滞知识的成因与转移机制研究［J］．科研管理，2001，22（6）：114－121.

［29］朱学彦．基于嵌入性关系和组织间学习的产学知识联盟研究［D］．杭州：浙江大学，2009.

［30］陈彩虹．产学研合作网络与学者绩效关系研究［D］．广州：华南理工大学，2015.

［31］刘丹，闫长乐．协同创新网络结构与机理研究［J］．管理世界，2013（12）：1－4.

［32］Lincoln TAM. Problems and rewards in university-industry cooperative research［J］. *Archives of Environmental Health*，1966，12（4）：452－456.

［33］Etzkowitz H，Leydesdorff L. The Triple Helix—University-Industry-Government Relations：A Laboratory for Knowledge Based Economic Development［J］. *Glycoconjugate Journal*，1995，14（1）：14－19.

［34］Chesbrough H. *The Era of Open Innovation*［M］. Boston：Harvard Business School Press，2003.

［35］Zhang Y，Chen K，Zhu G，Yam RCM，Guan J. Inter-organizational scientific collaborations and policy effects：an ego-network evolutionary perspective of the Chinese Academy of Sciences［J］. *Scientometrics*，2016，108

(3): 1383 - 1415.

[36] Guan J, Zhao Q. The impact of university-industry collaboration networks on innovation in nanobiopharmaceuticals [J]. *Technological Forecasting and Social Change*, 2013, 80 (7): 1271 - 1286.

[37] Perkmann M, Walsh K. The two faces of collaboration: impacts of university-industry relations on public research [J]. *Industrial and Corporate Change*, 2009, 18 (6): 1033 - 1065.

[38] Banal-Estanol A, Jofre-Bonet M, Lawson C. The double-edged sword of industry collaboration: Evidence from engineering academics in the UK [J]. *Research Policy*, 2015, 44 (6): 1160 - 1175.

[39] George G, Zahra SA, Wood DR. The effects of business-university alliances on innovative output and financial performance: a study of publicly traded biotechnology companies [J]. *Journal of Business Venturing*, 2002, 17 (6): 577 - 609.

[40] Kafouros M, Wang C, Piperopoulos P, Zhang M. Academic collaborations and firm innovation performance in China: The role of region-specific institutions [J]. *Research Policy*, 2015, 44 (3): 803 - 817.

[41] Fabrizio KR. The use of university research in firm innovation. In: Chesbrough H, Vanhaverbeke W, West JE. *Open Innovation: Researching a New Paradigm* [M]. Oxford: Oxford University Press, 2006: 134 - 160.

[42] Freitas IMB, Marques RA, Silva EMDPE. University-industry collaboration and innovation in emergent and mature industries in new industrialized countries [J]. *Research Policy*, 2013, 42 (2): 443 - 453.

[43] Mazzoleni R, Nelson RR. Public research institutions and economic catch-up [J]. *Research Policy*, 2007, 36 (10): 1512 - 1528.

[44] Dyer JH, Nobeoka K. Creating and managing a high-performance knowledge-sharing network: the Toyota case [J]. *Strategic Management Journal*, 2000, 21 (3): 345 - 367.

[45] 许冠南. 关系嵌入性对技术创新绩效的影响研究 [D]. 杭州: 浙江大学, 2008.

[46] McEvily B, Marcus A. Embedded ties and the acquisition of competi-

tive capabilities［J］. *Strategic Management Journal*, 2005, 26（11）: 1033 – 1055.

［47］彭新敏．企业网络对技术创新绩效的作用机制研究：利用性—探索性学习的中介效应［D］．杭州：浙江大学，2009.

［48］彭光顺．网络结构特征对企业创新与绩效的影响研究［D］．广州：华南理工大学，2010.

［49］赵颖斯．创新网络中企业网络能力、网络位置与创新绩效的相关性研究［D］．北京：北京交通大学，2014.

［50］孙中博．创业者网络关系对新创企业绩效的影响机制研究［D］．长春：吉林大学，2014.

［51］Schilling MA, Phelps CC. Interfirm collaboration networks: The impact of large-scale network structure on firm innovation［J］. *Management Science*, 2007, 53（7）: 1113 – 1126.

［52］Paruchuri S. Intraorganizational networks, interorganizational networks, and the impact of central inventors: A longitudinal study of pharmaceutical firms［J］. *Organization Science*, 2010, 21（1）: 63 – 80.

［53］Phelps CC. A longitudinal study of the influence of alliance network structure and composition on firm exploratory innovation［J］. *Academy of Management Journal*, 2010, 53（4）: 890 – 913.

［54］黄洁．集群企业成长中的网络演化：机制与路径研究［D］．杭州：浙江大学，2006.

［55］陈学光．网络能力、创新网络及创新绩效关系研究［D］．杭州：浙江大学，2007.

［56］Tsai W. Knowledge transfer in intraorganizational networks: Effects of network position and absorptive capacity on business unit innovation and performance［J］. *Academy of Management Journal*, 2001, 44（5）: 996 – 1004.

［57］Cyert RM, Goodman PS. Creating effective University-industry alliances: An organizational learning perspective［J］. *Organizational Dynamics*, 1997, 25（4）: 45 – 57.

［58］Zulauf Sharicz CA, Schulz K-P, Geithner S. Between exchange and development: organizational learning in schools through inter-organizational networks [J]. *The Learning Organization*, 2010, 17 (1): 69 - 85.

[59] Jones O, Macpherson A. Inter-organizational learning and strategic renewal in SMEs: extending the 4I framework [J]. *Long Range Planning*, 2006, 39 (2): 155 - 175.

[60] 卢艳秋，叶英平．产学研合作中网络惯例对创新绩效的影响[J]．科研管理，2017，38 (3)：11 - 17.

[61] 张红兵．技术联盟知识转移有效性的差异来源研究——组织间学习和战略柔性的视角 [J]．科学学研究，2013，31 (11)：1687 - 1696.

[62] Aguiar-Díaz I, Díaz-Díaz NL, Ballesteros-Rodríguez JL, De Súa-Pérez P. University-industry relations and research group production: is there a bidirectional relationship? [J]. *Industrial and Corporate Change*, 2015, 25 (4): 1 - 22.

[63] Arza V. Channels, benefits and risks of public-private interactions for knowledge transfer: conceptual framework inspired by Latin America [J]. *Science and Public Policy*, 2010, 37 (7): 473 - 484.

[64] 罗家德．社会网分析讲义 [M]．北京：社会科学文献出版社，2010.

[65] Powell WW, Koput KW, Smith-Doerr L, Owen-Smith J. Network position and firm performance: Organizational returns to collaboration in the biotechnology industry [J]. *Research in the Sociology of Organizations*, 1999, 16 (1): 129 - 159.

[66] 林春培．企业外部创新网络对渐进性创新与根本性创新的影响[D]．广州：华南理工大学，2012.

[67] 彭新敏．企业网络与利用性——探索性学习的关系研究：基于创新视角 [J]．科研管理，2011，32 (3)：15 - 22.

[68] Gemünden HG, Ritter T, Heydebreck P. Network configuration and innovation success: An empirical analysis in German high-tech industries [J]. *International Journal of Research in Marketing*, 1996, 13 (5): 449 - 462.

[69] 吴俊杰．企业家社会网络、双元性创新与技术创新绩效 [D]．杭州：浙江工商大学，2013.

[70] Etzkowitz H, Leydesdorff L. The dynamics of innovation: from National Systems and "Mode 2" to a Triple Helix of university-industry-govern-

ment relations [J]. *Research Policy*, 2000, 29 (2): 109 -123.

[71] 曹霞, 刘国巍. 基于社会资本的产学研合作创新超网络分析 [J]. 管理评论, 2013, 25 (4): 121 -123.

[72] 喻科. 产学研合作创新网络特性及动态创新能力培养研究 [J]. 科研管理, 2011, 32 (2): 82 -87.

[73] 朱桂龙, 彭有福. 产学研合作创新网络组织模式及其运作机制研究 [J]. 软科学, 2003, 17 (4): 49 -52.

[74] Gnyawali DR, Madhavan R. Cooperative networks and competitive dynamics: A structural embeddedness perspective [J]. *Academy of Management Review*, 2001, 26 (3): 431 -445.

[75] Gilsing V, Nooteboom B, Vanhaverbeke W, Duysters G, Oord A. Network embeddedness and the exploration of novel technologies: Technological distance, betweenness centrality and density [J]. *Research Policy*, 2008, 37 (10): 1717 -1731.

[76] March JG, Simon HA. *Organization* [M]. New York: Wiley, 1958.

[77] Argyris C, Schoen D. Organizational learning: A theory of action research [J]. *Reading*, MA: Addision-Wesley, 1978.

[78] March JG. Exploration and exploitation in organizational learning [J]. *Organization Science*, 1991, 2 (1): 71 -87.

[79] Crossan MM, Lane HW, White RE, Djurfeldt L. Organizational learning: Dimensions for a theory [J]. *The International Journal of Organizational Analysis*, 1995, 3 (4): 337 -360.

[80] Murray P, Moses M. The centrality of teams in the organisational learning process [J]. *Management Decision*, 2005, 43 (9): 1186 -1202.

[81] 谢冰, 姚洁. 大学教师的学术责任及我国大学的学术绩效管理 [J]. 高等农业教育, 2008 (9): 27 -29.

[82] 傅旭东, 彭建国, 游滨, 刘敢新. 学术评价绩效的影响因素分析 [J]. 中国科技论坛, 2005 (2): 105 -109.

[83] Fan X, Yang X, Chen L. Diversified resources and academic influence: patterns of university-industry collaboration in Chinese research-oriented universities [J]. *Scientometrics*, 2015, 104 (2): 489 -509.

［84］邓颖翔，朱桂龙．产学研合作绩效的测量研究［J］．科技管理研究，2009，29（11B）：468－470.

［85］金芙蓉，罗守贵．产学研合作绩效评价指标体系研究［J］．科学管理研究，2009，27（3）：43－46.

［86］马莹莹．高校科研团队产学研合作绩效的影响因素研究［D］．广州：华南理工大学，2011.

［87］Lee YS. The sustainability of university-industry research collaboration：An empirical assessment［J］．*The Journal of Technology Transfer*，2000，25（2）：111－133.

［88］Perkmann M，Tartari V，McKelvey M，Autio E，Brostrom A，D'Este P，et al. Academic engagement and commercialisation：A review of the literature on university-industry relations［J］．*Research Policy*，2013，42（2）：423－442.

［89］Welsh R，Glenna L，Lacy W，Biscotti D. Close enough but not too far：Assessing the effects of university-industry research relationships and the rise of academic capitalism［J］．*Research Policy*，2008，37（10）：1854－1864.

［90］陈彩虹，朱桂龙．产学研合作中社会资本对学者绩效的影响研究［J］．科学学与科学技术管理，2014（10）：85－93.

［91］Fabrizio KR，Minin AD. Commercializing the laboratory：Faculty patenting and the open science environment［J］．*Social Science Electronic Publishing*，2008，37（5）：914－931.

［92］Lowe RA，Gonzalezbrambila C. Faculty Entrepreneurs and Research Productivity［J］．*The Journal of Technology Transfer*，2007，32（3）：173－194.

［93］D'Este P，Tang P，Mahdi S，Neely A. Sánchez-Barrioluengo M. The pursuit of academic excellence and business engagement：is it irreconcilable?［J］．*Scientometrics*，2013，95（2）：481－502.

［94］Laursen K，Reichstein T，Salter A. Exploring the Effect of Geographical Proximity and University Quality on University-Industry Collaboration in the United Kingdom［J］．*Regional Studies*，2011，45（4）：507－523.

［95］Perkmann M，King Z，Pavelin S. Engaging excellence? Effects of faculty quality on university engagement with industry［J］．*Research Policy*，

2011, 40 (4): 539-552.

[96] Chen Z, Guan J. Mapping of biotechnology patents of China from 1995—2008 [J]. *Scientometrics*, 2011, 88 (1): 73-89.

[97] Gao X, Guo X, Guan J. An analysis of the patenting activities and collaboration among industry-university-research institutes in the Chinese ICT sector [J]. *Scientometrics*, 2014, 98 (1): 247-263.

[98] 申俊喜. 创新产学研合作视角下我国战略性新兴产业发展对策研究 [J]. 科学学与科学技术管理, 2012, 33 (2): 37-43.

[99] Freeman C. *Technology Policy and Economic Performance: Lessons from Japan* [M]. London: Pinter Publishers, 1987.

[100] Lundvall BA. *National Innovation Systems: Towards a Theory of Innovation and Interactive Learning* [M]. London: Pinter, 1992.

[101] Nelson RR. *National Innovation Systems: a Comparative Analysis* [M]. Oxford: Oxford university press, 1993.

[102] Cooke P. Regional innovation systems-an evolutionary approach [J]. *Regional Innovation Systems*, 2004 (3): 1-20.

[103] Gibbons M, Limoges C, Nowotny H, Schwartzman S, Scott P, Trow M. *The New Production of Knowledge: The Dynamics of Science and Research in Contemporary Societies* [M]. California: Sage publication, 1994.

[104] Stokes DE. *Pasteur's Quadrant: Basic Science and Technological Innovation* [M]. Washington, DC: Brookings Institution Press, 1997.

[105] Bush V. *Science: The Endless Frontier* [M]. Washington, DC: National Science Foundation, 1945.

[106] Beesley LGA. Science policy in changing times: are governments poised to take full advantage of an institution in transition? [J]. *Research Policy*, 2003, 32 (8): 1519-1531.

[107] 柳卸林, 何郁冰. 基础研究是中国产业核心技术创新的源泉 [J]. 中国软科学, 2011 (4): 104-117.

[108] 刘则渊, 陈悦. 新巴斯德象限: 高科技政策的新范式 [J]. 管理学报, 2007, 4 (3): 346-353.

[109] Hessels LK, Van Lente H. Re-thinking new knowledge production:

A literature review and a research agenda [J]. *Research Policy*, 2008, 37 (4): 740 -760.

[110] 范惠明. 高校教师参与产学合作的机理研究 [D]. 杭州: 浙江大学, 2014.

[111] Schumpeter JA. *Theory of Economic Development* [M]. Cambridge: Harvard University Press, 1912.

[112] 柳岸. 我国科技成果转化的三螺旋模式研究——以中国科学院为例 [J]. 科学学研究, 2011, 29 (8): 1129 -1134.

[113] Ivanova IA, Leydesdorff L. Rotational symmetry and the transformation of innovation systems in a Triple Helix of university-industry-government relations [J]. *Technological Forecasting & Social Change*, 2014, 86: 143 -156.

[114] Ivanova I, Leydesdorff L. Redundancy Generation in University-Industry-Government Relations: The Triple Helix Modeled, Measured, and Simulated [J]. *Scientometrics*, 2014, 99 (3): 927 -948.

[115] Ivanova IA, Leydesdorff L. A simulation model of the Triple Helix of university-industry-government relations and the decomposition of the redundancy [J]. *Scientometrics*, 2014, 99 (3): 927 -948.

[116] Leydesdorff L, Ivanova IA. Mutual Redundancies in Interhuman Communication Systems: Steps Toward a Calculus of Processing Meaning [J]. *Journal of the Association for Information Science & Technology*, 2014, 65 (2): 386 -399.

[117] Dzisah J, Etzkowitz H. Triple helix circulation: the heart of innovation and development [J]. *International Journal of Technology Management & Sustainable Development*, 2008, 7 (2): 101 -115.

[118] Etzkowitz H, Ranga M, editors. A Triple Helix System for Knowledge-based Regional Development: From "Spheres" to "Spaces" [C]. Madrid: VIII Triple Helix Conference, 2010.

[119] Papagiannidis S, Li F, Etzkowitz H, Clouser M. Entrepreneurial networks: A Triple Helix approach for brokering human and social capital [J]. *Journal of International Entrepreneurship*, 2009, 7 (3): 215 -235.

[120] 王成军，王正利，李丹丹，张伟红．三重螺旋研究进展及其模型结构［J］．演化与创新经济学评论，2011（1）：94-122.

[121] Park HW，Leydesdorff L. Longitudinal trends in networks of university-industry-government relations in South Korea：The role of programmatic incentives［J］. *Research Policy*，2010，39（5）：640-649.

[122] Ye FY，Yu SS，Leydesdorff L. The Triple Helix of University-Industry-Government relations at the country level and its dynamic evolution under the pressures of globalization［J］. *Journal of the American Society for Information Science and Technology*，2013，64（11）：2317-2325.

[123] 涂俊，吴贵生．三重螺旋模型及其在我国的应用初探［J］．科研管理，2006，27（3）：75-80.

[124] 王成军．官产学三重螺旋创新系统模型研究［J］．科学学研究，2006，24（2）：315-320.

[125] 陈红喜．基于三螺旋理论的政产学研合作模式与机制研究［J］．科技进步与对策，2009，26（24）：6-8.

[126] 邹波，郭峰，王晓红，张巍．三螺旋协同创新的机制与路径［J］．自然辩证法研究，2013（7）：49-54.

[127] 李培凤，马瑞敏．三螺旋协同创新的体制机制国际比较研究——以生物化学学科群为例［J］．研究与发展管理，2015，27（4）：85-92.

[128] 许侃，聂鸣．互信息视角下的大学—产业—政府三螺旋关系：中韩比较研究［J］．情报杂志，2013（4）：187-193.

[129] 刁丽琳，朱桂龙，许治．国外产学研合作研究述评、展望与启示［J］．外国经济与管理，2011，33（2）：48-57.

[130] Teixeira AAC，Mota L. A bibliometric portrait of the evolution，scientific roots and influence of the literature on university-industry links［J］. *Scientometrics*，2012，93（3）：719-743.

[131] Calvert J，Patel P. University-industry research collaborations in the UK：Bibliometric trends［J］. *Science & Public Policy*，2003，30（2）：85-96.

[132] Abramo G，D'Angelo CA，Costa FD，Solazzi M. University-indus-

try collaboration in Italy: A bibliometric examination [J]. *Technovation*, 2009, 29 (6): 498 - 507.

[133] 樊霞，吴进，任畅翔. 基于共词分析的我国产学研研究的发展态势 [J]. 科研管理, 2013, 4 (9): 11 -18.

[134] 刘彦. 日本以企业为创新主体的产学研制度研究 [J]. 科学学与科学技术管理, 2007, 28 (2): 36 - 42.

[135] Lotka AJ. The frequency distribution of scientific productivity [J]. *Journal of the Washington Academy of Sciences*, 1926, 16 (12): 317 - 323.

[136] Paik YK, Omenn GS, Uhlen M, Hanash S, Marko-Varga G, Aebersold R, et al. Standard guidelines for the chromosome-centric human proteome project [J]. *Journal of Proteome Research*, 2012, 11 (4): 2005.

[137] Abramo G, D'Angelo CA, Costa FD. Research collaboration and productivity: is there correlation? [J]. *Higher Education*, 2009, 57 (2): 155 - 171.

[138] Lee S, Bozeman B. The Impact of Research Collaboration on Scientific Productivity [J]. *Social Studies of Science*, 2005, 35 (5): 673 - 702.

[139] 张俊艳，祝文超. 基于文献计量分析的 985 高校创业教育研究评价 [J]. 科研管理, 2013 (s1): 252 - 258.

[140] 岳洪江，刘思峰，梁立明. 我国对技术创新的关注与研究——基于 24 年的文献计量分析 [J]. 科研管理, 2008, 29 (3): 43 - 52.

[141] 颉茂华，焦守滨，果婕欣. 工商管理案例研究作者成熟度的文献计量分析 [J]. 管理案例研究与评论, 2014, 7 (2): 96 - 105.

[142] Siegel DS, Waldman D, Link A. Assessing the impact of organizational practices on the relative productivity of university technology transfer offices: an exploratory study [J]. *Research Policy*, 2003, 32 (1): 27 - 48.

[143] Etzkowitz H. The norms of entrepreneurial science: cognitive effects of the new university-industry linkages [J]. *Research Policy*, 1998, 27 (8): 823 - 833.

[144] Meyer-Krahmer F, Schmoch U. Science-based technologies: university-industry interactions in four fields [J]. *Research Policy*, 1998, 27 (8): 835 - 851.

[145] Laursen K, Salter A. Searching high and low: what types of firms use universities as a source of innovation? [J]. *Research Policy*, 2004, 33 (8): 1201 - 1215.

[146] D'Este P, Patel P. University-industry linkages in the UK: What are the factors underlying the variety of interactions with industry? [J]. *Research Policy*, 2007, 36 (9): 1295 - 1313.

[147] Balconi M, Breschi S, Lissoni F. Networks of inventors and the role of academia: an exploration of Italian patent data [J]. *Research Policy*, 2004, 33 (1): 127 - 145.

[148] Lee YS. "Technology transfer" and the research university: a search for the boundaries of university-industry collaboration [J]. *Research Policy*, 1996, 25 (6): 843 - 863.

[149] Blumenthal D, Gluck M, Louis KS, Stoto MA, Wise D. University-industry research relationships in biotechnology: implications for the university [J]. *Science*, 1986, 232 (4756): 1361 - 1366.

[150] Owen-Smith J, Riccaboni M, Pammolli F, Powell WW. A comparison of US and European university-industry relations in the life sciences [J]. *Management Science*, 2002, 48 (1): 24 - 43.

[151] Geuna A, Nesta LJJ. University patenting and its effects on academic research: The emerging European evidence [J]. *Research Policy*, 2006, 35 (6): 790 - 807.

[152] Lockett A, Wright M. Resources, capabilities, risk capital and the creation of university spin-out companies [J]. *Research Policy*, 2005, 34 (7): 1043 - 1057.

[153] Gulbrandsen M, Smeby JC. Industry funding and university professors' research performance [J]. *Research Policy*, 2005, 34 (6): 932 - 950.

[154] Etzkowitz H. Innovation in Innovation: The Triple Helix of University-Industry-Government Relations [J]. *Social Science Information*, 2003, 42 (3): 293 - 337.

[155] Siegel DS, Waldman DA, Atwater LE, Link AN. Toward a model of the effective transfer of scientific knowledge from academicians to practitioners:

qualitative evidence from the commercialization of university technologies [J]. *Journal of Engineering & Technology Management*, 2004, 21 (1-2): 115-142.

[156] Chen C, Chen Y, Horowitz M, Hou H, Liu Z, Pellegrino D. Towards an explanatory and computational theory of scientific discovery [J]. *Journal of Informetrics*, 2009, 3 (3): 191-209.

[157] 潘东华，徐珂珂. 基于共词分析的技术机会分析 [J]. 科研管理，2014，35 (4)：10-17.

[158] Bailón-Moreno R, Jurado-Alameda E, Ruiz-Baños R, Courtial JP. Analysis of the field of physical chemistry of surfactants with the Unified Scienctometric Model. Fit of relational and activity indicators [J]. *Scientometrics*, 2005, (2): 73-81.

[159] Donohue JC. *Understanding Scientific Literatures: A Bibliometric Approach* [M]. Cambridge: The MIT Press, 1973.

[160] Swar B, Khan GF. Mapping ICT knowledge infrastructure in South Asia [J]. *Scientometrics*, 2014, 99 (1): 117-137.

[161] Chen K, Guan J. A bibliometric investigation of research performance in emerging nanobiopharmaceuticals [J]. *Journal of Informetrics*, 2011, 5 (2): 233-247.

[162] 张晓鹏，朱晓宇，刘则渊. 国际公共危机管理研究的文献计量学分析 [J]. 科学学与科学技术管理，2011，32 (3)：117-121.

[163] Bellis DN. *Bibliometrics and Citation Analysis: From the Science Citation Index to Cybermetrics* [M]. Maryland, USA: Scarecrow Press, 2009.

[164] 万晶晶. 基于知识图谱的我国产学研合作研究现状分析 [J]. 情报探索，2014 (7)：55-60.

[165] 闫杰，缪小明，张丰，闫斌. 我国产学研合作创新研究前沿演进趋势知识图谱 [J]. 科技进步与对策，2012，29 (22)：151-156.

[166] Zhang Y, Kou M, Chen K, Guan J, Li Y. Modelling the Basic Research Competitiveness Index (BR-CI) with an application to the biomass energy field [J]. *Scientometrics*, 2016, 108 (3): 1221-1241.

[167] Price DdS. Big science, little science [J]. *Columbia University*, New York, 1963: 119-119.

[168] Small H. Co-citation in the scientific literature: A new measure of the relationship between two documents [J]. *Journal of the Association for Information Science and Technology*, 1973, 24 (4): 265-269.

[169] Rogers E. *Diffusion of Innovations* [M]. New York: Free Press, 1962.

[170] Burnts T. *The Management of Innovation* [M]. Oxford: Oxford University Press, 1966.

[171] Prager DJ, Omenn GS. Research, innovation, and university-industry linkages [J]. *Science*, 1980, 207 (4429): 379-384.

[172] Roy R. University-Industry Interaction Patterns [J]. *Science*, 1972, 178 (4064): 955-960.

[173] Azaroff LV. Industry-University Collaboration: How to Make It work [J]. *Research Management*, 1982, 25 (3): 31-34.

[174] 许振亮，郭晓川.50年来国际技术创新研究前沿的演进历程——基于科学知识图谱视角 [J]. 科学学研究，2012，30 (1)：44-59.

[175] Feller I. Universities as engines of R&D-based economic growth: They think they can [J]. *Research Policy*, 1990, 19 (4): 335-348.

[176] Nelson RR, Winter SG. *An Evolutionary Theory of Economic Change: Technology In Society* [M]. Cambridge: Harvard Business School Press, 1982.

[177] Zucker LG, Darby MR, Armstrong J. Geographically localized knowledge: spillovers or markets? [J]. *Economic Inquiry*, 1998, 36 (1): 65-86.

[178] Henderson R, Jaffe AB, Trajtenberg M. AB. Universities as a Source of Commercial Technology: A Detailed Analysis of University Patenting [J]. *Review of Economics and Statistics*, 1998, 80 (1): 119-127.

[179] Narin F, Hamilton KS, Olivastro D. The increasing linkage between US technology and public science [J]. *Research Policy*, 1997, 26 (3): 317-330.

[180] Rubenstein AH, Geisler E. Evaluating the outputs and impacts of R&D/innovation [J]. *International Journal of Technology Management*, 1991, 6 (3): 181-204.

[181] Gibson DV, Smilor RW. Key variables in technology transfer: A field-study based empirical analysis [J]. *Journal of Engineering & Technology*

Management, 1991, 8 (3): 287 -312.

[182] Blumenthal D, Campbell EG, Causino N, Louis KS. Participation of life-science faculty in research relationships with industry [J]. *New England Journal of Medicine*, 1996, 335 (23): 1734 -1739.

[183] Bonaccorsi A, Piccaluga A. A theoretical framework for the evaluation of university-industry relationships [J]. *R&D Management*, 1994, 24 (3): 229 -247.

[184] Etzkowitz H, Leydesdorff L. The endless transition: A "triple helix" of university-industrygovernment relations [J]. *Minerva*, 1998, 36 (3): 203 -208.

[185] Vedovello C. Science parks and university-industry interaction: Geographical proximity between the agents as a driving force [J]. *Technovation*, 1997, 17 (9): 491 -531.

[186] Quintas P, Wield D, Massey D. Academic-industry links and innovation: questioning the science park model [J]. *Technovation*, 1992, 12 (3): 161 -175.

[187] Blumenthal D. Academic-industry relationships in the life sciences. Extent, consequences, and management [J]. *JAMA*, 1992, 268 (23): 3344 -3349.

[188] Mansfield E. Academic research and industrial innovation [J]. *Research Policy*, 1991, 20 (1): 1 -12.

[189] Jaffe AB. Real Effects of Academic Research [J]. *American Economic Review*, 1989, 79 (5): 957 -970.

[190] Bozeman B. Technology transfer and public policy: a review of research and theory [J]. *Research Policy*, 2000, 29 (29): 627 -655.

[191] Schartinger D, Rammer C, Fischer MM, Frohlich J. Knowledge interactions between universities and industry in Austria: sectoral patterns and determinants [J]. *Research Policy*, 2002, 31 (3): 303 -328.

[192] Etzkowitz H. Research groups as "quasi-firms": the invention of the entrepreneurial university [J]. *Research Policy*, 2003, 32 (1): 109 -121.

[193] Etzkowitz H, Webster A, Gebhardt C, Terra BRC. The future of

the university and the university of the future: evolution of ivory tower to entrepreneurial paradigm [J]. *Research Policy*, 2000, 29 (2): 313 - 330.

[194] Cohen WM, Levinthal DA. Innovation and Learning: The Two Faces of R&D [J]. *Economic Journal*, 1989, 99 (397): 569 - 596.

[195] Perkmann M, Walsh K. University-industry relationships and open innovation: Towards a research agenda [J]. *International Journal of Management Reviews*, 2007, 9 (4): 259 - 280.

[196] Hussler C, Picard F, Tang MF. Taking the ivory from the tower to coat the economic world: Regional strategies to make science useful [J]. *Technovation*, 2010, 30 (9 - 10): 508 - 518.

[197] Mindruta D. Value creation in university-firm research collaborations: A matching approach [J]. *Strategic Management Journal*, 2013, 34 (6): 644 - 665.

[198] Ponds R, van Oort F, Frenken K. Innovation, spillovers and university-industry collaboration: an extended knowledge production function approach [J]. *Journal of Economic Geography*, 2010, 10 (2): 231 - 255.

[199] 樊霞，陈丽明，刘炜. 产学研合作对企业创新绩效影响的倾向得分估计研究——广东省部产学研合作实证 [J]. 科学学与科学技术管理，2013，34 (2): 63 - 69.

[200] 李成龙，刘智跃. 产学研耦合互动对创新绩效影响的实证研究 [J]. 科研管理，2013，34 (3): 23 - 30.

[201] Azoulay P, Ding W, Stuart T. The impact of academic patenting on the rate, quality and direction of (public) research output [J]. *The Journal of Industrial Economics*, 2009, 57 (4): 637 - 676.

[202] Webster A. University-Corporate Ties and the Construction of Research Agendas [J]. *Sociology*, 1994, 28 (1): 123 - 142.

[203] Thursby JG, Thursby MC. University licensing [J]. *Oxford Review of Economic Policy*, 2007, 23 (4): 620 - 639.

[204] Stephan PE, Gurmu S, Sumell AJ, Black G. Who's patenting in the university? evidence from the survey of doctorate recipients [J]. *Economics of Innovation and New Technology*, 2007, 16 (2): 71 - 99.

[205] Larsen MT. The implications of academic enterprise for public science: An overview of the empirical evidence [J]. *Research Policy*, 2011, 40 (1): 6-19.

[206] Walsh JP, Cohen WM, Cho C. Where excludability matters: Material versus intellectual property in academic biomedical research [J]. *Research Policy*, 2007, 36 (8): 1184-1203.

[207] Murray F, Stern S. Do formal intellectual property rights hinder the free flow of scientific knowledge?: An empirical test of the anti-commons hypothesis [J]. *Journal of Economic Behavior & Organization*, 2005, 63 (4): 648-687.

[208] Nelson RR. The market economy, and the scientific commons [J]. *Research Policy*, 2003, 33 (3): 455-471.

[209] Lin MW, Bozeman B. Researchers' industry experience and productivity in university-industry research centers: A "scientific and technical human capital" explanation [J]. *The Journal of Technology Transfer*, 2006, 31 (2): 269-290.

[210] Abbasi A, Altmann J, Hossain L. Identifying the effects of co-authorship networks on the performance of scholars: A correlation and regression analysis of performance measures and social network analysis measures [J]. *Journal of Informetrics*, 2011, 5 (4): 594-607.

[211] Gonzalez-Brambila CN, Veloso FM, Krackhardt D. The impact of network embeddedness on research output [J]. *Research Policy*, 2013, 42 (9): 1555-1567.

[212] He ZL, Geng XS, Campbell-Hunt C. Research collaboration and research output: A longitudinal study of 65 biomedical scientists in a New Zealand university [J]. *Research Policy*, 2009, 38 (2): 306-317.

[213] Gulati R, Gargiulo M. Where do interorganizational networks come from? [J]. *American Journal of Sociology*, 1999, 104 (5): 1439-1493.

[214] Martin G, Gözübüyük R, Becerra M. Interlocks and firm performance: The role of uncertainty in the directorate interlock-performance relationship [J]. *Strategic Management Journal*, 2015, 36 (2): 235-253.

［215］ Cantner U，Rake B. International research networks in pharmaceuticals：Structure and dynamics［J］. *Research Policy*，2014，43（2）：333－348.

［216］ Guan J，Zhang J，Yan Y. The impact of multilevel networks on innovation［J］. *Research Policy*，2015，44（3）：545－559.

［217］ Guan JC，Zuo KR，Chen KH，Yam RCM. Does country-level R&D efficiency benefit from the collaboration network structure？［J］. *Research Policy*，2016，45（4）：770－784.

［218］ 张闯．管理学研究中的社会网络范式：基于研究方法视角的12个管理学顶级期刊（2001～2010）文献研究［J］. 管理世界，2011（7）：154－163.

［219］ Granovetter MS. The Strength of Weak Ties［J］. *American Journal of Sociology*，1973，78（6）：1360－1380.

［220］ Gulati R. Alliances and networks［J］. *Strategic Management Journal*，1998，19（19）：293－317.

［221］ Burt RS. *Structural Holes：The Social Structure of Competition*［M］. Cambridge，MA：Harvard University Press，1992.

［222］ Borgatti SP，Halgin DS. On Network Theory［J］. *Organization Science*，2011，22（5）：1168－1181.

［223］ Burt RS. Structural holes and good ideas［J］. *American Journal of Sociology*，2004，110：349－399.

［224］ 郭毅，朱熹．企业家的社会资本——对企业家研究的深化［J］. 外国经济与管理，2002，24（1）：13－16.

［225］ Coleman JS. Social Capital in the Creation of Human Capita［J］. *American Journal of Sociology*，1988，94（Suppl 1）：95－120.

［226］ Port RF，Van Gelder T. *Mind as Motion：Explorations in the Dynamics of Cognition*［M］. Cambridge，Massachusetts：MIT press，1995.

［227］ Tsai W，Ghoshal S. Social capital and value creation：The role of intrafirm networks［J］. *Academy of Management Journal*，1998，41（4）：464－476.

［228］ Hansen MT. The Search-Transfer Problem：The Role of Weak Ties in Sharing Knowledge across Organization Subunits［J］. *Administrative Science*

Quarterly, 1999, 44 (1): 82 - 111.

[229] Lin N, Ensel WM, Vaughn JC. Social Resources and Strength of Ties: Structural Factors in Occupational Status Attainment [J]. *American Sociological Review*, 1981, 46 (4): 393 - 405.

[230] Freeman LC. Centrality in social networks conceptual clarification [J]. *Social Networks*, 1979, 1 (3): 215 - 239.

[231] 高媛，孟宪忠，谢佩洪．“利用”与“探索”在组织学习与技术创新领域的研究视角整合［J］．科学学与科学技术管理，2012，33 (1)：44 - 50.

[232] Ahuja G. Collaboration networks, structural holes, and innovation: A longitudinal study [J]. *Administrative Science Quarterly*, 2000, 45 (3): 425 - 455.

[233] Uzzi B, Schwartz M. Structural holes-the social-structure of competition [J]. *Contemporary Sociology-a Journal of Reviews*, 1993, 22 (2): 155 - 157.

[234] 冯锋，李徐伟，司尚奇．基于无标度网络的产学研合作网络功能及培育机制研究［J］．科学学与科学技术管理，2009，30 (9)：27 - 30.

[235] Fritsch M, Kauffeld-Monz M. The impact of network structure on knowledge transfer: an application of social network analysis in the context of regional innovation networks [J]. *The Annals of Regional Science*, 2010, 44 (1): 21 - 38.

[236] 马艳艳，刘凤朝，孙玉涛．中国大学—企业专利申请合作网络研究［J］．科学学研究，2011，29 (3)：390 - 395.

[237] Ahokangas P, Hyry M, Rasanen P. Small Technology-Based Firms in a Fast-Growing Regional Cluster [J]. *New England Journal of Entrepreneurship*, 1999, 2 (1): 19 - 20.

[238] 彭锐，杨芳．产学研合作创新网络的演进阶段及演进过程中科研管理部门的作用［J］．科研管理，2008 (s1)：40 - 43.

[239] 刘凤朝，马荣康，姜楠．基于“985 高校”的产学研专利合作网络演化路径研究［J］．中国软科学，2011 (7)：178 - 192.

[240] Schilling MA. Technology Shocks, Technological Collaboration, and

Innovation Outcomes [J]. *Organization Science*, 2015, 26 (3): 668-686.

[241] Tanimoto J. Coevolutionary, coexisting learning and teaching agents model for prisoner's dilemma games enhancing cooperation with assortative heterogeneous networks [J]. *Physica a Statistical Mechanics & Its Applications*, 2013, 392 (13): 2955-2964.

[242] 张瑜，菅利荣，皮宗平，罗茜. 基于无标度网络的产学研合作网络模式 [J]. 系统工程，2013 (5): 54-59.

[243] 高霞，陈凯华. 合作创新网络结构演化特征的复杂网络分析 [J]. 科研管理，2015，36 (6): 28-36.

[244] 陈子凤，官建成. 合作网络的小世界性对创新绩效的影响[J]. 中国管理科学，2009，17 (3): 115-120.

[245] Ozbugday FC, Brouwer E. Competition law, networks and innovation [J]. *Applied Economics Letters*, 2012, 19 (8): 775-778.

[246] Beaudry C, Schiffauerova A. Impacts of collaboration and network indicators on patent quality: The case of Canadian nanotechnology innovation [J]. *European Management Journal*, 2011, 29 (5): 362-376.

[247] Broekel T, Boschma R. Knowledge networks in the Dutch aviation industry: the proximity paradox [J]. *Journal of Economic Geography*, 2012, 12 (2): 409-433.

[248] Døving E, Gooderham PN. Dynamic capabilities as antecedents of the scope of related diversification: the case of small firm accountancy practices [J]. *Strategic Management Journal*, 2008, 29 (8): 841-857.

[249] Graf H. Gatekeepers in Regional Networks of Innovators [J]. *Cambridge Journal of Economics*, 2011, 35 (1): 173-198.

[250] 张华，郎淳刚. 以往绩效与网络异质性对知识创新的影响研究——网络中心性位置是不够的 [J]. 科学学研究，2013，31 (10): 1581-1589.

[251] Lissoni F. Academic inventors as brokers [J]. *Research Policy*, 2010, 39 (7): 843-857.

[252] 党兴华，孙永磊. 技术创新网络位置对网络惯例的影响研究——以组织间信任为中介变量 [J]. 科研管理，2013，34 (4): 1-8.

[253] Liu CH. The effects of innovation alliance on network structure and density of cluster [J]. *Expert Systems with Applications*, 2011, 38 (1): 299-305.

[254] 赵爽. 网络特征与产学研合作创新绩效关系的实证研究 [J]. 大连大学学报, 2014 (4): 114-118.

[255] 窦红宾, 王正斌. 网络结构对企业成长绩效的影响研究——利用性学习、探索性学习的中介作用 [J]. 南开管理评论, 2011, 14 (3): 15-25.

[256] 其格其, 高霞, 曹洁琼. 我国 ICT 产业产学研合作创新网络结构对企业创新绩效的影响 [J]. 科研管理, 2016, 37 (专刊): 110-115.

[257] Dyer JH, Singh H. The relational view: Cooperative strategy and sources of interorganizational competitive advantage [J]. *Academy of Management Review*, 1998, 23 (4): 660-679.

[258] 何亚琼, 秦沛, 苏竣. 网络关系对中小企业创新能力影响研究 [J]. 管理科学, 2005, 18 (6): 18-23.

[259] 刘霞, 陈建军. 网络联结, 组织间学习与产业集群能力增进——基于浙江的实证研究 [J]. 科学学研究, 2011, 29 (11): 1676-1684.

[260] 程强. 产学研伙伴异质性对企业合作创新绩效的影响研究 [D]. 广州: 华南理工大学, 2015.

[261] Levinthal DA, March JG. The myopia of learning [J]. *Strategic management Journal*, 1993, 14 (S2): 95-112.

[262] Atuahene-Gima K, Murray JY. Exploratory and exploitative learning in new product development: A social capital perspective on new technology ventures in China [J]. *Journal of International Marketing*, 2007, 15 (02): 1-29.

[263] 朱朝晖, 陈劲. 探索性学习与挖掘性学习及其平衡研究 [J]. 外国经济与管理, 2007, 29 (10): 54-58.

[264] Holmqvist M. Experiential learning processes of exploitation and exploration within and between organizations: An empirical study of product development [J]. *Organization Science*, 2004, 15 (1): 70-81.

[265] Hernández-Espallardo M, Sánchez-Pérez M, Segovia-López C. Exp-

loitation-and exploration-based innovations: the role of knowledge in inter-firm relationships with distributors [J]. *Technovation*, 2011, 31 (5): 203 - 215.

[266] Geiger SW, Makri M. Exploration and exploitation innovation processes: The role of organizational slack in R & D intensive firms [J]. *The Journal of High Technology Management Research*, 2006, 17 (1): 97 - 108.

[267] Yamakawa Y, Yang H, Lin ZJ. Exploration versus exploitation in alliance portfolio: Performance implications of organizational, strategic, and environmental fit [J]. *Research Policy*, 2011, 40 (2): 287 - 296.

[268] Jansen JJ, Simsek Z, Cao Q. Ambidexterity and performance in multiunit contexts: Cross-level moderating effects of structural and resource attributes [J]. *Strategic Management Journal*, 2012, 33 (11): 1286 - 1303.

[269] Vermeulen F, Barkema H. Learning through acquisitions [J]. *Academy of Management Journal*, 2001, 44 (3): 457 - 476.

[270] Benner MJ, Tushman M. Process Management and Technological Innovation: A Longitudinal Study of the Photography and Paint Industries [J]. *Administrative Science Quarterly*, 2002, 47 (47): 676 - 707.

[271] Jansen JJ, Van Den Bosch FA, Volberda HW. Exploratory innovation, exploitative innovation, and performance: Effects of organizational antecedents and environmental moderators [J]. *Management Science*, 2006, 52 (11): 1661 - 1674.

[272] Li Y, Vanhaverbeke W, Schoenmakers W. Exploration and exploitation in innovation: Reframing the interpretation [J]. *Creativity and Innovation Management*, 2008, 17 (2): 107 - 126.

[273] Gupta AK, Smith KG, Shalley CE. The interplay between exploration and exploitation [J]. *Academy of Management Journal*, 2006, 49 (4): 693 - 706.

[274] Lin Z, Yang H, Demirkan I. The performance consequences of ambidexterity in strategic alliance formations: Empirical investigation and computational theorizing [J]. *Management Science*, 2007, 53 (10): 1645 - 1658.

[275] Schildt HA, Maula MV, Keil T. Explorative and exploitative learning from external corporate ventures [J]. *Entrepreneurship Theory and Practice*,

2005, 29 (4): 493 -515.

[276] 陈国权. 组织学习和学习型组织: 概念、能力模型、测量及对绩效的影响 [J]. 管理评论, 2009, 21 (1): 107 -116.

[277] 宋艳双, 刘人境. 知识阈值对组织学习绩效的影响研究 [J]. 管理科学, 2016, 29 (4): 94 -103.

[278] 吴晓波, 马如飞, 毛茜敏. 基于二次创新动态过程的组织学习模式演进——杭氧 1996 ~2008 纵向案例研究 [J]. 管理世界, 2009 (2): 152 -164.

[279] Akgün AE, Keskin H, Byrne JC, Aren S. Emotional and learning capability and their impact on product innovativeness and firm performance [J]. *Technovation*, 2007, 27 (9): 501 -513.

[280] Simsek Z, Lubatkin MH, Floyd SW. Inter-firm networks and entrepreneurial behavior: A structural embeddedness perspective [J]. *Journal of Management*, 2003, 29 (3): 427 -442.

[281] Rowley T, Behrens D, Krackhardt D. Redundant governance structures: an analysis of structural and relational embeddedness in the steel and semiconductor industries [J]. *Strategic Management Journal*, 2000, 21 (3): 369 -386.

[282] 宋志红, 何洋, 李冬梅. 联盟网络特征与组织学习模式转变: 一个纵向案例研究 [J]. 科研管理, 2014, 35 (8): 126 -133.

[283] 张大群, 杨国梁, 李晓轩. 国立科研机构的战略地图与其绩效评估体系研究 [J]. 科学学研究, 2011, 29 (12): 1835 -1844.

[284] Lee JJ. Heterogeneity, brokerage, and innovative performance: endogenous formation of collaborative inventor networks [J]. *Organization Science*, 2010, 21 (4): 804 -822.

[285] Fleming L, King C, III, Juda AI. Small worlds and regional innovation [J]. *Organization Science*, 2007, 18 (6): 938 -954.

[286] Eslami H, Ebadi A, Schiffauerova A. Effect of collaboration network structure on knowledge creation and technological performance: the case of biotechnology in Canada [J]. *Scientometrics*, 2013, 97 (1): 99 -119.

[287] Fleming L, Mingo S, Chen D. Collaborative brokerage, generative

creativity, and creative success [J]. *Administrative Science Quarterly*, 2007, 52 (3): 443 - 475.

[288] Sebestyén T, Varga A. Research productivity and the quality of interregional knowledge networks [J]. *The Annals of Regional Science*, 2013, 51 (1): 155 - 189.

[289] Vasudeva G, Zaheer A, Hernandez E. The Embeddedness of Networks: Institutions, Structural Holes, and Innovativeness in the Fuel Cell Industry [J]. *Organization Science*, 2013, 24 (3): 645 - 663.

[290] Karamanos, Anastasios G. Leveraging Micro-and Macro-Structures of Embeddedness in Alliance Networks for Exploratory Innovation in Biotechnology [J]. *R & D Management*, 2012, 42 (1): 71 - 89.

[291] Guler I, Nerkar A. The impact of global and local cohesion on innovation in the pharmaceutical industry [J]. *Strategic Management Journal*, 2012, 33 (5): 535 - 549.

[292] 阮爱君，卢立伟，方佳音．知识网络嵌入性对企业创新能力的影响研究——基于组织学习的中介作用 [J]. 财经论丛（浙江财经大学学报），2014，79 (3): 77 - 84.

[293] 蔡彬清，陈国宏．链式产业集群网络关系、组织学习与创新绩效研究 [J]. 研究与发展管理，2013，25 (4): 126 - 133.

[294] 宋志红，陈澍，范黎波．知识特性、知识共享与企业创新能力关系的实证研究 [J]. 科学学研究，2010，28 (4): 597 - 604.

[295] 谢洪明，张霞蓉，程聪，陈盈．网络关系强度、企业学习能力对技术创新的影响研究 [J]. 科研管理，2012，33 (2): 55 - 62.

[296] Faems D, Van Looy B, Debackere K. Interorganizational collaboration and innovation: Toward a portfolio approach [J]. *Journal of Product Innovation Management*, 2005, 22 (3): 238 - 250.

[297] 朱朝晖，陈劲．探索性学习和挖掘性学习的协同与动态：实证研究 [J]. 科研管理，2008，29 (6): 1 - 9.

[298] Rothaermel FT, Deeds DL. Exploration and exploitation alliances in biotechnology: A system of new product development [J]. *Strategic Management Journal*, 2004, 25 (3): 201 - 221.

[299] 吴晓波，许冠南，杜健. 网络嵌入性：组织学习与创新 [M]. 北京：科学出版社，2011.

[300] 施放，朱吉铭. 创新网络，组织学习对创新绩效的影响研究——基于浙江省高新技术企业 [J]. 华东经济管理，2015，29 (10)：21 -26.

[301] Granovetter M. Economic-action and social-structure-the problem of embeddedness [J]. *American Journal of Sociology*, 1985, 91 (3): 481 -510.

[302] Barnes T, Pashby I, Gibbons A. Effective University-Industry Interaction:: A Multi-case Evaluation of Collaborative R&D Projects [J]. *European Management Journal*, 2002, 20 (3): 272 -285.

[303] 潘文安. 关系强度、知识整合能力与供应链知识效率转移研究 [J]. 科研管理，2012，33 (1)：147 -153.

[304] Leydesdorff L, Sun Y. National and international dimensions of the Triple Helix in Japan: University-industry-government versus international coauthorship relations [J]. *Journal of the American Society for Information Science and Technology*, 2009, 60 (4): 778 -788.

[305] Leydesdorff L、The mutual information of university-industry-government relations: An indicator of the Triple Helix dynamics [J]. *Scientometrics*, 2003, 58 (2): 445 -467.

[306] Sun Y, Negishi M. Measuring the relationships among university, industry and other sectors in Japan's national innovation system: a comparison of new approaches with mutual information indicators [J]. *Scientometrics*, 2010, 82 (3): 677 -685.

[307] 李培凤. 我国大学、产业、政府三螺旋效果分析及政策建议 [J]. 科学学与科学技术管理，2014 (12)：3 -9.

[308] 庄涛，吴洪. 基于专利数据的我国官产学研三螺旋测度研究——兼论政府在产学研合作中的作用 [J]. 管理世界，2013 (8)：175 -176.

[309] Boardman PC, Ponomariov BL. University researchers working with private companies [J]. *Technovation*, 2009, 29 (2): 142 -153.

[310] D'Este P, Fontana R. What Drives the Emergence of Entrepreneur-

ial Academics? A Study on Collaborative Research Partnerships in the UK [J]. *Research Evaluation*, 2007, 16 (4): 257 -270.

[311] Bozeman B, Gaughan M. Impacts of grants and contracts on academic researchers' interactions with industry [J]. *Research Policy*, 2007, 36 (5): 694 -707.

[312] Lam A. What motivates academic scientists to engage in research commercialization: "Gold", "ribbon" or "puzzle"? [J]. *Mpra Paper*, 2011, 40 (10): 1354 -1368.

[313] 杨利娟. 产学研联盟研究 [D]. 武汉: 武汉理工大学, 2007.

[314] De Fuentes C, Dutrenit G. Best channels of academia-industry interaction for long-term benefit [J]. *Research Policy*, 2012, 41 (9): 1666 -1682.

[315] Orozco J, Ruiz K. Quality of interactions between public research organisations and firms: lessons from Costa Rica [J]. *Science & Public Policy*, 2010, 37 (7): 527 -540.

[316] Fernandes AC, Souza BCD, Silva ASD, Suzigan W, Chaves CV, Albuquerque E. Academy—industry links in Brazil: evidence about channels and benefits for firms and researchers [J]. *Science & Public Policy*, 2010, 37 (7): 485 -498.

[317] Giuliani E, Arza V. What drives the formation of "valuable" university-industry linkages? : Insights from the wine industry [J]. *Research Policy*, 2009, 38 (6): 906 -921.

[318] Ankrah SN, Burgess TF, Grimshaw P, Shaw NE. Asking both university and industry actors about their engagement in knowledge transfer: What single-group studies of motives omit [J]. *Technovation*, 2013, 33 (2): 50 -65.

[319] Oliver C. Determinants of interorganizational relationships: Integration and future directions [J]. *Academy of Management Review*, 1990, 15 (2): 241 -265.

[320] 吕海萍, 龚建立, 王飞绒, 卫非. 产学研相结合的动力—障碍机制实证分析 [J]. 研究与发展管理, 2004, 16 (2): 58 -62.

［321］孙杰．基于动因匹配的产学研合作主体行为与绩效研究［D］．广州：华南理工大学，2016.

［322］Bishop K，D'Este P，Neely A. Gaining from interactions with universities：Multiple methods for nurturing absorptive capacity［J］. *Research Policy*，2011，40（1）：30－40.

［323］Boardman C，Corley E. University research centers and the composition of research collaborations［J］. *Research Policy*，2008，35（5）：900－913.

［324］彭新敏，吴晓波，吴东．基于二次创新动态过程的企业网络与组织学习平衡模式演化——海天1971—2010年纵向案例研究［J］．管理世界，2011（4）：138－149.

［325］Yin RK. *Case Study Research：Design and Methods*（*3rd ed.*）［*M*］. Thousand Oaks，CA：Sage Publications，2003.

［326］吴晓波，朱培忠，吴东，姚明明．后发者如何实现快速追赶？——一个二次商业模式创新和技术创新的共演模型［J］．科学学研究，2013，31（11）：1726－1735.

［327］陈晓萍，徐淑英，樊景立．组织与管理研究的实证方法［M］．北京：北京大学出版社，2012.

［328］Eisenhardt KM. Building theories from case study research［J］. *Academy of Management Review*，1989，14（4）：532－550.

［329］Eisenhardt KM，Graebner ME. Theory building from cases：Opportunities and challenges［J］. *Academy of Management Journal*，2007，50（1）：25－32.

［330］程鹏，柳卸林，陈傲，何郁冰．基础研究与中国产业技术追赶——以高铁产业为案例［J］．管理评论，2011，23（12）：46－55.

［331］程郁，郑风田．产业集群与技术创新模式的协同演进机制——基于云南斗南花卉产业技术追赶的案例研究［J］．科学学研究，2009，27（10）：1591－1598.

［332］路风，慕玲．本土创新、能力发展和竞争优势——中国激光视盘播放机工业的发展及其对政府作用的政策含义［J］．管理世界，2003（12）：57－82.

［333］谢伟．中国企业技术创新的分布和竞争策略——中国激光视盘播放机产业的案例研究［J］．管理世界，2006（2）：50－62.

［334］孙海法，刘运国，方琳．案例研究的方法论［J］．科研管理，2004，25（2）：107－112.

［335］Dyer WG，Wilkins AL. Better stories，not better constructs，to generate better theory：a rejoinder to eisenhardt［J］．*Academy of Management Review*，1991，16（3）：613－619.

［336］Pettigrew AM. Longitudinal Field Research on Change：Theory and Practice［J］．*Organization Science*，1990，1（3）：267－292.

［337］Leonardbarton D. A Dual Methodology for Case Studies：Synergistic Use of a Longitudinal Single Site with Replicated Multiple Sites［J］．*Organization Science*，1990，1（3）：248－266.

［338］余菁．案例研究与案例研究方法［J］．经济管理，2004（20）：24－29.

［339］Yan A，Gray B. Bargaining power，management control，and performance in united states-china joint ventures：a comparative case study［J］．*Academy of Management Journal*，1994，37（6）：1478－1517.

［340］Patton MQ. *How to Use Qualitative Methods in Evaluation*［M］．Newbury Park，CA：Sage Publications，1987：455－462.

［341］吴晓波．二次创新的周期与企业组织学习模式［J］．管理世界，1995（3）：168－172.

［342］吴晓波．二次创新的进化过程［J］．科研管理，1995（2）：29－37.

［343］念沛豪，谢振忠，马力扬．高端装备制造崛起之路［J］．装备制造，2016（6）：13－13.

［344］高柏，李国武，甄志宏，等．中国高铁创新体系研究［M］．北京：社会科学文献出版社，2016.

［345］赵承，张旭东，齐中熙，林红梅．穿越梦幻的时空——中国高速铁路发展纪实［J］．铁道知识，2010（2）：8－17.

［346］朱桂龙．产学研与企业自主创新能力提升［J］．科学学研究，2012，30（12）：5－6.

［347］吕铁，贺俊．“后高铁时代”需加强基础研究和前沿技术研究［J］．中国发展观察，2016（13）：35－38.

［348］Sidhu JS，Commandeur HR，Volberda HW. The Multifaceted Nature of Exploration and Exploitation：Value of Supply，Demand，and Spatial Search for Innovation［J］. *Organization Science*，2007，18（1）：20－38.

［349］戴勇，胡明溥．产学研伙伴异质性对知识共享的影响及机制研究［J］．科学学与科学技术管理，2016，37（6）：66－79.

［350］王晓娟．知识网络与集群企业竞争优势研究［D］．杭州：浙江大学，2007.

［351］刘璐．企业外部网络对企业绩效影响研究［D］．济南：山东大学，2009.

［352］Vanhaverbeke W，Gilsing V，Beerkens B，Duysters G. The Role of Alliance Network Redundancy in the Creation of Core and Non-core Technologies［J］. *Journal of Management Studies*，2009，46（2）：215－244.

［353］Capaldo A. Network structure and innovation：The leveraging of a dual network as a distinctive relational capability［J］. *Strategic Management Journal*，2007，28（6）：585－608.

［354］Geiger SW，Makri M. Exploration and exploitation innovation processes：The role of organizational slack in R & D intensive firms［J］. *Journal of High Technology Management Research*，2006，17（1）：97－108.

［355］戚巍，陈晓剑，张岩，晏挺，李峰．基于 TOPSIS 的中国研究型大学学术绩效评价方法研究［J］．中国高教研究，2010（1）：15－19.

［356］McFadyen MA，Cannella AA. Social capital and knowledge creation：Diminishing returns of the number and strength of exchange relationships［J］. *Academy of Management Journal*，2004，47（5）：735－746.

［357］魏江，郑小勇．关系嵌入强度对企业技术创新绩效的影响机制研究——基于组织学习能力的中介性调节效应分析［J］．浙江大学学报：（人文社会科学版），2010，40（6）：168－180.

［358］Crespi G，D’Este P，Fontana R，Geuna A. The impact of academic patenting on university research and its transfer［J］. *Research Policy*，2011，40（1）：55－68.

[359] Pfeffer J, Salancik GR. *The External Control of Organizations: a Resource Dependence Perspective* [M]. New York: Harper & Row, 1978.

[360] 王文平，王为东，张晓玲. 集群企业创新绩效生成的结构 - 行为路径研究 [J]. 管理学报，2011，8 (10)：1530 - 1540.

[361] Nahapiet J, Ghoshal S. Social capital, intellectual capital, and the organizational advantage [J]. *Academy of Management Review*, 1998, 23 (2): 242 - 266.

[362] Burt RS. The contingent value of social capital [J]. *Administrative Science Quarterly*, 1997, 42 (2): 339 - 365.

[363] Koka BR, Prescott JE. Strategic alliances as social capital: A multidimensional view [J]. *Strategic Management Journal*, 2002, 23 (9): 795 - 816.

[364] Gao S, Xu K, Yang J. Managerial ties, absorptive capacity, and innovation [J]. *Asia Pacific Journal of Management*, 2008, 25 (3): 395 - 412.

[365] 朱建民，史旭丹. 基于内外调节效应的集群网络创新绩效研究 [J]. 科研管理，2016，37 (10)：121 - 128.

[366] Wasserman S, Faust K. *Social Network Analysis: Methods and Applications* [M]. Cambridge, UK: Cambridge university Press, 1994.

[367] Guan J, Wei H. A bilateral comparison of research performance at an institutional level [J]. *Scientometrics*, 2015, 104 (1): 147 - 173.

[368] Rotolo D, Petruzzelli AM. When does centrality matter? Scientific productivity and the moderating role of research specialization and cross-community ties [J]. *Journal of Organizational Behavior*, 2013, 34 (5): 648 - 670.

[369] Bavelas A. Communication patterns in task-oriented groups [J]. *Journal of the Acoustical Society of America*, 1950, 22 (6): 723 - 730.

[370] Chung KSK, Hossain L. Measuring Performance of Knowledge-Intensive Workgroups Through Social Networks [J]. *Project Management Journal*, 2009, 40 (2): 34 - 58.

[371] Bonacich P. Power and centrality-a family of measures [J]. *American*

Journal of Sociology, 1987, 92 (5): 1170 – 1182.

[372] Podolny JM. A status-based model of market competition [J]. *American Journal of Sociology*, 1993, 98 (4): 829 – 872.

[373] Baum JAC, Calabrese T, Silverman BS. Don't go it alone: Alliance network composition and startups' performance in Canadian biotechnology [J]. *Strategic Management Journal*, 2000, 21 (3): 267 – 294.

[374] Lavie D, Drori I. Collaborating for Knowledge Creation and Application: The Case of Nanotechnology Research Programs [J]. *Organization Science*, 2011, 23 (3): 704 – 724.

[375] Ozcan P, Eisenhardt KM. Origin of Alliance Portfolios: Entrepreneurs, Network Strategies, and Firm Performance [J]. *Academy of Management Journal*, 2009, 52 (2): 246 – 279.

[376] Dahlander L, Frederiksen L. The core and cosmopolitans: a relational view of innovation in user communities [J]. *Organization Science*, 2012, 23 (4): 988 – 1007.

[377] Shipilov AV, Li SX. Can you have your cake and eat it too? Structural holes' influence on status accumulation and market performance in collaborative networks [J]. *Administrative Science Quarterly*, 2008, 53 (1): 73 – 108.

[378] Tortoriello M, Reagans R, McEvily B. Bridging the knowledge gap: the influence of strong ties, network cohesion, and network range on the transfer of knowledge between organizational units [J]. *Organization Science*, 2012, 23 (4): 1024 – 1039.

[379] Wang C, Rodan S, Fruin M, Xu X. Knowledge networks, collaboration networks, and exploratory innovation [J]. *Academy of Management Journal*, 2014, 57 (2): 484 – 514.

[380] Dornbusch F, Neuhäusler P. Composition of inventor teams and technological progress-The role of collaboration between academia and industry [J]. *Research Policy*, 2015, 44 (7): 1360 – 1375.

[381] Fleming L, Sorenson O. Science as a map in technological search [J]. *Strategic Management Journal*, 2004, 25 (8 – 9): 909 – 928.

[382] Manjarrés-Henríquez L, Gutiérrez-Gracia A, Carrión-García A,

Vega-Jurado J. The Effects of University-Industry Relationships and Academic Research On Scientific Performance: Synergy or Substitution? [J]. *Research in Higher Education*, 2009, 50 (8): 795 - 811.

[383] Podolny JM. Networks as the pipes and prisms of the market [J]. *American Journal of Sociology*, 2001, 107 (1): 33 - 60.

[384] Håkansson H, Snehota I. No business is an island: The network concept of business strategy [J]. *Scandinavian Journal of Management*, 2006, 22 (3): 256 - 270.

[385] 顾琴轩，王莉红. 人力资本与社会资本对创新行为的影响——基于科研人员个体的实证研究 [J]. 科学学研究，2009，27 (10): 1564 - 1570.

[386] Dasgupta P, David PA. Towards a new economics of science [J]. *Research Policy*, 1994, 23 (5): 487 - 521.

[387] Efi AE. Synergy between Academic Research and Industrialization: The Search for Development in Nigeria [J]. *Human Resource Management Research*, 2014, 4 (3): 69 - 74.

[388] Landry R, Amara N, Lamari M. Does social capital determine innovation? To what extent? [J]. *Technological Forecasting and Social Change*, 2002, 69 (7): 681 - 701.

[389] Cummings JL, Teng BS. Transferring R&D knowledge: the key factors affecting knowledge transfer success [J]. *Journal of Engineering and Technology Management*, 2003, 20 (1): 39 - 68.

[390] Lin C, Wu YJ, Chang C, Wang W, Lee CY. The alliance innovation performance of R&D alliances—the absorptive capacity perspective [J]. *Technovation*, 2012, 32 (5): 282 - 292.

[391] Sampson RC. R&D alliances and firm performance: The impact of technological diversity and alliance organization on innovation [J]. *Academy of Management Journal*, 2007, 50 (2): 364 - 386.

[392] 蔡莉，单标安，刘钊，郭洪庆. 创业网络对新企业绩效的影响研究——组织学习的中介作用 [J]. 科学学研究，2010，28 (10): 1592 - 1600.

[393] Brown JS, Duguid P. Organizational learning and communities-of-

practice: Toward a unified view of working, learning, and innovation [J]. *Organization Science*, 1991, 2 (1): 40-57.

[394] Hamel G. Competition for competence and interpartner learning within international strategic alliances [J]. *Strategic Management Journal*, 1991, 12 (S1): 83-103.

[395] Nooteboom B. *Learning and Innovation in Organizations and Economies* [M]. Oxford: OUP Oxford, 2000.

[396] 于玲玲，赵西萍，周密，赵欣. 知识转移中知识特性与联系强度的联合调节效应研究——基于成本视角的分析 [J]. 科学学与科学技术管理，2012，33 (10): 49-57.

[397] 曾德明，文金艳. 协作研发网络中心度、知识距离对企业二元式创新的影响 [J]. 管理学报，2015，12 (10): 1479-1486.

[398] 佘秋平，蔡翔，陈果. 高校科研团队距离因素对团队绩效的影响研究 [J]. 技术经济与管理研究，2012 (9): 26-29.

[399] Li EY, Liao CH, Yen HR. Co-authorship networks and research impact: A social capital perspective [J]. *Research Policy*, 2013, 42 (9): 1515-1530.

[400] 迟嘉昱，孙翎，刘波. 网络位置、技术距离与企业合作创新——基于2003—2013企业专利合作数据的研究 [J]. 科技管理研究，2015, 35 (22): 22-25.

[401] Dunn SC, Seaker R, Waller MA. Latent variables in business logistics research: scale development and validation [J]. *Journal of Business Logistics*, 1994, 15 (2): 145-172.

[402] Churchill GA. A Paradigm for Developing Better Measures of Marketing Constructs [J]. *Journal of Marketing Research*, 1979, 16 (1): 64-73.

[403] Levin DZ, Cross R. The Strength of Weak Ties You Can Trust: The Mediating Role of Trust in Effective Knowledge Transfer [J]. *Management Science*, 2004, 50 (11): 1477-1490.

[404] 刘雪锋. 网络嵌入性与差异化战略及企业绩效关系研究 [D]. 杭州：浙江大学，2007.

[405] Lee JN. The impact of knowledge sharing, organizational capability

and partnership quality on IS outsourcing success [J]. *Information & Management*, 2001, 38 (5): 323 – 335.

[406] 张莉，和金生. 知识距离与组织内知识转移效率 [J]. 现代管理科学，2009 (3): 43 – 44.

[407] 李梓涵昕. 产学研主体差异性、关系强度对知识转移的影响研究 [D]. 广州：华南理工大学，2016.

[408] 马庆国. 管理统计：数据获取、统计原理、SPSS 工具与应用研究 [M]. 北京：科学出版社，2002.

[409] 杜智敏. 抽样调查与 SPSS 应用 [M]. 北京：电子工业出版社，2010.

[410] 李怀祖. 管理研究方法论 [M]. 西安：西安交通大学出版社，2004.

[411] 吴明隆. SPSS 统计应用实务：问卷分析与应用统计 [M]. 北京：科学出版社，2003.

[412] 邱皓政. 量化研究与统计分析 [M]. 重庆：重庆大学出版社，2013.

[413] 刁丽琳. 产学研合作契约类型、信任与知识转移关系研究 [D]. 广州：华南理工大学，2013.

[414] Fornell C, Larcker DF. Evaluating structural equation models with unobservable variables and measurement error [J]. *Journal of Marketing Research*, 1981: 39 – 50.

[415] Baron RM, Kenny DA. The moderator-mediator variable distinction in social psychological research: Conceptual, strategic, and statistical considerations [J]. *Journal of Personality and Social Psychology*, 1986, 51 (6): 1173.

[416] Hayes AF, Preacher KJ. Quantifying and Testing Indirect Effects in Simple Mediation Models When the Constituent Paths Are Nonlinear [J]. *Multivariate Behavioral Research*, 2010, 45 (4): 627 – 660.

[417] Stolzenberg RM. The Measurement and Decomposition of Causal Effects in Nonlinear and Nonadditive Models [J]. *Sociological Methodology*, 1980, 11: 459 – 488.

and participation [illegible] [J]. *Information & Management*, 2001, 38 (5): 323-335

[36] [illegible]

[37] [illegible]

[38] [illegible] SPSS [illegible] [M]. [illegible]出版社, 2002

[39] [illegible] 2010

[40] [illegible] 2009

[41] [illegible] SPSS [illegible] [M]. [illegible]出版社, 2003

[42] [illegible] 2010

[43] [illegible] [D]. [illegible] 2017

[44] Fornell C, Larcker DF. Evaluating structural equation models with unobservable variables and measurement error [J]. *Journal of Marketing Research*, 1981: 39-50

[45] Baron RM, Kenny DA. The moderator-mediator variable distinction in social psychological research: Conceptual, strategic, and statistical considerations [J]. *Journal of Personality and Social Psychology*, 1986, 51 (6): 1173-1182

[46] Hayes AF, Preacher KJ. Quantifying and Testing Indirect Effects in Simple Mediation Models When the Constituent Paths Are Nonlinear [J]. *Multivariate Behavioral Research*, 2010, 45 (4): 627-660

[47] Stolzenberg RM. The Measurement and Decomposition of Causal Effects in Nonlinear and Nonadditive Models [J]. *Sociological Methodology*, 1980 (11): 459-488

附录1

表1　中国政府在1949—2016年所颁发的与产学研合作相关的政策与法规

历届政府	时间	影响产学研合作的相关政策与法规
以毛泽东为首的第一代人民政府	1949—1977年	➢ 在新中国成立初期，中国全盘引进苏联的创新系统模式。在该创新模式中，全国的创新资源主要集中在科研机构如中国科学院，科研机构在国家创新系统中扮演着知识创造者的角色；大学主要承担教育和培训的功能，较少涉及科研活动；企业主要负责生产产品和提供各项服务，很少拥有自己的研发部门来从事研发工作，独立创新能力薄弱。 ➢ 在20世纪50—60年代，中国政府推动科研机构如中国科学院与军工企业、大学相互合作，共同攻关“两弹一星”科研任务
以邓小平为首的第二代人民政府	1978—1992年	➢ 1978年中国政府正式启动“改革开放”，结束“文革”，全国科学大会隆重举行，标志着我国科学“春天”的到来。 ➢ 1985年中国政府做出《关于科技体制改革的决定》，揭开了全面科技体制改革的序幕，鼓励研究机构和科技工作者参与产学研合作，促进科技活动更好地同经济活动相结合。 ➢ 1992年，中国科学院联合原国家教育委员会、原国家经贸委发布《关于组织实施“产学研联合开发工程”的通知》，标志着我国产学研合作正式揭开了序幕
以江泽民为首的第三代人民政府	1993—2003年	➢ 1998年，为了建设和完善国家创新体系，中国政府决定由中国科学院启动“知识创新工程”，产学研合作得到进一步推进。 ➢ 1995年和1998年中国政府分别启动“211”和“985”工程，对中国若干所重点大学实施大规模的科技设施投入，提升高等学校的研发能力，努力建设一批科研实力强劲的世界一流大学
以胡锦涛为首的第四代人民政府	2003—2013年	➢ 2006年，中国政府颁布了《国家中长期科学和技术发展规划纲要（2006—2020年）》，以促进科学技术创新发展，提升自主创新能力，争取在2020年进入创新型国家行列，而产学研合作是重要的一条实现路径。 ➢ 2010年，中国政府颁布《国家中长期教育改革和发展规划纲要（2010—2020年）》，加大对科教领域的投入，以促进教育事业科学发展，建设若干所科研实力强劲的世界一流大学

续表

历届政府	时间	影响产学研合作的相关政策与法规
以胡锦涛为首的第四代人民政府	2003—2013 年	➢2011 年，中国政府启动“2011 协同创新计划”，加强大学与企业、科研机构的合作，以提升大学的人才、学科、科研三位一体的创新能力。 ➢2011 年，中国政府支持中国科学院启动第二期的“知识创新工程”，以进一步推动国家创新体系的建设。中国科学院加强产学研合作来加速知识的转化以支撑国家经济发展的需要
以习近平为首的第五代人民政府	2013 年至今	➢2014 年，中国政府支持中国科学院启动“率先行动”计划，努力建立成为世界一流的科研机构，加强与企业、大学合作，以推动我国建成世界科技强国。 ➢2016 年，中国政府颁布《关于实行以增加知识价值为导向分配政策的若干意见》，鼓励科技人员到企业、其他科研机构或高校兼职并取得合法报酬，在某种程度上推动了产学研合作

资源来源：Zhang 等（2016）。

附 录 2

访谈提纲

主要采用半结构化访谈的形式，向受访者咨询以下内容：

一、受访学研机构科研团队的基本情况

1. 科研团队成立时间、科研实力状况，是否视学术研究为己任？

2. 您所在的科研团队制定哪些措施鼓励和支持你们参与产学研合作？所在团队的领导对产学研合作的态度是怎么样的？

二、受访学研机构科研团队的产学研合作网络

3. 您所在的科研团队在产业界的影响力如何？上门寻求合作的企业多吗？合作领域是哪些？

4. 您所在的科研团队与企业合作频率高吗？举例说明。

5. 您所在的科研团队与企业合作形式有哪些？和哪些类型企业进行合作？列举一下例子。

三、受访学研机构科研团队的组织学习

6. 您所在的科研团队参与产学研合作目的是什么？与企业合作从产业界获得哪些资源？

7. 您所在的科研团队与企业合作所处的领域是在基础研究，还是应用研究还是技术开发？各自比例有多少？

8. 您认为所在科研团队参与产学研合作对自身学术研究开展带来哪些影响？举例说明。

四、受访学研机构科研团队的学术绩效

9. 您认为所在的科研团队与企业合作取得哪些科研成果？与预期目标

相符吗？

10. 您如何看待学研机构科研团队参与产学研合作过程中坚守学术研究为己任和经常为企业搞技术开发两种模式对学术成果的取得之间的影响关系？请举例说明。

11. 您所在的科研团队与企业进行合作给贵单位学科建设带来了哪些影响？请举例说明。

五、其他

12. 您能否分享下您参与产学研合作的故事？

13. 您谈谈我国学研机构科研团队参与产学研合作存在哪些问题？请举例说明。

14. 对本研究思路、方案设计存在哪些有待改进地方请谈谈您的看法与建议？

附录3

《学研机构科研团队的产学研合作网络对学术绩效的影响研究》调查问卷

尊敬的专家：

您好！

非常感谢您在百忙之中抽空填写此问卷！

本问卷为华南理工大学朱桂龙研究团队联合中国科学院科技战略咨询研究院陈凯华研究团队纯粹为学术研究而开发的调查问卷，旨在探讨我国产学研合作网络对学研机构科研团队的学术绩效影响机理。您的回答将仅供研究者进行数据统计分析之用，不会用于任何商业用途，我们承诺，您所提供的任何信息我们都将严格保密，请您放心并客观地填答。请根据您在一般情形下所持有的最直接的理解、感觉来作答，不需要考虑太久。您的问卷填写对此项研究的准确性至关重要，由于问卷讲求完整性，一题遗漏将会全部作废，因此还烦请您仔细回答全部问项，尽量避免打一样的分。

您的回答一定会对本研究做出重要的贡献，非常感谢您的大力支持！祝您顺意安康、阖家欢乐！

问卷填写人：曾经参与或正在参与产学研合作的专家学者或负责人。

您的参与对本研究非常重要，在此衷心感谢您的热心参与！

华南理工大学技术创新评估研究中心

中国科学院科技战略咨询研究院

联系人：张　艺

TEL：155－2121－2916

问卷返回 E-mail：zyi02@163. com

第一部分：请根据您的真实感觉，对以下各个题项进行评价。谢谢！

1. 学研机构科研团队的产学研合作网络：

注意：请在每一题目后面最能代表您的意见的选项上画“√”或“○”（题项中1~5分值分别表示从“非常不符合”到“非常符合”依次递增）。

变量	题项	非常不符合↔非常符合				
位置中心度	C1 与同行相比，我们科研团队在产业界的知名度很高	1	2	3	4	5
	C2 企业间建立联系时经常需要我们科研团队出面“搭桥”	1	2	3	4	5
	C3 产业界很多企业需要技术支持时，都非常倾向于与我们科研团队建立科研合作关系	1	2	3	4	5
	C4 我们科研团队往往倾向于与企业建立合作关系来获取市场技术需求等相关信息资源与科研经费等	1	2	3	4	5
	C5 我们科研团队与企业的直接科研项目联系多于间接联系	1	2	3	4	5
联结强度	L1 与同行相比，我们科研团队与企业联系互动紧密频繁	1	2	3	4	5
	L2 我们科研团队与企业合作时倾向于签订正式协议来确定互动关系	1	2	3	4	5
	L3 我们科研团队与企业在科研项目合作上投入大量的人力、财力和物力	1	2	3	4	5
	L4 我们科研团队倾向于与企业建立长期合作关系	1	2	3	4	5
网络规模	S1 我们科研团队与很多企业在科研项目上存在合作联系	1	2	3	4	5
	S2 我们科研团队可以通过直接合作伙伴来和其他很多企业建立起间接联系	1	2	3	4	5
	S3 我们科研团队经常被邀请参与产业界举办技术论坛或技术联盟	1	2	3	4	5

续表

变量	题项	非常不符合↔非常符合				
知识距离	V1 与我们科研团队有直接合作关系的企业自身科研能力水平差异很大	1	2	3	4	5
	V2 与我们科研团队有直接合作关系的企业所处技术领域（知识背景）差异程度很大	1	2	3	4	5
	V3 与我们科研团队有间接合作关系的企业自身科研能力水平差异很大	1	2	3	4	5
	V4 与我们科研团队有间接合作关系的企业所处技术领域（知识背景）差异程度很大	1	2	3	4	5

2. 学研机构科研团队的组织学习：

注意：请在每一题目后面最能代表您的意见的选项上画“√”或“○”（题项中1~5分值分别表示从“非常不符合”到“非常符合”依次递增）。

变量	题项	非常不符合↔非常符合				
探索性组织学习	T1 我们科研团队与企业合作以创造全新知识为目标	1	2	3	4	5
	T2 我们科研团队经常从事攻关摸索从国外引进先进技术背后的科学原理	1	2	3	4	5
	T3 我们科研团队参与产学研合作是为了吸收来自不同技术领域的知识	1	2	3	4	5
开发性组织学习	K1 我们科研团队经常承担企业委托R&D下游技术开发任务	1	2	3	4	5
	K2 我们科研团队与企业合作以渐进性创新为目标	1	2	3	4	5
	K3 我们科研团队倾向于开发、利用、拓展与当前产品相关的知识与技术	1	2	3	4	5

3. 学研机构科研团队的学术绩效：

注意：请在每一题目后面最能代表您的意见的选项上画“√”或“○”（题项中1~5分值分别表示从“非常不符合”到“非常符合”依次递增）。

变量	题项	非常不符合↔非常符合				
学术绩效	P1 与同行相比，我们科研团队发表很多文章	1	2	3	4	5
	P2 与同行相比，我们科研团队发表的文章质量很高	1	2	3	4	5
	P3 与同行相比，我们科研团队申请很多发明专利	1	2	3	4	5
	P4 与同行相比，我们科研团队申请的专利质量很高	1	2	3	4	5
	P5 与同行相比，我们科研团队培育很多对社会有用的人才	1	2	3	4	5
	P6 我们科研团队经常获得政府颁发的科技奖项	1	2	3	4	5
	P7 我们科研团队铸造了一个良好科研平台	1	2	3	4	5
	P8 我们科研团队是一支有创新活力的研究团队	1	2	3	4	5

4. 其他：

注意：请在每一题目后面最能代表您的意见的选项上画“√”或“○”（题项中1~5分值分别表示从“非常不符合”到“非常符合”依次递增）。

变量	题项	非常不符合↔非常符合				
控制变量	Q1 我们科研团队的科研实力非常雄厚	1	2	3	4	5
	Q2 我们科研团队是一个鼓励探索创新的组织	1	2	3	4	5
	Q3 政府颁布创新政策对我们参与产学研合作影响很大	1	2	3	4	5

第二部分：相关信息

1. 您所在单位和科研团队的名称：______________

2. 您所在科研团队研究偏向：□基础研究　□应用研究　□试验发展

3. 您所在科研团队偏向的研究领域：□理科　□工科　□农科　□社科　□医科　□其他

4. 您所在科研团队成立时间：□ <3 年　□3~5 年　□6~10 年

□>10 年

5. 您所在科研团队的研究人员（不含学生）数量：□<5　□5～10 人　□11～15 人　□>15 人

6. 您所在科研团队拥有科研平台（实验室或工程中心）的级别：
□国家级　□省部（院）级　□校（所）级　□无

7. 您所在科研团队从事过的产学研合作项目：
□联合开发　□委托开发　□共建研发实体　□技术转让　□咨询服务　□其他（请说明　　　　　　）

8. 您所在科研团队的产学研合作氛围：
□非常不浓厚　□不够浓厚　□一般浓厚　□较为浓厚　□非常浓厚

9. 您认为国家颁布产学研合作政策对您所在的科研团队参与产学研合作行为及开展科研活动的影响：
□毫无影响　□影响不大　□影响一般　□影响较大　□影响不大

10. 您的职称级别：□正高级　□副高级　□中级　□初级及以下

11. 您的性别：□男　□女

12. 您的年龄处于：□≤30 岁　□31～40 岁　□41～50 岁　□51～60 岁　□≥61 岁

13. 您平均每年发表的学术论文数：□≤1 篇　□2～3 篇　□3～4 篇　□≥5 篇

14. 您平均每年获得发明专利授权数：□≤1 项　□2～3 项　□3～4 项　□≥5 项

15. 您曾经参与或正在参与产学研合作项目吗：□是　□否

16. 您参与产学研合作占有时间比重：
□≤20%　□20.1%～40%　□40.1%～60%
□60.1%～80%　□≥80.1%

问卷到此结束，问卷填写内容一共有 3 页，请您再次确认没有漏填题项！

非常感谢您的支持！

祝您事业顺利！生活愉快！

人名索引表

重要术语索引表